非煤矿山生产岗位操作规程指南

（下册）

主　编　黄海嵩
副主编　赵炳云

北　京
冶金工业出版社
2012

内容提要

本书是一本归纳总结非煤矿山主要生产岗位（工种）操作规程的实用工具书，分上、下两册。上册包括露天采矿、地下采矿两篇，下册包括选矿尾矿、机修动力及其他两篇，每篇按照该篇涉及的生产工序分为若干章，而每章根据该工序涉及的主要岗位（工种）编写操作规程。每个岗位（工种）操作规程的编写遵照科学简明、浅显易懂、易于掌握、结合实际的原则，参照编写标准的模式进行，将操作规程分割为上岗操作基本要求、岗位操作程序、交接班、本岗位操作注意事项及典型事故案例或故障原因分析处理5节来叙述，从而便于基层操作人员针对各自岗位学习和掌握。

本书基本涵盖了非煤矿山主要生产岗位（工种）的操作，适合于生产岗位工人及基层管理技术人员阅读，也可供非煤矿山企业在制定岗位操作规程时参考。

图书在版编目（CIP）数据

非煤矿山生产岗位操作规程指南. 下册／黄海嵩主编.
—北京：冶金工业出版社，2012.11
ISBN 978-7-5024-6047-1

Ⅰ.①非… Ⅱ.①黄… Ⅲ.①矿山—技术操作规程—指南 Ⅳ.①TD-65

中国版本图书馆CIP数据核字（2012）第232746号

出版人 谭学余
地　址 北京北河沿大街嵩祝院北巷39号，邮编100009
电　话 (010)64027926 电子信箱 yjcbs@cnmip.com.cn
责任编辑 于昕蕾 李 雪 美术编辑 彭子赫 版式设计 孙跃红
责任校对 王永欣 责任印制 张祺鑫
ISBN 978-7-5024-6047-1
冶金工业出版社出版发行；各地新华书店经销；北京百善印刷厂印刷
2012年11月第1版，2012年11月第1次印刷
787mm×1092mm 1/16； 18.25印张； 441千字； 279页
51.00元

冶金工业出版社投稿电话：(010)64027932 投稿信箱：tougao@cnmip.com.cn
冶金工业出版社发行部 电话：(010)64044283 传真：(010)64027893
冶金书店 地址：北京东四西大街46号(100010) 电话：(010)65289081(兼传真)
（本书如有印装质量问题，本社发行部负责退换）

《非煤矿山生产岗位操作规程指南》

编辑委员会

编审委员会

前　言

非煤（金属和非金属）矿山行业是对经济社会发展具有重要影响的资源性和基础性行业。改革开放以来，特别是近年来，随着经济社会的快速发展，矿产资源的市场需求强劲，重要矿产消费持续增长，带动了非煤矿山行业的加速发展，矿产量快速攀升，行业年产值达数千亿元，直接从业人员达数百万人。

非煤矿山行业具有矿山数量大、矿种多、分布广、成矿构造差异明显等基本特点。一段时期以来，由于行业管理缺位，准入门槛较低，非煤矿山项目建设和生产缺乏有效监管，导致行业内存在小、散、乱等突出问题。特别是从业人员总体素质不高，并且流动性大，因缺乏岗位操作知识和必要的安全生产措施造成的非煤矿山生产事故时有发生。据统计，2010 年全国非煤矿山因操作不当、违反劳动纪律或因生产场所环境差造成的事故死亡人数，占非煤矿山生产安全事故死亡总人数的 60.6%。

生产岗位操作规程是企业的基本制度之一，制定科学、严格的岗位操作规程，是深入贯彻落实科学发展观，体现以人为本，维护职工生命安全的重要保障。严格执行岗位操作规程是改进企业生产经营管理、提升从业人员素质、增强企业核心竞争力的基础环节。通过落实岗位操作规程，营造自我约束、遵章守制、精准操作的企业文化氛围，是促进企业和谐发展的有效途径。

安徽省非煤矿山资源储量丰富，已发现矿种 158 种，开采利用矿种 105 种，资源保有储量居全国前 10 位的矿产有 11 种。经过多年的发展，全省非煤矿山行业已形成勘探、设计、施工、生产、科研与人才培养等专业相互配套、门类较为齐全的产业体系，为促进全省钢铁、有色金属、建材、化工等产业不断壮大，加快工业化、城镇化进程，发挥着重要的支撑作用。为加强非煤矿山行业管理，促进行业健康发展，2009 年，安徽省政府决定在省经济和信息化委员会增设非煤矿山管理办公室，专司全省非煤矿山行业管理工作。非煤矿山管理办公室成立后，在行业规章制度建设、规划引导、工程建设和生产经营管理、技术改造、人员培训、安全督导、统计分析等方面做了大量工作。特别是在行业管理规章制度建设方面，先后制定了铜铅锌、铁矿采选和建筑石材开采等涵盖全省11个主要矿种的7个行业准入条件，以及非煤矿山建设工程项目管理暂行规定、非煤矿山采矿工程初步设计编写大纲和生产能力管理办法等规范性文件。这些制度的出台有力地促进了行业管理，得到国家有关部门的充分肯定，并向全国推广。在上述管理实践的基础上，为指导非煤矿山企业完善规章制度，规范矿山各岗位（工种）作业人员操作，提高基层管理人员生产管理水平，推进生产标准化建设，针对非煤矿山主要岗位（工种）特点和要求编写的岗位（工种）操作规程，安徽省经济和信息化委员会组织有关企业、科研设计单位编写了《非煤矿山生产岗位操作规程指南》。

本书分为上下两册，上册主要内容为露天采矿和地下采矿部分，下册主要内容为选矿尾矿、机修动力及其他部分。本书具有以下特点：在内容方面，着重介绍了具有代表性，并符合开采技术发展趋势的非煤矿山开采方式、选矿生产工艺及配套的辅助工序岗位（工种）操作技术。采矿方式包括露天开采和地下开采，选矿工艺以磁选和浮选工艺为主，配套的辅助工序包括矿山机修、动力及后勤服务岗位等。在编写方面，遵照科学简明、浅显易懂、易于掌握、结合实际的原则，就具体岗位进行操作规程的编写。同时，参照编写标准的模式，将操作规程分为上岗操作基本要求、岗位操作程序、交接班、本岗位操作注意事项及典型事故案例或故障原因分析处理五部分分解阐述，目的是便于基层操作人员认知和掌握，使其既能熟悉岗位操作技能又可提高安全防范意识和能力，不断提高自身的从业素质。本书可供非煤矿山企业生产管理者和专业技术人员，在制定或完善符合本企业岗位生产特点的规章制度时参考。

本书初稿由安徽省东部矿山设计研究有限公司编写。参加编写的人员有朱天好、董振民、李晓飞、朱守好、方庆国、方仁山、孟潜、张保林、范汪苗、熊孟俊、何士海、许忠权、芮校龄、朱永济、焦永品、郑德明、丁守成、李永明、石玉等。

初稿完成后，编审委员会邀请中钢集团马鞍山矿山研究院有限公司章林、汪斌、张成舜、刘为洲，马钢集团矿业公司黄世光、王章、张志华、牛有奎、周雪亭、王天保、卫修保，铜陵有色金属集团控股公司郑学敏、饶辉、金启波、陈慧泉、查琼睿、邵芝苗、张彬、毛寿年、袁世伦、汪太平，铜陵市新华山铜业公司杨忠文，铜陵化学工业集团新桥矿业公司陈秀厅，安徽海螺水泥股份公司胡忠武，中国建筑材料集团公司合肥水泥研究设计院武青山，中国五矿集团公司安徽开发矿业有限公司吴立活、杨计军、张红，中国黄金集团安徽太平矿业公司田显高，铜陵市紫金矿产品加工技术研究所庄桂云、郝建彬，安徽工业职业技术学院刘念苏、黄玉焕，安徽省经信委非煤办李辉、郭睿韬、鹿百东、寇继业等同志，对书稿进行了修改和完善。本书由李世杰、朱守好统稿。

书稿在策划和编写过程中，得到了有关方面领导和专家的关心和支持，在此谨表示衷心的感谢。在书稿的编写过程中，笔者参考和引用了有关文献和资料，在此向这些文献和资料的作者表示诚挚谢意。感谢冶金工业出版社对本书编写和出版给予的大力支持！

由于编者水平所限，书中错误、疏漏与不妥之处，敬请读者批评指正。

编　者

2012 年 8 月

目　录

下　册

第3篇　选矿尾矿

1　选矿 …… 3
1.1　振动放矿机岗位操作规程 …… 3
1.2　振动给料机岗位操作规程 …… 6
1.3　重型板式给料机岗位操作规程 …… 8
1.4　粗碎颚式破碎机岗位操作规程 …… 10
1.5　粗碎旋回破碎机岗位操作规程 …… 13
1.6　中碎圆锥破碎机岗位操作规程 …… 16
1.7　细碎圆锥破碎机岗位操作规程 …… 19
1.8　皮带运输机岗位操作规程 …… 22
1.9　振动筛分岗位操作规程 …… 25
1.10　磨矿电磁振动给料机岗位操作规程 …… 27
1.11　磨矿圆盘给料机岗位操作规程 …… 30
1.12　球磨—分级机岗位操作规程 …… 32
1.13　砂泵—旋流器岗位操作规程 …… 36
1.14　浮选机岗位操作规程 …… 38
1.15　药剂工岗位操作规程 …… 42
1.16　磁选机岗位操作规程 …… 44
1.17　摇床岗位操作规程 …… 46
1.18　砂泵岗位操作规程 …… 49
1.19　水泵岗位操作规程 …… 51
1.20　浓缩岗位操作规程 …… 53
1.21　真空过滤机岗位操作规程 …… 55
1.22　陶瓷过滤机岗位操作规程 …… 58
1.23　选矿取样工岗位操作规程 …… 61
1.24　选矿化验员岗位操作规程 …… 63

2　尾矿 …… 70
2.1　浓密机岗位操作规程 …… 70
2.2　隔膜泵岗位操作规程 …… 73
2.3　真空泵（W-4 往复式）岗位操作规程 …… 75
2.4　渣浆泵岗位操作规程 …… 77
2.5　卧式离心机岗位操作规程 …… 80
2.6　泥浆泵岗位操作规程 …… 81
2.7　清水循环泵岗位操作规程 …… 83
2.8　分级旋流器岗位操作规程 …… 85
2.9　尾矿输送岗位操作规程 …… 86
2.10　尾矿库护坝工岗位操作规程 …… 88
2.11　事故池值班员岗位操作规程 …… 97

第4篇　机修动力及其他

1　机修 …… 101
1.1　钳工岗位操作规程 …… 101
1.2　管工岗位操作规程 …… 108
1.3　弯管工岗位操作规程 …… 109
1.4　搭架工岗位操作规程 …… 111
1.5　车工岗位操作规程 …… 112
1.6　起重工岗位操作规程 …… 120
1.7　桥式（龙门起重机、永磁吊、电磁吊）司机岗位操作规程 …… 125
1.8　挂钩工岗位操作规程 …… 127
1.9　行车工岗位操作规程 …… 129
1.10　仪表检修工岗位操作规程 …… 131
1.11　喷漆工岗位操作规程 …… 132
1.12　氧焊、气割工岗位操作规程 …… 134
1.13　电焊工岗位操作规程 …… 138
1.14　木工岗位操作规程 …… 142
1.15　铆工岗位操作规程 …… 143

2　电气 …… 145
2.1　高压配电室值班电工岗位操作规程 …… 145
2.2　低压配电室值班电工岗位操作规程 …… 150
2.3　外线电工岗位操作规程 …… 153
2.4　内线检修电工岗位操作规程 …… 162
2.5　高压电气调试电工岗位操作规程 …… 167
2.6　仪表电工岗位操作规程 …… 170

3　井下机电 …… 173
3.1　井下机修工岗位操作规程 …… 173

3.2　井下水泵维修工岗位操作规程 …… 176
3.3　井下机电（低压）维修工岗位操作规程 …… 178
3.4　回采面值班电工岗位操作规程 …… 181
3.5　井下高压维修电工岗位操作规程 …… 183

4　供水 …… 188
4.1　井用潜水泵岗位操作规程 …… 188
4.2　多级加压泵岗位操作规程 …… 190

5　供气 …… 194
5.1　空压机岗位操作规程 …… 194
5.2　4L-20/8 型空气压缩机岗位操作规程 …… 198
5.3　VF-9/7-KB 型空气压缩机岗位操作规程 …… 199
5.4　螺杆式空气压缩机岗位操作规程 …… 203
5.5　柴油压风机岗位操作规程 …… 204

6　供暖 …… 208
6.1　锅炉上煤岗位操作规程 …… 208
6.2　循环水泵岗位操作规程 …… 210
6.3　鼓引风岗位操作规程 …… 212
6.4　蒸汽锅炉司炉（SZL6-1.25-AⅡ型）岗位操作规程 …… 215
6.5　4t 锅炉司炉工岗位操作规程 …… 222
6.6　燃气锅炉司炉工岗位操作规程 …… 228
6.7　锅炉水处理工岗位操作规程 …… 233

7　其他 …… 237
7.1　汽车司机岗位操作规程 …… 237
7.2　加油车司机岗位操作规程 …… 241
7.3　叉车司机岗位操作规程 …… 243
7.4　汽车起重机司机岗位操作规程 …… 248
7.5　机械手岗位操作规程 …… 258
7.6　运矿车汽修工岗位操作规程 …… 260
7.7　轮胎工岗位操作规程 …… 263
7.8　地质取样工岗位操作规程 …… 264
7.9　测量工岗位操作规程 …… 266
7.10　通讯维修工操作规程 …… 269
7.11　通讯外线工操作规程 …… 273

参考文献 …… 277

选 矿 尾 矿

选矿是对矿石进行加工的处理过程,主要是物理的分离过程,选矿将有价值的矿物与脉石矿物分离,生产出含大部分有价矿物的富集品——精矿,同时丢弃绝大部分脉石矿物——尾矿。有价值矿物与脉石的单体分离是通过粉碎、解离实现的,包括碎矿、磨矿、分选等重要工序。由于不同矿物的物理性质不同,所采用的分选方法也有差别,金属、非金属选矿主要涉及的物理分选方法有:泡沫浮选、磁选、重选等。

选矿的作业流程按顺序为碎矿、分选和产品处理。其中碎矿包括破碎、磨矿和拣选;分选包括与生产精矿和尾矿相关的各处理过程;产品处理即产品处置过程。本篇岗位操作规程按选矿的主要作业流程进行编排。

1 选 矿

1.1 振动放矿机岗位操作规程

1.1.1 上岗操作基本要求

上岗操作基本要求如下：

（1）持证上岗，经三级安全教育考试合格。

（2）劳保用品穿戴齐全、规范。

（3）严格执行交接班制度并做记录。

（4）不准酒后上岗和班中饮酒。

（5）不准疲劳上岗，工作过程中要集中精力。

（6）保持现场整洁。

1.1.2 岗位操作程序

1.1.2.1 开机前检查

（1）对振动放矿设备进行检查，确认设备完好，运转正常，放矿口不得堵塞。

（2）检查挡矿闸板升、降功能及半固定溜嘴使用是否正常。

（3）检查装车线路和电机车架线是否正常。采用电机车运矿石的，要特别注意清理固定溜嘴下方轨道，避免矿岩堆积造成列车脱轨。

（4）确认料仓装车车位无障碍物后，方可以进行装车作业。认真检查料仓供矿、存矿、照明、进车（电机车、汽车、皮带卸矿车）通道及路面（铁路、公路、卸矿车道）等情况，做好上下岗位交接，做好进车卸矿、供矿的准备工作。

（5）检查操作室各操作按钮信号指示是否正常。

1.1.2.2 操作程序

（1）接车及对位操作：

1）振动放矿机转运站操作人员确认各项规定符合要求后，方可准许列车进入转载站装车线装车；

2）正常情况下，开绿色信号灯，放行机车进入装车位；

3）非正常情况下亮红灯，阻止机车进入装车位；

4）发现列车对位不准，应闪烁红灯提示调车员对好车位；

5）一趟车装完，闪烁绿灯，提示列车可以离开；

6）振动放矿车组装车完毕，应放下挡料闸板。

（2）列车装矿作业：

1）列车对位后，升起挡矿闸板，开动两组前台板振动放矿机同时装一个车厢；

2）每个矿车可装两堆（斗），堆部顶面距振动放矿机台板之间的净空，不得小于0.5m，大块不得超出车厢箱体外廓；当车厢快装满时，要注意振动放矿机台板上如有过大块度的矿（岩）石，不要装到矿堆顶部，可通知列车移位，把大块装到另一个车厢底部；

3）每装完一个车厢，停止振动放矿机运转，当确认没有矿（岩）石自放矿口下落时，发出信号通知调车员指挥列车移位，向下一个矿车装载；

4）一列矿车装满后，停止振动放矿机运转，放下挡矿闸板，发出信号，通知列车已全部装完。当待车时间很短，振动台板上又没有自溜下落矿（岩）石的可能时，挡矿闸板可暂不放下，待下一列车进入后，即可放矿；

5）振动放矿机向列车中装载时，操作人员应时刻注意矿仓内矿岩储存情况，不能使仓内矿岩全部放空；当仓内矿岩下降至振动放矿机排料口上眉线时，即料位器显示屏指示深度距底板2.5m时，应开动后台板，向前台板给矿，可继续向矿车卸矿，料位器显示屏的指示料位深度距底板小于2.5m时，停止振动放矿，通知调度，要求汽车向仓内卸矿；

6）振动放矿机转载站不装车时，要将挡矿闸板放下到位，避免因采场爆破或其他振动，造成振动放矿机台板上的矿（岩）石散落，以减少不必要的清理工作；

7）当前台板给料溜口露出时，应及时启动后台板，确保溜口始终处于封闭状态；当后台板工作不能够封堵溜口时，表示料仓货源不足，应停机作业并放下挡料板，待料仓有一定的料位时，再重新启动作业；

8）严禁空载开动振动放矿机。

（3）放矿口堵塞处理：

1）当过多大块在放矿口卡堵后，用振动放矿机前台板或后台板单独开动或同时开动间断短振处理；如大块卡堵紧固不能放出，可申请爆破人员处理：必须把仓面及仓壁浮矿清理完，确认矿石牢靠不坠落，并上下联系好，有安全警戒和专人监护的情况下进行。在观察放矿口没有矿（岩）石滚落滑下的可能时，此时振动放矿机台板上应留有300～500mm厚的矿岩垫层，每次爆破炸药量不得超过150g。

2）当矿仓内形成块，矿（岩）石不向振动放矿机前台板下溜时，开动后台板破拱器。

3）处理放矿口堵塞时，严禁人员站在振动放矿机台板上或进入矿仓内处理堵矿。清理料仓或处理块矿时，操作人员应系牢安全带，戴好安全帽，上下岗位联系好，并有监护人监护，白天用警示旗、夜间应设置“红灯”标志，并设置“禁止车辆通行”的标志后，方可进入料仓。

4）在处理放矿口堵塞时，振动放矿机下摆放矿用自翻矿车，矿（岩）石溜入矿车中，减少轨道清理工作量。此时，振动放矿机下边及车内，不能有任何人员停留，以防矿（岩）石滑落伤人。

5）给料机在运转时，严禁用手、脚直接在进料口搬动或挪移矿石。

6）多个工种处理放矿口堵塞时，必须制定单项安全措施，并明确负责人。

（4）运行注意事项：

1）给料口下铁路净空界限（黄线）内，闲杂人员不得通行以防块矿滑落伤人；

2）当料仓料源不足时，应及时与调度联系，增加进料量，不可因原料不足而放空料仓；

3）操作时应随时观察操作仪表指示灯，发生异常时停机检查；

4）发生突然停机时，应查清停机原因，严禁没有查明情况下，强行开机作业；

5）电气故障处理由电工负责，操作工应及时向调度报告；

6）处理大块堵塞溜口，必须首先放下挡料闸板，选好位置便于躲闪，以防撬棍弹滚时伤人；

7）无法处理的特大块，应申请爆破工采用微型爆破处理，药量控制在1kg左右，药包不得与台板、料仓衬板接触，并设专人监护；

8）进入料仓时，必须两人以上作业，应确认站立牢固并有通路处方可工作，安全带长度要适当，并挂在牢固物件上，捅矿钎杆长不宜超过2m，以免触及牵引线路触电，清仓时由上往下逐步进行，严禁由下向上捅矿；

9）检查清扫装车作业面，必须在机车离开后进行，并开启红色信号灯；

10）上下扶梯要注意站稳，上下直梯不可手提重物，所有零部件、工具必须用工具包或绳索上下传递；

11）在处理料仓各种故障时，必须事先通知调度和上部汽车卸矿指挥人员，得到允许后方可作业，并在上部卸矿口插红旗。

1.1.2.3 停机

振动放矿机转载站不装车时，停止振动放矿机运转，并将挡矿闸板放下到位，避免因采场爆破或其他振动，造成振动放矿机台板上的矿（岩）石散落，以减少不必要的清理工作。

1.1.3 交接班

交接班具体事宜如下：

（1）本岗位所属设备上的矿石、灰尘、油污必须清扫干净。

（2）本岗位所属场所杂物要清理打扫干净。

（3）停机时，检查、关闭本岗位所属设备的动力电源。

（4）认真填好本岗位所属设备的运行记录。

（5）公用工具要如数交接。

（6）当面交接班，填写交接班记录，要将本班存在的安全隐患如实地填写到交接班记录中，包括隐患部位、发现隐患的时间等。

1.1.4 操作注意事项

操作注意事项如下：

（1）严禁空载开动振动放矿机。

（2）检查清扫装车作业面，必须在机车离开后进行，并开启红色信号灯。

（3）上下扶梯要注意站稳，上下直梯不可手提重物，所有零部件、工具必须用工具包或绳索上下传递。

（4）室外作业必须佩戴好安全帽，进入振动板室下作业，必须使用36V安全电压灯具或干电池灯具，室内保持整洁。

（5）在处理料仓各种故障时，必须通知调度和上部汽车卸矿指挥人员，并在上部卸矿口插红旗。

（6）破碎机在运转时，严禁用手、脚直接在进料口搬动或挪动矿石。

1.2 振动给料机岗位操作规程

1.2.1 上岗操作基本要求

上岗操作基本要求如下：

（1）持证上岗，经三级安全教育考试合格。

（2）劳保用品穿戴齐全、规范，女工应将发辫塞入帽内。

（3）严格执行交接班制度并做记录。

（4）不准酒后上岗和班中饮酒。

（5）不准疲劳上岗，工作过程中要集中精力。

（6）保持现场整洁。

1.2.2 岗位操作程序

1.2.2.1 启动前检查

（1）检查所有螺栓是否牢固无缺失，特别是板弹簧的压紧螺栓、螺旋弹簧的固定螺栓不得松动。

（2）电磁铁气隙在规定值以内。

（3）电压值符合规定范围。

（4）检查上下设备连锁控制信号装置是否完好、可靠；检查转动部分的安全罩是否完好、可靠。

（5）检查润滑是否齐全、完好。

1.2.2.2 启动操作

（1）与上下工序联系好，听从启动铃声信号和其他音响信号指令。

（2）振动给矿机启动时按逆矿石流方向自下而上依次逐个启动设备（如粉矿皮带机→振动筛→皮带机→细碎破碎机→…→中碎破碎机→…→皮带机→粗碎破碎机→振动给料机），停车时相反。

（3）合电源开关。

（4）接通转换开关。

（5）调节调压器或电位器，使振幅达到额定值。

（6）调节给矿闸门至合适的给矿量。

1.2.2.3 运转中检查

（1）随时监视电压、电流有无异常。

（2）随时注意振动有无突变，如有突变应首先检查电控部分有无变化，还应检查主弹簧是否断裂。

（3）每2h检查一次线圈温升，线圈温升不得超过60℃。

（4）电流波动较大时，应检查板弹簧（螺旋簧）固定螺栓有无松动，气隙大小有无变化。

（5）注意给矿量有无过载现象，电流是否稳定，磁铁有无撞击声。

（6）悬吊部分是否紧固，有无偏摆。

（7）设有防尘设施时应监视给水不得中断。

（8）给料机在运行时，严禁进行任何清理、维护和检修工作。

（9）上下扶梯要注意站稳，上下直梯不可手提重物，所有零部件、工具必须用工具包或绳索上下传递。

（10）在处理料仓各种故障时，必须事先通知调度和上工序卸矿指挥人员，得到允许并停机、采取防范措施后，在上部卸矿口插警示旗后方可作业。

（11）发现大块矿石、铁件或其他原因堵塞进料口、排矿口漏斗，应及时通知上道工序立即停止给矿，发出停机信号，停掉主机并切断电源、及时处理。

（12）停车处理料口堵塞时，必须两人以上作业，至少一人监护，并系好安全带，安全带必须绑在牢固物件上。

（13）给料机在运转时，严禁用手、脚直接在进料口搬动或挪动矿石。

（14）多个工种处理放矿口堵塞时，必须制定单项安全措施，并明确负责人。

1.2.2.4 停车

（1）听到停车信号后方可停车，停车操作与启动操作顺序相反。

（2）无通知停电时，应先切断电源。

1.2.3 交接班

交接班具体事宜如下：

（1）本岗位所属设备上的矿石、灰尘、油污必须清扫干净。

（2）本岗位所属场所杂物要清理打扫干净。

（3）停机时，检查、关闭本岗位所属设备的动力电源。

（4）认真填好本岗位所属设备的运行记录。

（5）公用工具要如数交接。

（6）当面交接班，填写交接班记录，要将本班存在的安全隐患如实地填写到交接班记录中，包括隐患部位、发现隐患的时间等。

1.2.4 操作注意事项

操作注意事项如下：

（1）设备运行时严禁离岗。

（2）无通知停电时，应先切断电源。

（3）给料机在运行时，严禁进行任何清理、维护和检修工作。

（4）给料机在运行时，严禁进入进料口搬挪矿石或捅矿。

（5）特大块需爆破处理时应及时请爆破工采用微型爆破处理，控制好药量，并设专人监护。

（6）当给矿机发生故障需紧急停机时，按如下程序操作：

1）立即停下给矿机；

2）同时发送紧急停机信号；

3）通知调度，并尽快采取措施处理。

1.3 重型板式给料机岗位操作规程

1.3.1 上岗操作基本要求

上岗操作基本要求如下：

（1）持证上岗，经三级安全教育考试合格。

（2）劳保用品穿戴齐全、规范。

（3）严格执行交接班制度并做记录。

（4）不准酒后上岗和班中饮酒。

（5）不准疲劳上岗，工作过程中要集中精力。

（6）保持现场整洁。

1.3.2 岗位操作程序

1.3.2.1 开车前的检查

（1）检查地脚螺栓是否紧固无缺失。

（2）检查机器各部是否连接可靠无误。

（3）检查驱动装置的油位是否符合规定；检查润滑设施是否齐全完好。

（4）检查链板是否拉紧合适、拉紧装置的工作情况是否正常，尽可能使两个拉紧丝杆的拉力近似相等。

（5）检查链板装置的连接螺栓是否牢固无缺失，严禁在螺栓松动情况下运转机器。

（6）检查上下设备连锁控制信号装置是否完好可靠；检查转动部分的安全罩是否完好、可靠。

（7）检查链板间是否有夹挤石块要进行处理，如果有不得强行启动。

（8）试车前必须检查减速器的旋转方向，不允许以工作旋转方向的反方向旋转。

1.3.2.2 启动

（1）开车前的检查工作完毕，一切正常，方可启动电动机开车。

（2）与上下工序联系好，听从启动铃声信号和其他音响信号指令。

（3）板式给矿机启动时按逆矿石流方向自下而上依次逐个启动设备，如粉矿皮带机→振动筛→皮带机→细碎破碎机→…→中碎破碎机→…→皮带机→粗碎破碎机→重型板式给料机，停车时相反。

（4）合上电源开关，低速启动空载运转，检查正常无误后逐渐调到正常运转速度，空载运转检查完毕后，方可进行有载运转。

1.3.2.3 运行及检查

（1）供料最大粒度应小于下部设备入料口的15%～20%。

（2）运输带不允许受矿石的直接冲击，一般情况，运输带上应保持有一定的物料或矿石。第一次装填大约50t碎石作链板的保护层，也可以作为后给大块物料的缓冲层。

（3）潮湿物料在低温情况下长期停车可能在料仓中及链板面上发生冻结，冬季将料仓中及链板面的潮湿物料卸空，但是在启动时仍需进行重新填料。

（4）为保护链板，机器工作时不允许卸空物料。

（5）运输带的运行速度可根据物料或矿石量的大小随时进行调整，给料速度和给料能力由电气系统根据工艺系统的需要情况加以控制。

（6）检查中发现一般问题，应及时处理，对于重大问题，应报请领导后再行处理，并详细记入运转记录。

（7）不许擅自离开工作岗位，未经有关领导批准，不得将设备交给其他人员操作。

（8）发现大块矿石、铁件或其他原因堵塞进料口、排矿口漏斗，应及时通知上道工序立即停止给矿，发出停机信号，停掉主机并切断电源、及时处理。

（9）停车处理料口堵塞时，必须两人以上作业，至少一人监护，并系好安全带，安全带必须绑在牢固物件上。

（10）严禁在负荷链板上破碎大块矿石。

（11）给料机在运行时，严禁进行任何清理、维护和检修工作；严禁用手、脚直接在进料口搬动或挪动矿石；设备运转中，不得进行危及安全的任何修理工作，检修设备时要停机、停电、挂牌。

（12）多个工种处理放矿口堵塞时，必须制定单项安全措施，并明确负责人。

1.3.2.4 停车

（1）听到停车信号即可停车，停车操作顺序与启动相反。

（2）在停车前不得将矿仓内矿石放空，必须保持有2m以上的矿层。

（3）空仓时，在漏斗下面要垫好模板，以免被矿石砸坏或卡住负荷链板。

（4）无通知停电时，应先切断电源。

1.3.3 交接班

交接班具体事宜如下：

（1）本岗位所属设备上的矿石、灰尘、油污必须清扫干净。

（2）本岗位所属场所杂物要清理打扫干净。

（3）停机时，检查、关闭本岗位所属设备的动力电源。

（4）认真填好本岗位所属设备的运行记录。

（5）公用工具要如数交接。

（6）当面交接班，填写交接班记录，要将本班存在的安全隐患如实地填写到交接班记录中，包括隐患部位、发现隐患的时间等。

1.3.4 操作注意事项

操作注意事项如下：

（1）设备运行时严禁离岗。

（2）无通知停电时，应先切断电源。

（3）给料机在运行时，严禁进行任何清理、维护和检修工作。

（4）给料机在运行时，严禁进入进料口搬挪矿石或捅矿。

（5）特大块需爆破处理时应及时请爆破工采用微型爆破处理，控制好药量，并设专人监护。

(6) 当给矿机发生故障需紧急停机时，按如下程序操作：

1）立即停下给矿机；

2）同时发送紧急停机信号；

3）通知调度，并尽快采取措施处理。

1.4　粗碎颚式破碎机岗位操作规程

1.4.1　上岗操作基本要求

上岗操作基本要求如下：

(1) 持证上岗，经三级安全教育考试合格。

(2) 劳保用品穿戴齐全、规范，女工应将发辫塞入帽内。

(3) 严格执行交接班制度并做记录。

(4) 不准酒后上岗和班中饮酒。

(5) 不准疲劳上岗，工作过程中要集中精力。

(6) 保持现场整洁。

1.4.2　岗位操作程序

1.4.2.1　开机前检查

(1) 全面检查所属机电设备是否完好，各紧固件是否符合标准要求，传动三角带是否牢固可靠、符合要求。

(2) 全面检查所属机电设备各润滑部位是否润滑良好、油路畅通。

(3) 全面检查所属机电设备的传动部位防护罩是否完好，传动部位是否无障碍物（如撬棍、铁棒、工具和其他物体），防止启动时伤人或击坏设备。

(4) 检查破碎腔内有无大块矿石及其他物件，严禁带料开机。

(5) 检查排矿口大小是否符合生产要求。

(6) 检查防尘系统是否完好。

(7) 对以上检查存在异常情况立即处理，在班长统一指挥下方可启动开机。

1.4.2.2　启动

(1) 与上下工序联系好，听从启动铃声信号和其他音响信号指令。

(2) 启动时按逆矿石流方向自下而上依次逐个启动设备（如粉矿皮带机→振动筛→皮带机→细碎破碎机→…→中碎破碎机→…→皮带机→粗碎破碎机→给料机）。

(3) 合上电源开关、按下启动按钮启动开机。

(4) 启动主机，无负荷运转2~3min无异常、运转稳定方可给矿。

(5) 启动给矿机给矿的同时启动防尘设备。

1.4.2.3　运行及检查

(1) 及时掌握设备运转状态是否稳定正常：检查设备电压、电机电流大小是否符合要求，检查紧固件、地脚螺栓是否紧固，检查轴承温升是否在规定范围，检查设备有无异常声响。

(2) 发现异常声音和不正常状况应及时汇报；发生影响设备安全等紧急情况，可先停车后报告，并做好上下工序联系工作。

（3）经常检查机电设备轴承转动部位的润滑情况、油质状况、油路畅通情况，发现轴承部位温度高于55℃时，及时采取吹风散热等降温措施处理。

（4）及时掌握、合理控制给矿量的大小，均匀稳定给矿。

（5）破碎机在运转时，严禁进行任何调整、清理和维护。

（6）破碎机在运转时，严禁用手直接在进料口和破碎腔内搬动或挪移矿石。

（7）定期清理捡铁器、格筛上的杂物。

（8）发现大块矿石、铁件或其他原因堵塞进料口、排矿口漏斗，应及时通知上道工序立即停止给矿，发出停机信号，停掉主机并切断电源、及时处理。

（9）停车处理料口堵塞时，必须两人以上作业，至少一人监护，并系好安全带，安全带必须绑在牢固物件上。

（10）设备运转中，不得进行危及安全的任何修理工作，检修设备时要停机、停电、挂牌，并设专人监护。

（11）多个工种处理放矿口堵塞时，必须制定单项安全措施，并明确负责人。

1.4.2.4 停机

（1）正常停机：

1）听准信号；

2）按顺矿石流的方向自上而下依次停机；

3）排干净破碎腔内矿石；

4）按下主机停止按钮，主机停止运转，拉下电源开关；

5）关闭润滑油路；

6）将防尘设备停机，关闭防尘设备给水阀；

7）停产时停机前须将料全部处理完毕并切断电源。

（2）紧急停机：破碎机主轴承或动颚轴急剧升温发烫（即达到80℃及以上时）；电机冒烟、冒火；前或后推力板断裂；传动件松动、断裂可能飞出伤人时；大铁件将破碎机卡死，都属紧急停机范围。紧急停机操作如下：

1）立即停止给矿；

2）立即停下主机-颚式破碎机；

3）同时发送紧急停机信号；

4）尽快采取措施处理。

1.4.3 交接班

交接班具体事宜如下：

（1）本岗位所属设备上的矿石、灰尘、油污必须清扫干净。

（2）本岗位所属场所、杂物要清理打扫干净。

（3）停机时，检查、关闭本岗位所属设备的动力电源。

（4）认真填好本岗位所属设备的运行记录。

（5）公用工具要如数交接。

（6）当面交接班，填写交接班记录，要将本班存在的安全隐患如实地填写到交接班记录中，包括隐患部位、发现隐患的时间等。

1.4.4 操作注意事项

操作注意事项如下：

（1）设备运行时严禁离岗。

（2）破碎机在运转时，应经常检查机电设备情况，发现问题应及时停机处理。

（3）破碎机在运转时，严禁进行任何调整、清理和维护。

（4）破碎机在运转时，严禁用手直接在进料口和破碎腔内搬动或挪移矿石。

（5）破碎机在运转时，严禁攀登在破碎机上，禁止触摸任何运动部件。

（6）破碎腔内严禁爆破。

1.4.5 典型事故案例

案例1

（1）事故经过：2010年3月6日，L县某矿业公司选矿二车间入料口发生事故，3名工人被埋，经消防队员的努力3人被成功解救。当天8时30分该矿二车间破碎工贾某发现600mm×900mm颚式破碎机料口被矿石堵住无法下矿，随即叫来另外两名工友进行捅矿。由于料口积矿较多，破碎工站在地面用铁棒捅矿没有效果。情急之下，3名矿工在未采取任何措施的情况下，进入料口捅矿，突然3人所在的料口左侧矿石被捅开下漏，料口堆积的矿石滑向左侧，立即将3人埋在矿石堆里，正好被皮带工巡视发现，立即上报矿调度。

L县消防中队9时41分到达事故现场，发现选矿车间外围料口处，地方狭窄，被困人员由于受到挤压，面部表情极其痛苦，如不尽快将人救出，后果不堪设想。根据调查情况，指挥员立即协调选矿负责人调度一辆勾机将入料口四周的选料进行扩充，留出更大的救人空间，并要求选矿负责人马上找来两张床板，将入料口两侧进行有效阻截。随后，救援人员利用消防安全绳将被困人员拴住，让其有一定的支撑力，防止再次下滑，终于将3名被困人员全部救出。

（2）事故原因：操作人员违章蛮干，破碎机运行时直接进入破碎机给料口通料是事故的直接原因；操作人员安全意识淡漠是发生事故的间接原因。

（3）防范措施：

1）操作人员不得进入下料口作业；

2）操作人员处理大块或通料时必须通知上工序停机，佩戴安全带，待上工序停止给料后方可作业；

3）加强安全教育，提高安全防范意识。

案例2

（1）事故经过：某矿1999年5月20日早上9时破碎系统设备检修，在检修破碎机前须将破碎机内物料清理彻底，破碎机岗位司机李某对破碎机严格执行停电挂牌后，未戴安全帽直接将上半身伸入破碎机内，用铁锹清理积矿。此时运行工赵某将上道工序手选皮带开启，皮带上大块矿直接落入破碎机内，将李某头部砸一大口子，共缝了8针，并伴有轻微脑震荡。

（2）事故原因：

1）直接原因：职工李某在工作过程中未按规定穿戴好劳动保护用品，未设专人进行监护，未对上道工序手选皮带机采取有效防护措施，严重违反操作规程；皮带机司机赵某在开机前未检查确认，也未发出开车信号，在停电挂牌的情况下直接开手选皮带机，属严重违章，是造成此次事故的直接原因。

2）间接原因：

①没有严格执行操作规程，违章随意操作；

②运行、检修岗位没有互通信息，配合不协调；

③工段对职工安全管理、安全教育、技能培训力度不够，职工不能严格执行安全技术操作规程，安全意识薄弱；

④管理人员现场安全监督管理不到位，查处违章力度不够。

（3）防范措施：

1）积极组织职工学习操作规程，并结合此次事故教训，举一反三，深刻反思，开展好警示教育；

2）各单位要进一步明确和落实各级安全生产责任制，强化关键工序和重点隐患的双重预警；

3）各单位要深刻接受这次事故教训，迅速开展“反事故、反三违、反麻痹、反松懈、反低境界管理、反低标准作业”活动，加大现场安全管理力度，强化现场安全监督，坚决做到遵章守纪；

4）严格执行信号联系制度，信号联系不清不得开车；

5）上岗时，必须按规定穿戴好劳动保护用品，否则不得上岗；

6）各级管理人员要冷静下来，深刻反省自己的工作，真正找出自己工作中的不足之处，在今后的工作中要以身作则，靠前指挥，坚决杜绝安全事故的发生，确保安全生产。

1.5 粗碎旋回破碎机岗位操作规程

1.5.1 上岗操作基本要求

上岗操作基本要求如下：

（1）持证上岗，经三级安全教育考试合格。

（2）劳保用品穿戴齐全、规范，女工应将发辫塞入帽内。

（3）严格执行交接班制度并做记录。

（4）不准酒后上岗和班中饮酒。

（5）不准疲劳上岗，工作过程中要集中精力。

（6）保持现场整洁。

1.5.2 岗位操作程序

1.5.2.1 开机前检查

（1）润滑部位检查：油箱内有无足够的润滑油，油质是否符合要求，滤油装置是否清洁。

（2）试开油泵：检查油泵及管路有无漏油现象等故障；油压应在0.08～0.15MPa之间；检查回油是否畅通、油流是否稳定。

（3）检查机体各部地脚螺丝及机座中架体接口螺丝有无松动、缺失现象。

（4）检查传动轴各部螺钉及皮带轮、键有无松动。

（5）检查破碎机腔内有无物料。

（6）检查机体易磨易损部件（如破碎锥衬板与中架体衬板）有无磨损或断裂。

（7）检查漏斗有无堵塞或严重磨损。

（8）检查电器部分油浸变阻器手轮是否在零位。

（9）检查电机碳刷接触情况是否良好，是否符合规定。

（10）检查配电箱、操作机构是否灵活可靠。

（11）检查电流表指针是否在零位。

（12）对以上检查各条，若存在异常情况，立即处理完毕，在班长统一指挥下方可启动开机。

1.5.2.2 启动

（1）开机前各项检查均正常无故障方可启动。

（2）应先开油泵，回油正常后方可启动电机。

（3）启动程序：

1）首先检查油浸变阻器是否在零位，短路闸刀已打开；

2）启动时按逆矿石流方向自下而上依次逐个启动设备，如粉矿皮带机→振动筛→皮带机→细碎破碎机→…→中碎破碎机→…→皮带机→粗碎旋回破碎机→给矿机，按启动按钮；

3）将油浸变阻器手轮慢慢向启动位置转动，直到电机达到额定转速；

4）将短路闸刀合上；

5）观察电流表指示是否正常；

6）电动机不得频繁启动，一般启动不得超过三次。

（4）启动时必须注意电机及破碎机的声响，如有异常应立即停止运转。

1.5.2.3 运行及检查

（1）不允许设备超负荷运行，如：给矿过多或过大，排矿口过小等。

（2）给矿最大块度应不超过给矿口的80%～85%。

（3）排矿口调节间隙应在100～160mm范围以内（破碎锥度为1∶3，即破碎锥上升6mm排矿口减少1mm）。

（4）设备正常运行后再开始给矿。

（5）停止运转时必须停止给矿，停止油泵给油。

（6）破碎机在停机排除故障时，启动开关上应立即挂上“故障检修，严禁合闸”指示牌。

（7）破碎机清除故障时，现场不得少于两人，至少有一人监护。

（8）多个工种处理放矿口堵塞时，必须制定单项安全措施，并明确负责人。

1.5.2.4 破碎机停机操作顺序

（1）正常停机：

1）听准信号，按顺矿石流的方向自上而下依次停机；

2）停车前应停止给矿，当破碎机腔内矿石全部排出后，方可停止破碎机；

3）由操作工按下停车按钮；

4）将油浸变阻器手轮转回到零位，打开闸刀开关；

5）无通知停电或带负荷停车，断开所有电源后，将破碎机腔内所夹矿石取出，以便来电后开车。

（2）紧急停机：破碎机主轴承或动颚轴急剧升温，手背触及不能达1s（即80℃）；电机冒烟、冒火；前或后推力板断裂；传动件松动、断裂可能飞出伤人时；大铁件进入破碎机卡死，都属紧急停机范围，紧急停机操作如下：

1）立即停止给矿；

2）立即停下主机旋回破碎机；

3）同时发送紧急停机信号；

4）尽快采取措施处理，并汇报上级。

1.5.3 交接班

当面交接班，交班时进行检查、清理现场，保持现场整洁；整理记录，填写交接班记录，要将本班存在的安全隐患如实地填写到交接班记录中，包括隐患部位、发现隐患的时间等。

1.5.4 操作注意事项

操作注意事项如下：

（1）破碎机在运转时，应经常检查机电设备情况，发现问题应及时停机处理。

（2）破碎机在运转时，严禁进行任何调整、清理和维护。

（3）破碎机在运转时，严禁用手、脚直接在进料口和破碎腔内搬动或挪移矿石。

（4）破碎机在运转时，严禁攀登在破碎机上，禁止触摸任何运动部件。

1.5.5 典型事故案例

（1）事故经过：某矿给料系统由一台给矿机送料，经颚式破碎机破碎后进入下一工序。某日夜班（0时至早上8时），职工王某在此岗位负责操作，由于当班所破碎的原料大块较多，颚式破碎机难于吃进，遇到大块的矿石必须停机将矿石取出，需人工用大锤先将其砸成小块。按正常给料时的操作完成当班生产任务只要五个多小时，而这次到距离下班时间还有两小时才完成当班工作任务的60%左右。凌晨6时左右，一块大料进入破碎机，操作人员王某看到颚式破碎机只是在不停空转，矿石没有下去，便将给矿机停下，径直走到破碎机进料口，左脚踩在操作台边缘，右脚使劲往破碎机进料口踩矿石。石块终于被挤压进去，但由于王某用力过猛，右脚也进入了颚式破碎机，脚踝以下全部夹碎。

（2）事故原因：

1）直接原因：王某严重违章操作。为了尽快完成当班生产任务，急于求成。按照破碎机操作规程规定，破碎机被料卡住时，必须停机处理，并不得站在料口矿堆上。而王某未采取停机处理措施，在料口上方用脚踩大块矿石，从而导致此次事故发生。

2）间接原因：

①该厂安全管理松懈。王某未按规定穿劳保鞋上班，当班班长发现这一情况也未加制止；

②职工安全意识薄弱。本次事故中王某如果多一点自我保护意识，完全可以避免此次事故的发生；

③重生产不重安全也是导致本次事故发生的原因之一。

（3）防范措施：

1）加强安全知识的培训教育，增强职工的安全意识，提高职工的操作技能和自我保护能力；

2）加大生产现场安全检查力度，杜绝违章作业、违章指挥。

1.6 中碎圆锥破碎机岗位操作规程

1.6.1 上岗操作基本要求

上岗操作基本要求如下：

（1）持证上岗，经三级安全教育考试合格。

（2）劳保用品穿戴齐全、规范，女工应将发辫塞入帽内。

（3）严格执行交接班制度并做记录。

（4）不准酒后上岗和班中饮酒。

（5）不准疲劳上岗，工作过程中要集中精力。

（6）保持现场整洁。

1.6.2 岗位操作程序

1.6.2.1 开机前的检查准备工作

（1）全面检查所属机电设备的完好情况，各紧固件是否符合标准要求，传动三角带是否牢固可靠、符合要求。

（2）全面检查所属机电设备各润滑部位的润滑情况，检查液压润滑系统，过滤、冷却和加热循环系统，温度及监控器连锁装置是否良好，油路是否畅通。

（3）全面检查所属机电设备的传动部位安全防护罩是否完好、传动部位有无障碍物（如撬棍、铁棒、工具和其他物体），防止启动时伤人或击坏设备。

（4）检查破碎腔内有无大于进料口矿石及不易破碎的物件，严禁带料开机。

（5）检查排矿口大小是否符合生产要求。

（6）检查防尘系统是否完好。

（7）对以上检查发现的异常情况立即处理，处理完毕后，在班长统一指挥下方可启动开机。

1.6.2.2 启动

（1）与上下工序联系好，听从启动铃声信号和其他音响信号指令。

（2）启动时按逆矿石流方向自下而上依次逐个启动设备（如粉矿皮带机→振动筛→皮带机→细碎破碎机→…→中碎圆锥破碎机→…→皮带机→粗碎破碎机→给矿机）。

（3）先开油泵，油压为0.078~0.196MPa，油路畅通无阻，回油正常。

（4）合上电源开关，按下启动按钮启动主机。

（5）启动主机后，无负荷运转2~3min，无异常、运转稳定方可给矿。

（6）启动给矿机给矿的同时，启动防尘设备。

1.6.2.3 运行及检查

（1）检查设备压力、电机电流大小、稳定状况、紧固件有无松动，观察地脚减振有无异常。

（2）发现异常声音和不正常状况及时汇报，影响设备安全等紧急情况，可先停机后报告，并通知联系上下工序岗位工。

（3）经常检查机电设备轴承转动部位的润滑情况、回油、油质、油压状况，油路是否畅通、有无泄漏；发现轴承部位温度高于55℃时，及时采取吹风散热或其他降温措施处理。

（4）及时掌握、控制给矿量的大小，均匀、稳定给矿。

（5）发现大块矿石、铁件或其他原因堵塞进料口、排矿口漏斗，应及时通知上道工序立即停止给矿，发出停机信号，停掉主机并切断电源后，及时处理。

（6）破碎机清除故障时，现场不得少于两人，至少有一人监护。

（7）设备运转中，不得进行危及安全的任何修理工作，检修设备时要停机、停电、挂牌。

1.6.2.4 停机

（1）正常停机：

1）听准信号；

2）按顺矿石流的方向自上而下依次停机；

3）排干净破碎腔内矿石后方可停机；

4）按下主机停止按钮，待主机停止运转，拉下电源开关；

5）关闭润滑油路系统；

6）将防尘设备停机，关闭防尘设备给水阀；

7）停产时停机，须将矿石物料全部加工破碎完毕并切断电源。

（2）紧急停机：破碎电机超负荷，电流超过额定值但机内无破碎物、电机冒烟或冒火；非破碎物卡死，油温急剧上升（回油超过60℃），都属紧急停机范围。紧急停机操作如下：

1）立即停止给矿；

2）立即停下主机-圆锥破碎机；

3）同时发送紧急停机信号；

4）尽快采取措施处理。

1.6.3 交接班

当面交接班，交班时进行检查、清理现场，保持现场整洁；整理记录，填写交接班记录，要将本班存在的安全隐患如实地填写到交接班记录中，包括隐患部位、发现隐患的时间等。

1.6.4 操作注意事项

操作注意事项如下：

（1）设备运行时严禁离岗。

（2）破碎机在运转时，应经常检查机电设备情况，发现问题应及时停机处理。

（3）破碎机在运转时，严禁进行任何调整、清理和维护。

（4）破碎机在运转时，严禁用手直接在进料口和破碎腔内扒动矿石。

（5）破碎机在运转时，严禁攀登在破碎机上，禁止触摸任何运动部件。

1.6.5 典型事故案例

（1）事故经过：2006年3月10日11时40分，某矿采矿车间化验室取制样工方某与互保对子罗某进行矿石样品的破碎作业，因超过破碎粒度要求的残余矿样不能进入破碎机正常破碎，方某通知罗某断开破碎机电源，自己右手戴手套进入破碎机内欲捡取不能进入破碎机正常破碎的残余矿样。此时，罗某断开破碎机电源后又立即合闸送电，致使方某右手绞入破碎机内，造成方某右手食指皮肤脱套截指、右手中指皮裂伤。

（2）事故原因：

1）直接原因：

①罗某送电时未做到联系确认及呼唤应答，在没有确认方某是否完成工作就违章送电，是导致此次事故发生的直接原因；

②方某未向对方明确说明停电后的工作内容，右手戴手套进入双辊破碎机进料口捡矿样，违反操作规程违章操作是造成此次事故的又一直接原因；

③罗某观察不力，在作业过程中未履行互保对子的职责；

④破碎设备旁设有“当心伤手”的警示牌，方某、罗某忽略警告，对该岗位作业的危险性认识不足，安全意识淡薄，自我防范能力差。

2）间接原因：

①双辊破碎机的进料口较大（人的5个手指能同时通过进料口接触双辊传动部分），因破碎质量的要求，该破碎机进料口未安装防范设施；

②化验室组长张某对危险因素辨识不全面，防范措施不具体；对新上岗作业人员的技能培训教育不到位。

3）管理原因：

①车间对方某、罗某进行了转岗培训教育，两人均考试合格，但两人从事该项工作时间短，经验不足，车间、班组还需跟踪教育，提高实际操作技能；

②取制样工的制度包内容不完善，缺乏“关于设备操作和处理矿样时的安全要求”的详细内容。

（3）事故责任分析：

1）直接责任者：方某、罗某各扣奖金500元，合计1000元，内部下岗2个月；

2）管理责任者：张某、采矿车间领导、专职安全员等管理人员，扣奖金250元；

3）采矿车间行政主任、车间党支书记、生产主任各扣奖金250元；车间设备主任、专职安全员各扣奖金150元，共计1050元；

4）矿长、矿党委书记、主管矿领导（生产）、安保科长各扣奖金150元，其余4名矿领导各扣奖金100元；

5）扣除采矿车间当月效益工资的25%。

（4）防范措施及教训：

1）有针对性地开展职工安全素质教育和操作技能培训，提高职工对作业环境危险因素的辨识能力，增强自身的安全技能水平和安全防范能力，尤其要坚持执行对新上岗人员的跟踪再教育制度；

2）针对取制样工的岗位特点，完善其制度，包括关于设备操作和处理矿样的具体内容，进一步规范职工的作业行为；

3）仔细查找现场作业中的危险因素，制订具体的安全措施并抓好落实；

4）教育职工认真吸取事故教训，广泛开展“安全为自己，安全在自己”活动，严格执行联系确认等安全规章制度；

5）班组长要认真履行责任，合理安排作业人员和互保对子；

6）充分发挥互保对子的作用，认真履行互保双方的职责；

7）各级管理人员要积极深入现场，按时参加班组的安全学习，督促班组有效开展安全活动，指导作业职工认真学习安全技能知识；

8）坚持岗位点检，及时整改设备（破碎机）隐患，加强日常维护保养；

9）各单位要对各个作业环节开展全面的安全检查，重点查找职工习惯性违章作业，对查出的隐患和问题要及时整改和纠正。

1.7 细碎圆锥破碎机岗位操作规程

1.7.1 上岗操作基本要求

上岗操作基本要求如下：

（1）持证上岗，经三级安全教育考试合格。

（2）劳保用品穿戴齐全、规范，女工应将发辫塞入帽内。

（3）严格执行交接班制度并做记录。

（4）不准酒后上岗和班中饮酒。

（5）不准疲劳上岗，工作过程中要集中精力。

（6）保持现场整洁。

1.7.2 岗位操作程序

1.7.2.1 开机前检查

（1）全面检查所属机电设备的完好情况，各紧固件是否符合标准要求，传动三角带是否牢固、可靠、符合要求。

（2）全面检查所属机电设备各润滑部位的润滑情况，液压润滑系统，过滤、冷却和加热循环系统，温度及监控器连锁装置是否良好，油路是否畅通。

（3）全面检查所属机电设备的传动部位安全防护罩是否完好，传动部位有无障碍物（如撬棍、铁棒、工具和其他物体），防止启动时伤人或击坏设备。

（4）检查破碎腔内有无大于进料口矿石及不易破碎的物件，严禁带料开机。

（5）检查排矿口大小是否符合生产要求。

（6）检查防尘系统是否完好。

（7）对以上检查发现的异常情况立即处理完毕，在班长统一指挥下方可启动开机。

1.7.2.2 启动

（1）与上下工序联系好，听从启动铃声信号和其他音响信号指令。

（2）启动时按逆矿石流方向自下而上依次逐个启动设备（如粉矿皮带机→振动筛→皮带机→细碎圆锥破碎机→…→中碎破碎机→…→皮带机→粗碎破碎机→给矿机）。

（3）先开油泵，油压为0.078～0.196MPa，油路畅通无阻，回油正常。

（4）合上电源开关、按下启动按钮启动主机。

（5）启动主机后，无负荷运转2～3min，无异常、运转稳定方可给矿。

（6）启动给矿机给矿的同时，启动防尘设备。

1.7.2.3 运行及检查

（1）及时掌握设备运转动态，检查设备压力、电机电流大小、稳定状况、紧固件有无松动，观察地脚减震有无异常情况。

（2）发现异常声音和不正常状况及时汇报，影响设备安全等紧急情况可先停机后报告，并做好上下工序联系工作。

（3）经常检查机电设备轴承转动部位的润滑情况，回油、油质、油压状况，确保油路畅通无泄漏，发现轴承部位温度高于55℃时，及时采取吹风散热或其他降温措施处理。

（4）及时掌握、控制给矿量的大小，力争均匀、稳定给矿。

（5）发现大块矿石、铁件或其他原因堵塞进料口、排矿口漏斗，应及时通知上道工序立即停止给矿，发出停机信号，停掉主机并切断电源后及时处理。

（6）设备运转中，不得进行危及安全的任何修理工作，检修设备时要停机、停电、挂牌。

1.7.2.4 停机

（1）正常停机：

1）听准信号；

2）按顺矿石流的方向自上而下依次停机；

3）排干净破碎腔内矿石后方可停机；

4）按下主机停止按钮，主机停止运转，拉下电源开关；

5）关闭润滑油路系统；

6）防尘设备停机，关闭防尘设备给水阀；

7）停产时停机，须将矿物料全部走完并切断电源。

（2）紧急停机：破碎电机超负荷，电流超过额定值，但机内无非破碎物者；电机冒烟、冒火；油压不高、非破碎物卡死油温急剧上升，回油超过60℃；都属紧急停机范围。紧急停机操作如下：

1）立即停止给矿；

2）立即停下主机-圆锥破碎机；

3）同时发送紧急停机信号；

4）尽快采取措施处理。

1.7.3 交接班

交接班具体事宜如下：

（1）本岗位所属设备上的矿石、灰尘、油污必须清扫干净。

（2）本岗位所属场所、杂物要清理打扫干净。

（3）检查、关闭本岗位所属设备的动力电源。

（4）认真填好本岗位所属设备的运行记录。

（5）公用工具要如数交接。

（6）当面交接班，填写交接班记录，要将本班存在的安全隐患如实地填写到交接班记录中，包括隐患部位、发现隐患的时间等。

1.7.4 操作注意事项

操作注意事项如下：

（1）设备运行时严禁离岗。

（2）破碎机在运转时，应经常检查机电设备情况，发现问题应及时停机处理。

（3）破碎机在运转时，严禁进行任何调整、清理和维护。

（4）破碎机在运转时，严禁用手直接在进料口和破碎腔内扒动矿石。

（5）破碎机在运转时，严禁攀登在破碎机上，禁止触摸任何运动部件。

1.7.5 典型事故案例

（1）事故经过：某选矿厂破碎工段，破碎工肖某上班后正常启动颚式破碎机加工矿石。正常工作半小时后，场地上铲车司机便告诉肖某有大块矿石较硬，卡住了棒条振动机，导致矿石不能正常下料。肖某着急，在未停给料机及颚式破碎机的前提下，手拿铁撬棍慌忙去撬动被卡的铁矿石。虽然矿石被排除，进入颚腔破碎，但由于该矿石硬度较大，加之老虎口腔仅剩此块矿石，在动板与定板碰撞破碎时，在该矿石大部分被粉碎进入矿仓的同时，其中一小块飞溅近1.5m高，不偏不倚砸到站在进料口旁探头观察的铲车司机段某的右眼，眼睛四周流血，段某疼痛不已，蹲坐倒地。后段某虽被及时送往县医院，但该医院条件不好建议转院，经3h转往地区医院，段某右眼球液体流尽，只好做了右眼球摘除手术造成终身残疾。

（2）事故原因：

1）直接原因：肖某违章操作，图省事不停机排除故障；安全意识不强，认为只要用铁撬棍疏通该矿石，便能进入正常工作，防范意识差，导致事故发生。

2）间接原因：

①该破碎工段安全管理意识不强。操作工违反操作规程；

②安全意识麻痹，图省事，只要先停机再清除故障，完全可以避免这次事故发生；

③铲车司机段某见肖某违章未及时制止，且无防范意识。

（3）防范措施：

1）严格按规程操作，破碎设备运行时严禁处理故障；

2）加强岗位操作技能培训，提高员工操作水平；开展现场检查，制止违章发生；

3）加强安全知识教育，操作工提高自我安全保护意识，千万不能为了图省事而忽视安全，酿成终身残疾之苦。

1.8 皮带运输机岗位操作规程

1.8.1 上岗操作基本要求

（1）持证上岗，经三级安全教育考试合格。

（2）劳保用品穿戴齐全、规范，女工应将发辫塞入帽内。

（3）严格执行交接班制度并做记录。

（4）不准酒后上岗和班中饮酒。

（5）不准疲劳上岗，工作过程中要集中精力。

（6）保持现场整洁。

1.8.2 岗位操作程序

1.8.2.1 开机前检查

（1）检查胶带传动部位是否良好，各部位螺丝是否紧固、无缺失。

（2）检查轴承、减速机、首尾轮、托辊等润滑部位的润滑状况是否良好。

（3）检查胶带有无破损，接头有无脱胶和断裂现象。

（4）检查胶带松紧度是否合适、有无破损。

（5）检查给料、排料有无堵塞现象。

（6）检查胶带下有无杂物，检查首尾托辊是否沾有矿泥，若有应立即清除。

（7）检查受料点皮带托辊是否完好。

（8）对以上检查如发现异常，立即处理，处理完毕后，在班长统一指挥下方可启动开机。

1.8.2.2 启动

（1）与上下工序联系好，听从启动铃声信号和其他音响信号指令。

（2）启动时按逆矿石流方向自下而上依次逐个启动设备（如粉矿皮带机→振动筛→皮带运输机→细碎破碎机→…→中碎破碎机→…→皮带运输机→粗碎破碎机→给矿机）。

（3）观察现场有无影响运行的情况，如一切正常，合上电源开关，按下启动按钮启动皮带运输机。

（4）启动后，进行无负荷试运转确认无异常后，方可放矿运行。

1.8.2.3 运行及检查

（1）运转时要检查胶带有无跑偏、打滑现象，上下托辊、立辊、头尾滚轮运转正常，清扫器正常起作用。

(2) 运转时要检查电机、传动装置是否正常，电机、轴承温升不能超过65℃。

(3) 运转时要严密监视胶带上的矿石有无铁件及其他不易破碎的杂物，一经发现尽快取出，防止进入破碎机。

(4) 运转时要注意矿石粒度、黏度（水分）、矿量变化情况，与上工序取得联系，调整到合理正常状态。

(5) 胶带运输机在运转时，应经常检查机电设备情况，发现问题应及时停机处理。

(6) 胶带运输机在运转时，严禁用手直接清理首尾轮上的矿粉及杂物。

(7) 胶带运输机在运转时，严禁进行调整、维护和触摸任何运动部件；设备运转中，不得进行危及安全的任何修理工作，检修设备时要停机、停电、挂牌。

(8) 胶带运输机在运转时，严禁攀登、跨越胶带运输机。

1.8.2.4 停机

(1) 正常停机：

1) 听准信号；

2) 按顺矿石流的方向自上而下依次停机；

3) 输送完胶带上的矿石后，方可停机；

4) 按下停机按钮，胶带停止运转，拿下电源开关；

5) 停产时，必须将胶带运输机上矿石全部输送干净后停机，并切断电源。

(2) 紧急停机：胶带运输机电机超负荷，电流超过额定值，电机冒烟、冒火，电机、传动轴承温度急剧上升（超过60℃）；胶带压死、撕裂和其他危险情况，都属紧急停机范围。紧急停机操作如下：

1) 立即停机；

2) 同时发送紧急停机信号；

3) 及时做好上下工序联系；

4) 尽快采取措施处理。

1.8.3 交接班

交接班具体事项如下：

(1) 本岗位所属的胶带运输机上的矿石、灰尘、油污必须清扫干净。

(2) 本岗位所属场所、杂物要清理打扫干净。

(3) 检查、关闭本岗位所操作的胶带运输机动力电源。

(4) 认真填好本岗位所属的胶带运输机运行记录，如实反映情况。

(5) 公用工具要如数交接。

(6) 当面交接班，交班时进行检查、清理现场，保持现场整洁；整理记录，填写交接班记录，要将本班存在的安全隐患如实地填写到交接班记录中，包括隐患部位、发现隐患的时间等。

1.8.4 操作注意事项

操作注意事项如下：

(1) 设备运行时严禁离岗。

（2）胶带运输机在运转时，应经常检查机电设备情况，发现问题应及时停机处理。

（3）胶带运输机在运转时，严禁用手直接清理首尾轮上的矿粉及杂物。

（4）胶带运输机在运转时，严禁进行调整、维护和触摸任何运动部件。

（5）胶带运输机在运转时，严禁攀登、跨越胶带运输机。

1.8.5 典型事故案例

案例 1

（1）事故经过：2004 年 6 月 19 日，某选矿厂皮带工曹某在 2 号粗碎机输送皮带岗位上班，2 号输送皮带出现打滑、跑偏现象，曹某向班长进行了汇报，班长找来皮带油让曹某往主滚筒上擦油。过了大约 10 分钟，曹某在不通知停止皮带运转的情况下，擅自向主滚筒上擦油，右臂被卷进皮带滚筒夹住，幸好被赶来查看皮带运转情况的丁某发现，打了紧急停车铃，并与赶来的工友将曹某送往医院，因伤势严重无法救治，做了截肢手术。

（2）事故原因：

1）皮带操作工曹某违反操作规程，在皮带正常运转的情况下，给皮带主滚筒擦油维护，导致右臂被卷进皮带滚筒，是造成这起事故的直接原因；

2）输送皮带主滚筒橡胶包层损坏，没有及时更换，在输送皮带超负荷的情况下带病运行，造成皮带打滑，是造成此起事故的主要原因；

3）操作人员安全意识差，对安全防范措施考虑不细；班长在安排工作时，没有具体交代操作注意事项，也是造成这起事故的主要原因。

（3）防范措施及教训：

1）对全体员工进行一次操作规程的学习和考核，认真执行“设备转动部位在运转中严禁检修、触摸、注油、擦车”的规定；

2）检查所有皮带主滚筒的橡胶包层，对橡胶包层磨损严重的及时进行更换；

3）根据输送皮带的设计能力，均匀给料，严禁超负荷给料，严禁皮带超负荷运转；

4）对有关责任人进行经济处罚，并进行通报，教育职工吸取事故教训，引起重视，避免同类事故的重复发生。

案例 2

（1）事故经过：2003 年 7 月 29 日早晨 7 时 35 分，某矿破碎车间的岗位职工正在打扫岗位卫生，为岗位交接班做准备。由于生产任务紧，皮带运输机仍在运输矿石。11 号皮带岗位操作工吴某像往常一样冲洗岗位上的皮带运输机。为能按时下班，他不顾皮带还在运行，习惯性地用橡胶水管冲洗皮带运输机的各部位。他一边干活一边想：赶快冲完好下班回家洗个澡，然后进城参加同学聚会。当他冲洗完皮带南面的平台后，准备将水管放到皮带的北面去，便走近皮带的主动轮与减速机靠背轮处将水管甩过皮带。因靠背轮缺少安全罩，吴某的上衣也未扣好，在使劲甩水管时，飘起的上衣被靠背轮螺杆挂住并旋转，将吴某绞死在皮带减速机靠背轮下面。

（2）事故原因：一是吴某违反操作规程在设备运行中进行冲洗维护作业；二是岗位上存在事故隐患，即减速机靠背轮缺安全罩，没有及时整改；三是吴某习惯性作业，心存侥幸，麻痹大意。

（3）防范措施：

1）加强员工岗位操作规程的培训，使员工牢固掌握安全操作技能，不得在运行设备上进行清扫作业；

2）加强安全检查，查找隐患并处理，查违章及时制止；

3）加强安全思想教育，提高员工的安全意识。

1.9 振动筛分岗位操作规程

1.9.1 上岗操作基本要求

上岗操作基本要求如下：

（1）持证上岗，经三级安全教育考试合格。

（2）劳保用品穿戴齐全、规范，女工应将发辫塞入帽内。

（3）严格执行交接班制度并做记录。

（4）不准酒后上岗和班中饮酒。

（5）不准疲劳上岗，工作过程中要集中精力。

（6）保持现场整洁。

1.9.2 岗位操作程序

1.9.2.1 开机前检查

（1）检查振动筛是否传动良好，各部位螺丝是否松动、缺失。

（2）检查轴承润滑部位的润滑状况是否良好。

（3）检查弹簧、筛框是否完好、无断裂现象，筛网有无破损、漏矿现象。

（4）检查筛孔有无矿泥堵塞现象，筛面有无矿石堆积。

（5）检查防尘系统是否完好。

（6）将以上存在的异常情况立即处理完毕后方可联系开机。

1.9.2.2 启动

（1）与上下工序联系好，听从启动铃声信号和其他音响信号指令。

（2）启动时按逆矿石流方向自下而上依次逐个启动设备（如粉矿皮带机→振动筛→皮带机→细碎破碎机→…→中碎破碎机→…→皮带机→粗碎破碎机→给矿机）。

（3）先开防尘设备后开筛分机。

（4）观察现场有无影响运行的情况，如一切正常，合上电源开关、按下启动按钮启动振动筛。

（5）启动圆振筛空负荷运转无异常后，方可给矿筛分。

1.9.2.3 运行及检查

（1）圆振筛在运转时，应经常检查机电设备情况，发现问题应及时停机处理。

（2）检查圆振筛运行状况是否正常，振幅、频率是否正常，轴承有无异声。

（3）要检查电机、传动装置声音是否正常，电机、轴承温升不能超过65℃。

（4）筛上矿石量大、含泥量高会影响筛分效率增加负荷，不准用水冲洗；要注意信息联络，根据情况变化适当调整给矿量。

（5）要检查上下漏斗有无堵塞现象，严禁筛上矿石进入筛下粉矿。

（6）每班对轴承加油一次。

（7）运转时，严禁进行调整、维护和触摸任何运动部件；设备运转中，不得进行危及安全的任何修理工作，检修设备时要停机、停电、挂牌。

（8）运转时，严禁攀登圆振筛。

（9）更换三角带或需进入筛面及筛底部作业时，必须设监护人，两人协作处理。

1.9.2.4 停机

（1）正常停机：

1）听准信号；

2）按顺矿石流的方向自上而下依次停机；

3）筛上矿石完全筛尽后方可停机；

4）按下停机按钮，待圆振筛停止运转后，拉下电源开关；

5）最后停除尘设备，并切断电源。

（2）紧急停机：圆振筛电机超负荷，电流超过额定值，电机冒烟、冒火；电机、传动轴承温度急剧上升超过65℃；矿石量大、含水含泥高，筛孔堵塞，圆振筛压死，轴承损坏及其他危险情况，都属紧急停机范围。遇到上述紧急情况，应：

1）立即按下停机按钮停机，拉下电源开关；

2）同时发送紧急停机信号；

3）及时做好上下工序联系；

4）尽快采取措施处理。

1.9.3 交接班

交接班具体事宜如下：

（1）本岗位圆振筛上的矿石、灰尘、油污必须清扫干净。

（2）本岗位所属场所杂物要清理打扫干净。

（3）检查、关闭本岗位所操作的圆振筛、除尘设备动力电源。

（4）认真填写本岗位圆振筛运行记录，如实反映情况。

（5）公用工具要如数交接。

（6）当面交接班，填写交接班记录，要将本班存在的安全隐患如实地填写到交接班记录中，包括隐患部位、发现隐患的时间等。

1.9.4 操作注意事项

操作注意事项如下：

（1）设备运行时严禁离岗。

（2）圆振筛在运转时，应经常检查机电设备情况，发现问题应及时停机处理。

（3）运转时，严禁进行调整、维护和触摸任何运动部件。

（4）运转时，严禁攀登圆振筛。

（5）进入筛面及筛底部作业时，必须设监护人，两人协作处理。

1.9.5 典型事故案例

（1）事故经过：某矿当日早班4时20分左右，主井矿石已提空，班长向各岗位发出停车信号。此后，一楼放矿工李某发现放矿口电机停止运行，并发出“嗡嗡”的响声，信号铃也不响，便向当班维护员丁某及班长荣某汇报。维护员丁某随即到一楼配电室检查，发现开关柜内刀闸有一相存在拉弧燃烧痕迹，经过处理重新合闸送电成功后，信号铃及放矿电机恢复正常。班长荣某为防止因电源缺相烧坏电机，便由下向上通知各岗位司机，要求再启动皮带和振动筛进行试车，并注意观察电机运行情况。约14时30分荣某到三楼，发现振动筛司机胡某被振动筛滚轴绞住，人躺倒在振动筛内，荣某边呼喊边抢救，胡某经抢救无效死亡。根据现场情况分析，事故经过如下：在振动筛试运行过程中，胡某进入振动筛内清理积矿，衣服被振动筛滚轴绞住造成事故。

（2）事故原因：

1）直接原因：胡某违反操作规程，在振动筛运行过程中，违章进入振动筛内清理积矿，衣服被振动筛滚轴绞住，这是造成事故的直接原因。

2）主要原因：

①岗位人员安全意识淡薄，自我保安能力差；

②现场管理不到位，现场管理人员对职工的违章操作行为检查监督不力，这是造成事故的重要原因。

3）间接原因：

①对岗位工种人员安全教育管理不到位，职工安全教育意识差；

②振动筛筛板不完好，造成积矿，不便于清理；

③治理“三违”力度不够，现场仍然存在习惯性违章现象。

（3）防范措施：

1）进一步加强对所有岗位人员的安全意识教育，提高安全防范意识；

2）全面系统地排查各专业、各岗位违规操作行为和存在的安全隐患，制定并落实整改措施，消除隐患，提高每个岗位、每位职工规范操作的自觉性；

3）狠抓“三违”检查，进一步加大对“三违”行为的打击力度，杜绝“三违”行为；

4）严格执行处理积矿设备检修事故停电挂牌制度。

1.10 磨矿电磁振动给料机岗位操作规程

1.10.1 上岗操作基本要求

上岗操作基本要求如下：

（1）持证上岗，经三级安全教育考试合格。

（2）劳保用品穿戴齐全、规范。

（3）严格执行交接班制度并做记录。

（4）不准酒后上岗和班中饮酒。

（5）不准疲劳上岗，工作过程中要集中精力。

（6）具有独立操作能力。

1.10.2 岗位操作程序

1.10.2.1 开机前检查

(1) 检查电磁振动给料机、胶带输送机各部位螺丝是否紧固无缺失。

(2) 检查振动给料机吊钩、弹簧是否完好，检查振动给料机控制箱指示表针是否在“零”位。

(3) 要按皮带运输机操作规程检查胶带输送设备。

(4) 检查给矿计量器（如机械皮带秤或电子皮带秤或核子秤等）是否正常、可靠，皮带空运转时检查零点和传感器的接触情况是否正常，调整或检查有关部件、元件，直到皮带空运转时计数器不会动作为止。

(5) 给料、排料有无堵塞现象，胶带下有无杂物，检查首尾托辊是否沾有矿泥，若有应立即清除。

(6) 检查粉矿仓矿量或料位计矿量是否符合规定。

(7) 检查石灰乳搅拌槽各部件是否完好，各部件螺丝是否紧固，各传动轴承润滑是否良好；检查石灰乳管道是否畅通。

(8) 检查石灰粉数量是否充足。

(9) 对以上存在异常情况应立即处理，处理完毕后方可联系开车。

1.10.2.2 启动

(1) 与球磨工联系，听从球磨工信号指令。

(2) 启动时按逆矿石流方向自下而上依次逐个启动设备（即由润滑油泵→分级机→球磨机→胶带输送机→磨矿电磁振动给矿机）。

(3) 先送计量系统电源，使计量仪表处于工作状态。

(4) 观察现场不存在影响运行问题后，先空载启动胶带输送机。

(5) 合上电源开关、按下启动按钮启动皮带运输机。

(6) 皮带运输机无负荷运转无异常后，再启动电磁振动给料机，及时调整所需要矿量。

(7) 启动石灰乳搅拌槽，打开石灰乳闸阀，按需要量和矿石一同加入磨机。

1.10.2.3 运行及检查

(1) 运转时要检查胶带有无跑偏、打滑现象，上下托辊、立辊、头尾滚轮运转是否运转正常，清扫器、刮板机作用是否正常。

(2) 运转时要检查电机、传动装置声音是否正常，电机、轴承温升不能超过65℃。

(3) 运转时要注意电振给料机各部位运行情况是否符合规定，各部件螺丝是否紧固，吊钩、弹簧是否完好，声音是否正常。

(4) 运转时要注意电振给料机电流是否稳定在额定值内。

(5) 检查石灰乳搅拌槽运行是否正常，石灰乳有无断流。

(6) 按当日技术指标上标出的处理量结合各阶段球磨工的需要调整电振给料机的给矿量。

(7) 按当班规定的技术条件与用量结合各阶段球磨工的需要调整石灰乳闸阀的给乳量。

(8) 运转时，严禁进行调整、维护、清扫、触摸任何运动部件；设备运转中，不得进行危及安全的任何修理工作，检修设备时要停机、停电、挂牌。

（9）运转时，严禁攀登、跨越给料机。

（10）进入矿仓内底部作业时，必须设监护人。

1.10.2.4 停机

（1）正常停机：

1）听准信号；

2）按顺矿石流的方向自上而下依次停机；

3）先停电振给料机，电振给料机槽内应留有一定数量的矿石；

4）待胶带输送机上的矿石全部输送完后，按下停机按钮，待胶带停止运转时，拉下电源开关；

5）胶带停止运转后，立即关闭石灰乳闸阀，停下石灰乳搅拌槽；

6）停产时电振给料机停机前，必须将胶带运输机上矿石全部输送干净再停机。

（2）紧急停机：电振给料机激振线圈温度急剧上升、声音异常，胶带运输机电机超负荷，电流超过额定值，电机冒烟、冒火；电机、传动轴承温度急剧上升超过60℃；胶带压死、撕裂和其他危险情况，都属紧急停机范围。紧急停机操作如下：

1）立即停机，先停电振给料机；

2）同时发送紧急停机信号；

3）停下胶带运输机，关闭石灰乳闸阀；

4）及时做好上下工序联系；

5）尽快采取措施处理。

1.10.3 交接班

交接班具体事宜如下：

（1）电振给料机激振装置、控制箱、胶带运输机上的矿石、灰尘、油污必须清扫干净。

（2）本岗位所属场所、杂物要清理打扫干净。

（3）检查本岗位所操作的电振给料机、胶带运输机，其都要调整正常。

（4）详细填写本岗位的电振给料机、胶带运输机、搅拌槽运行记录，如实反映情况。

（5）公用工具要如数交接。

（6）当面交接班，填写交接班记录，要将本班存在的安全隐患如实地填写到交接班记录中，包括隐患部位、发现隐患的时间等。

1.10.4 操作注意事项

操作注意事项如下：

（1）设备运行时严禁擅离岗位。

（2）电振给料机在运转时，应经常检查激振装置、吊钩、弹簧，发现问题应及时停机处理。

（3）运转时，严禁进行调整、维护和触摸、清扫任何运动部件。

（4）运转时，严禁攀登、跨越给料机。

（5）进入矿仓内底部作业时，必须设监护人。

1.11 磨矿圆盘给料机岗位操作规程

1.11.1 上岗操作基本要求

上岗操作基本要求如下：

（1）持证上岗，经三级安全教育考试合格。

（2）劳保用品穿戴齐全、规范。

（3）严格执行交接班制度并做记录。

（4）不准酒后上岗和班中饮酒。

（5）不准疲劳上岗，工作过程中要集中精力。

（6）具有独立操作能力。

1.11.2 岗位操作程序

1.11.2.1 开机前检查

（1）检查圆盘给料机、胶带输送机各部位螺丝是否紧固无缺失。

（2）检查圆盘位置是否水平。用手盘动三角带，检查运转是否灵活。

（3）加入润滑油后方可启动，启动时检查圆盘转动方向，以确定电机接线是否正确。

（4）开车前应详细检查刮板和活动套筒的位置是否符合喂料量的要求。

（5）给料口、排料口有无堵塞现象，胶带下有无杂物，检查首尾托辊是否沾有矿泥，若有应立即清除。

（6）检查粉矿仓矿量或料位计矿量是否符合规定。

（7）检查石灰乳搅拌槽各部件是否完好，确保各部件螺丝紧固，各传动轴承、润滑良好；检查石灰乳管道是否畅通。

（8）检查石灰粉数量是否充足。

（9）对以上存在异常情况应立即处理，处理完毕后方可联系开车。

1.11.2.2 启动

（1）与球磨工联系，听从球磨工信号指令。

（2）启动时按逆矿石流方向自下而上依次逐个启动设备（即由润滑油泵→分级机→球磨机→胶带输送机→磨矿圆盘给矿机）。

（3）先送计量系统电源，使计量仪表处于工作状态。

（4）观察现场不存在影响运行问题后，先空载启动胶带输送机。

（5）合上电源开关，按下启动按钮启动皮带运输机。

（6）皮带运输机无负荷运转无异常后，再启动圆盘给料机，及时调整所需要矿量。

（7）启动石灰乳搅拌槽，打开石灰乳闸阀，按需要量和矿石一同加入磨机。

1.11.2.3 运行及检查

（1）检查有无周期性噪声及振动，有无漏油现象。

（2）运转时要检查胶带有无跑偏、打滑现象，上下托辊、立辊、头尾滚轮运转是否正常，清扫器是否正常。

（3）运转时要检查电机、传动装置声音是否正常，检查轴承温升及润滑油温升情况，发现过热现象，应立即消除。

（4）长期运转时应定期检查刮板、活动套筒、圆盘蜗轮蜗杆、三角带以及密封件的磨损情况，以便及时调整、修理或更换。设备运转时，不允许进行调整、修理等作业。

（5）运转时要注意圆盘给料机电流稳定在额定值内。

（6）检查石灰乳搅拌槽运行是否正常，石灰乳有无断流。

（7）按当日技术指标上标出的处理量结合各阶段球磨工的需要调整给料机的给矿量。

（8）按当班规定的技术条件与用量结合各阶段球磨工的需要调整石灰乳闸阀的给乳量。

（9）运转时，严禁进行调整、维护、清扫、触摸任何运动部件；设备运转中，不得进行危及安全的任何修理工作，检修设备时要停机、停电、挂牌。

（10）运转时，严禁攀登、跨越给料机。

（11）进入矿仓内底部作业时，必须设监护人。

1.11.2.4 停机

（1）正常停机：

1）听准信号；

2）按顺矿石流的方向自上而下依次停机；

3）先停圆盘给料机，停车时应先关闭螺旋闸门再停车；

4）待胶带输送机上的矿石全部输送完后，按下停机按钮，待胶带停止运转，拉下电源开关；

5）胶带停止运转后，立即关闭石灰乳闸阀、停下石灰乳搅拌槽；

6）停产时圆盘给料机停机前，必须将胶带运输机上矿石全部输送干净再停机。

（2）紧急停机：圆盘给料机有周期性噪声及振动，声音异常，轴承温升及润滑油温升过热。胶带运输机电机超负荷，电流超过额定值，电机冒烟、冒火；电机、传动轴承温度急剧上升超过60℃；胶带压死、撕裂和其他危险情况，都属紧急停机范围。紧急停机操作步骤如下：

1）立即停机、先停圆盘给料机；

2）同时发送紧急停机信号；

3）停下胶带运输机，关闭石灰乳闸阀；

4）及时做好上下工序联系；

5）尽快采取措施处理。

1.11.3 交接班

交接班具体事宜如下：

（1）圆盘给料机、胶带运输机上的矿石、灰尘、油污必须清扫干净。

（2）本岗位所属场所、杂物要清理打扫干净。

（3）检查本岗位所操作的圆盘给料机、胶带运输机情况，都要调整正常。

（4）详细填写本岗位的圆盘给料机、胶带运输机、搅拌槽运行记录，如实反映情况。

（5）公用工具要如数交接。

（6）当面交接班，填写交接班记录，要将本班存在的安全隐患如实地填写到交接班记录中，包括隐患部位、发现隐患的时间等。

1.11.4　操作注意事项

操作注意事项如下：

（1）设备运行时严禁擅离岗位。

（2）圆盘给料机在运转时，应经常检查刮板、活动套筒、圆盘蜗轮蜗杆、三角带以及密封件的磨损情况，发现问题应及时停机处理。

（3）运转时，严禁进行调整、维护和触摸、清扫任何运动部件。

（4）运转时，严禁攀登、跨越给料机。

（5）进入矿仓内底部作业时，必须设监护人。

1.12　球磨—分级机岗位操作规程

1.12.1　上岗操作基本要求

上岗操作基本要求如下：

（1）持证上岗，经三级安全教育考试合格。

（2）劳保用品穿戴齐全、规范。

（3）严格执行交接班制度并做记录。

（4）不准酒后上岗和班中饮酒。

（5）不准疲劳上岗，工作过程中要集中精力。

（6）具有独立操作能力。

1.12.2　岗位操作程序

1.12.2.1　开机前准备及检查

（1）详细检查球磨机、分级机、电动机旁有无撬棍、铁棒、工具和其他障碍物，防止阻碍设备启动或弹出伤人、击坏或直接损毁设备。

（2）检查齿轮、联轴器、减速机、地脚螺栓和皮带轮等的紧固情况是否符合规定，检查弹性联轴器时应注意检查柱塞或胶圈的磨损情况是否符合规定。

（3）检查传动齿轮齿面润滑情况是否良好，有无矿砂或异物进入。

（4）检查内循环润滑系统油箱的油位和油质、油泵、油阀、油路冷却水、加热器等及使用固体润滑剂部位有无异常，检查润滑剂消耗情况和与润滑件接触情况是否符合规定，确保无砂水进入。

（5）检查手动减压启动的设备油浸变阻器的手轮是否在“零”位，短路闸刀是否在打开位置；检查同步电机要将直流操作手柄推到控制位置，检查滑环与转子接触是否良好。

（6）检查停机保护的接触器、油压继电器、连锁装置和音响讯号等各种保护装置是否完备、可靠。

（7）检查电流表、电压表、油压表、测温仪、计时器和指示灯等各种仪表是否齐全、正常，检查有电耳、γ浓度计、电磁流量计等自动监测装置的设备是否灵活、可靠。

（8）检查螺旋分级机有无叶片脱落、螺丝有无松动，如果分级机是筛子，要检查筛网和传动带是否完好，筛面上矿石较多时必须清除；如果分级机是旋流器，要按砂泵操作规程检查砂泵，并检查旋流器、闸阀是否完好。

（9）对以上异常情况应立即处理，处理完毕后方可联系开机。

1.12.2.2 启动

（1）与上下工序联系，发送信号指令。

（2）启动时按逆矿石流方向自下而上依次逐个启动设备（即由磁选→浮选搅拌槽→润滑油泵→分级机→球磨机→胶带输送机→给矿机）。

（3）启动油泵。夏天气温高，先开冷却水；冬季气温低，可先开油泵，待油温上升到一定值后再开冷却水。采用加热器时应开动油泵循环以使油温均匀上升，要认真检查油路系统是否畅通，有无跑冒滴漏现象，使中空轴颈上油量分布均匀。

（4）先将分级机螺旋提升到适当高度，再启动螺旋分级机。

（5）启动球磨机必须有当班电工配合，其启动顺序：启动励磁柜→合上高压隔离开关→合真空断路器→电动机启动；合闸指示灯亮，跳闸指示灯灭，待励磁电压、电流、定子电流以及球磨机处于正常运行状态后将转动着的螺旋下放到正常工作位置，球磨、分级启动完毕，即可进料。

（6）通知给矿工按正常给矿，打开石灰乳闸阀，按正常加石灰乳。

（7）球磨机停机时间超过8h，要用天车盘车2~3转，盘车时听不到介质滚动的声音，需要盘车到介质滚动为止方可启动。

（8）设备进入正常运行阶段，要对全部设备的运行情况做一次全面检查，发现有不符合运行要求的设备要立即处理，及时调整给矿量和磨机前后补加水，以保证球磨机的处理量和浓度、细度符合工艺要求。

1.12.2.3 运行及检查

（1）设备润滑系统的检查：

1）查看油压表，正常的油压应保持在0.05~0.15MPa；

2）检查油温，油温不超过65℃，回油温一般在35~45℃以内；

3）检查油量是否符合规定，检查的地方有：管路上的油流指示器，中空轴颈瓦盖上的观察孔，油箱中的油位指示器油压表；

4）检查中空轴颈上油流是否均匀分布；

5）检查油泵、油路、各润滑点的密封部位有无漏油和进砂、进水等情况；

6）从油流指示器或主轴承上盖观察孔观察油的黏度和清洁度是否符合规定。

（2）磨矿机回转体的检查：

1）注意螺栓松动、拉断面漏浆的情况，一经发现漏浆应立即停止磨机进行处理；

2）注意磨矿机排料跑粗或吐球；

3）由安全罩观察孔观察勺头磨损情况是否在规定范围内。

（3）螺栓、管接口、底座紧固情况的检查。

（4）电机、电器的检查：滑动轴承不超过60℃，滚动轴承不超过80℃。

（5）螺旋分级机的检查：

1）螺旋叶片无脱落；

2）螺旋体运动平稳。

(6) 水力旋流器的检查：

1) 给矿压力稳定在规定范围；

2) 器壁和排砂嘴无磨损；

3) 管路无磨穿和漏浆现象。

(7) 筛子的检查：

1) 注意电压、电流值符合规定，振动无突变；

2) 弹簧无断裂；

3) 筛网完好，负荷合适等。

(8) 负荷变化的观察：

1) 察看原矿计量器上计数表读数符合规定；

2) 观察电流表，正常负荷下，指针在很小范围内摆动符合规定；

3) 注意磨机声响无异常；

4) 注意观察分级机返砂量的变化。

(9) 给矿量的检查：根据磨矿的需要，及时与给矿工联系，保持稳定而均衡的给矿量。

(10) 磨矿产品质量检查：

1) 每小时测定一次排矿浓度、分级机溢流浓度；

2) 每2h测定一次磨矿细度，按 -200 目（-0.074mm）含量计算（根据磨矿细度要求而定）；

3) 上述三项指标超出标准范围，应及时调整；

4) 及时、认真、如实做好记录。

(11) 对分级机返砂量观察，及时调整稳定合理的返砂量。

(12) 湿式磨矿要注意检查给水量是否稳定。

(13) 按规定，添加磨矿介质；生产实践总结出磨矿机在运转中，操作工要做到：

1) 脚勤：要经常走动巡回检查；

2) 手勤：经常调整和摸试（不得触摸运动部件）；

3) 眼勤：注意观察；

4) 耳勤：注意听声响的变化；

5) 鼻勤：注意嗅有无异常气味。

(14) 设备运行时，严禁进行调整、维护和触摸、清扫任何运动部件，严禁攀爬、跨越设备；设备运转中，不得进行危及安全的任何修理工作；检修设备时要停机、停电、挂牌。

1.12.2.4 停机

(1) 正常停机：

1) 听准信号；

2) 按顺矿石流的方向自上而下依次停机；

3) 先停给料机，给料机槽内应留有一定数量矿石；

4) 待胶带输送机上的矿石全部输送完后，按下停机按钮，停止胶带运输给矿；

5) 停止给矿后磨机还要运转15~20min，将磨矿机内的物料排空后才能停机，关闭前后水，关闭石灰乳闸阀、停加石灰乳，停止油泵，再停止分级机，切断电源；

6）螺旋分级机停机后，应把下部螺旋提起，最后关闭润滑油的冷却水；

7）对于用手动减压启动的磨矿机，停机后，将油浸变阻器的手轮转回到“零”位；

8）如果停机时间较长，应将开关柜内的隐蔽开关拉到“分”的位置。

（2）紧急停机：由于设备有了故障或者油路、电路有故障，又不能在运转条件下排除，必须使磨矿机和其他设备停止运转，运行过程中，发生以下情况必须紧急停机：

1）给矿器勺头掉落；

2）给矿器与给矿槽相碰撞发出巨响；

3）齿轮因打牙掉齿而发出周期性较大响声；

4）减速机轴承急剧升温，温度高于80℃；

5）地脚螺栓拉断或磨矿机振动大；

6）磨矿机衬板脱落或筒内发出巨大响声；

7）螺旋分级机主轴扭断或因传动机构有故障，轴承磨坏卡死主轴；

8）电机、电器发生火花，冒烟或发出异常声响，较长时间不能自行消失；

9）突然断油，但轴承还未过热；

10）油箱有油但循环量很小，一时又查不出毛病等。

（3）突然停电，应断开真空断路器，再拉开闸刀。

1.12.3 交接班

交接班具体事宜如下：

（1）球磨机、分级机以及所属设备、装置、电机、控制箱等上面的矿石、灰尘、油污必须清扫干净；设备清扫必须停机后进行。

（2）本岗位所属场所、杂物要清理打扫干净。

（3）详细填写本岗位球磨机、分级机运行详细记录，如实反映情况。

（4）公用工具要清洗干净、清点、如数当面交接。

（5）认真填好生产记录班报表。

（6）当面交接班，填写交接班记录，要将本班存在的安全隐患如实地填写到交接班记录中，包括隐患部位、发现隐患的时间等。

1.12.4 操作注意事项

操作注意事项如下：

（1）设备运行时严禁离岗。

（2）运转时，严禁进行调整、维护和触摸、清扫任何运动部件。

（3）磨矿机连续启动不准超过两次，第三次启动必须经电工、钳工配合检查后才能启动。

（4）无论启动什么设备，在启动时操作工必须看着被启动的设备。

（5）突然停电停机，应把所有的电器开关都打到停止位置，闸刀开关必须拉开，再启动前要对机械和电器进行全面检查。

（6）如果磨机的电机、启动设备属高压设备，操作人员应按电气高压设备操作规程进行操作。

1.12.5 典型事故案例

（1）事故经过：2007年10月19日，某矿一名员工在对球磨机进行加水清洗作业时，左脚站在作业平台，右脚违规站在球磨机上，因设备突然转动，该员工滑落到辊轮与防护杆中间被压住，造成多处外伤，脾脏被切除。

（2）事故原因：

1）设备操作人员违章站在运行设备上；

2）操作人员安全意识淡薄，思想麻痹大意。

（3）防范措施：

1）加强操作规程培训教育，严格按规程操作，禁止站在运行设备上作业；

2）在设备运转部位加设护栏和防护网，以防作业人员进入；

3）加强安全思想教育，提高操作人员的安全意识。

1.13 砂泵—旋流器岗位操作规程

1.13.1 上岗操作基本要求

上岗操作基本要求如下：

（1）持证上岗，经三级安全教育考试合格。

（2）劳保用品穿戴齐全、规范。

（3）严格执行交接班制度并做记录。

（4）不准酒后上岗和班中饮酒。

（5）不准疲劳上岗，工作过程中要集中精力。

（6）具有独立操作能力。

1.13.2 岗位操作程序

1.13.2.1 开机前准备及检查

（1）详细检查砂泵、旋流器、管路系统、电器仪表。

（2）检查联轴器是否平整，螺丝是否紧固齐全。

（3）检查泵壳及其各部螺丝是否紧固齐全，压盖是否压紧，有无漏砂现象。

（4）将车头盘动1~2圈，看泵轴转动是否灵活，泵内有无障碍物及摩擦声音。

（5）检查水封是否完好，水封压力是否达到要求。泵体轴承油量是否充足，油质是否良好，油中有无水或矿砂。

（6）检查旋流器各部螺丝是否紧固齐全，溢流口、进料口衬胶是否脱落，沉砂嘴磨损是否严重。

（7）检查管路是否畅通，阀门是否灵活，流程是否正确。

（8）检查泵池是否有积砂、过大块、碎钢球等障碍物。

1.13.2.2 启动

（1）与上下工序联系，加强与球磨工、给矿工、浮选工的密切联系，保证设备正常运转。

(2) 与磨矿工和给矿工携手合作，搞好磨矿作业指标，为浮选操作创造良好的条件。

(3) 启动时按逆矿石流方向自下而上依次逐个启动设备（即浮选机→搅拌槽→润滑油泵→砂泵旋流器→球磨机→胶带输送机→给矿机）。

(4) 启动封水泵，打开封水阀门。关闭放砂阀门，向砂箱注入大半箱水，然后启动砂泵。

(5) 设备进入正常运行阶段，要对全部设备的运行情况作一次全面检查，及时调整给矿量和磨机前后补加水，以保证砂泵池的处理量和旋流器溢流浓度、细度符合工艺要求。

1.13.2.3 运行及检查

(1) 密切注意砂泵运转状况和砂箱液位，勤检查砂泵的水封盘根漏水量是否过大，有无漏砂现象；各部位润滑情况是否良好，油中是否进水或进砂；电流表指针有无异常跳动；泵轴运转是否平稳，有无过分振动或其他杂音。发现异常情况，应立即采取措施。

(2) 应经常检测砂泵的输送浓度，根据砂泵的输送浓度确定补加清水量的大小。砂泵的输送浓度应控制在65%～70%范围内。

(3) 应经常检测旋流器溢流浓度、细度。溢流的浓度和细度应符合选别的要求，如有偏差应及时调节给水量和给矿量。

(4) 旋流器排矿口磨损较大时，应及时更换。

(5) 经常检查砂泵电机电流情况。若电流大小变化大且来回跳动，说明泵池液面较低，砂泵喘气，此时应不加清水，调高液面；若砂泵电流过大，居高不下，此时可能是由输送浓度过高或处理量过大所致，应及时采取有效措施，予以解决。

(6) 保持泵池液面稳定，防止打空泵。

(7) 定时检查砂泵润滑情况是否良好，油中进水或进砂时要及时更换，油量不足要及时添加。

(8) 定时检查砂泵螺丝是否紧固齐全，有无漏水、漏砂、漏油现象，有无异声、异味。

(9) 定期检查电机和轴承的升温情况，轴承温度不得高于80℃，电机（绝缘等级A级）温度不大于55℃。

(10) 定时检查管道、阀门是否畅通，有无磨通漏砂情况，水封压力是否合适。

1.13.2.4 停机

(1) 正常停机：

1) 待皮带给矿停止后，补加适量清水，保持泵池液面稳定。此时砂泵输送液体浓度越来越低，输送的液体起着冲洗管道的作用，当旋流器沉沙口排放的液体呈伞状张开时，说明管道已冲洗好；

2) 按顺矿石流的方向自上而下依次停机；

3) 待胶带输送机上的矿石全部输送完后，按下停机按钮，停止胶带运输给矿；

4) 停止给矿后磨机还要运转15～20min，将磨矿机内的物料排空后才能停机，关闭前后水，关闭石灰乳闸阀、停加石灰乳，停止油泵切断电源；

5）停封水泵，关闭封水闸阀。

（2）紧急停机：由于设备有了故障或者油路、电路有故障，又不能在运转条件下排除，必须紧急停机。紧急停机操作如下：

1）立即打开泵池放砂阀门（若阀门被卡死，需用水管冲散阀门积砂）让泵池液体排出；

2）打开管路中的放砂闸阀排放管道内矿浆，若管路被卡堵，矿浆无法排出，要采取措施疏通；

3）冲洗泵池，待泵池积砂排净后，关闭放砂闸阀，并向泵池内注入清水，盘车头1~2圈，以使泵轴转动灵活；

4）关闭管路中的放砂闸阀；

5）待泵池水适量后，启动砂泵冲洗管路；

6）停封水泵，关闭封水闸阀。

1.13.3 交接班

交接班具体事宜如下：

（1）本岗位所属场所、杂物要清理打扫干净。

（2）详细填写本岗位运行记录，如实反映情况。

（3）公用工具要清洗干净、清点、如数当面交接。

（4）认真填好生产记录班报表。

（5）当面交接班，填写交接班记录，要将本班存在的安全隐患如实地填写到交接班记录中，包括隐患部位、发现隐患的时间等。

1.13.4 操作注意事项

操作注意事项如下：

（1）设备运行时严禁离岗。

（2）运转时，严禁进行调整、维护和触摸、清扫任何运动部件。

（3）突然停电停机，应把所有的电器开关都打到停止位置，闸刀开关必须拉开，再启动前要对机械和电器进行全面检查。

1.14 浮选机岗位操作规程

1.14.1 上岗操作基本要求

上岗操作基本要求如下：

（1）持证上岗，经三级安全教育考试合格。

（2）劳保用品穿戴齐全、规范，女工应将发辫塞入帽内。

（3）严格执行交接班制度并做记录。

（4）不准酒后上岗和班中饮酒。

（5）不准疲劳上岗，工作过程中要集中精力。

（6）保持现场整洁。

1.14.2 岗位操作程序

1.14.2.1 开机前检查

（1）检查搅拌槽、浮选机槽体是否渗漏，如有杂物需清理。

（2）检查机体各部螺丝是否紧固无缺失，矿浆管是否堵塞、渗漏，叶轮与定子之间的间隙及磨损情况是否在规定范围内（叶轮上部与定子下部间隙正常为6～10mm）。

（3）检查传动部分、皮带轮是否完好，皮带松紧是否适度；手盘竖轴皮带轮转动是否平稳、灵活。

（4）检查刮板及刮板轴、电器是否完好，安全防护罩是否牢固可靠。

（5）检查浮选槽间的放矿闸门是否闭合良好，液面调节机构是否灵活可靠。

（6）检查减速机油位、刮板轴承的润滑、各加油点的给油情况是否良好、符合规定。

（7）检查搅拌槽、浮选机槽内、机体上、电动机旁有无撬棍、铁棒、工具和其他障碍物，防止阻碍设备启动或弹出、甩出，击坏或直接损毁设备。

（8）将以上异常情况立即处理，处理完毕后方可联系开机。

1.14.2.2 启动

（1）启动前应注意机械周围情况，确保槽内无人。

（2）检查无误并与上下工序球磨工、药剂工、磁选工、砂泵工联系，准备好后方可启动。

（3）启动时按逆矿浆流方向自下而上依次逐台启动设备，即扫选→粗选→精选→搅拌槽。

（4）观察现场无影响启动情况下，合上闸刀开关送电，按下启动按钮，依次逐台启动。

（5）当上工序矿浆进入搅拌槽时，立即发送信号通知药剂工给药。

（6）根据浮选液面情况及时调整液面到规定范围，启动程序完毕。

1.14.2.3 运行及检查

（1）运转时要检查各部螺丝是否松动，竖轴部分有无异常声音、有无振动，通过观测液面的搅动情况来判断叶轮磨损是否在规定范围。

（2）运转时要检查各加油点的给油情况是否正常，刮板轴承的润滑情况是否良好，竖轴上下轴承温度不得超过75℃。

（3）运转时要检查电机温升，电机温升不得超过60℃，检查电机有无振动和异常气味。

（4）检查刮板部分的运转是否正常，泡沫流槽、矿浆管道流淌是否顺畅。

（5）运转时要常巡回检查浮选泡沫情况（精选、粗选、扫选），判断原矿品位、精矿质量波动情况，及时通知给药工调整药剂量。

（6）根据浮选槽液面高低及时调整放浆闸门，稳定液面。

（7）每小时测定pH值1～2次，根据检测结果及时调整石灰乳给入量。

（8）当矿石或矿浆中进入润滑油、pH值过高、起泡剂或捕收剂过量导致浮选跑槽，要尽快采取措施消除油污，在降低药剂用量的同时，用高压水喷向流槽消泡。

（9）设备运转中，不得进行危及安全的任何修理工作；检修设备时要停机、停电、挂牌。

1.14.2.4 停机

（1）正常停机：

1）听准信号；

2）上道工序无矿浆流入搅拌槽时（停止给矿后磨机还要运转15～20min），按顺矿浆流的方向自上而下依次逐台停机，停机顺序为搅拌槽→精选→粗选→扫选；

3）停搅拌槽、浮选机时先按下停止按钮，再拉下刀闸开关；

4）及时通知给药工，停止所有给药；

5）如果停机时间较长或停产时停机，应将槽内矿浆放掉，以免矿浆沉淀，压住叶轮。

（2）紧急停机：搅拌槽、浮选机竖轴轴承温度过高或有异常响声，机体强烈振动或摆动，叶轮被压死、刮板与槽体溢流，无搅拌迹象，电机超负荷，电流超过额定值，电机冒烟、冒火，电机、传动轴承温度急剧上升，超过60℃等危险情况都属紧急停机范围。紧急停机操作如下：

1）立即按单机停机程序按下按钮，拉下闸刀切断电源；

2）同时发送紧急停机信号；

3）及时做好上下工序联系；

4）尽快采取措施处理。

1.14.3 交接班

交班前对本岗位所属场所、杂物要清理打扫干净；公用工具、检测用具要清洗干净如数交接；整理运行记录，填写交班记录，对本班存在的安全隐患要及时如实地填写到交接班记录中，包括隐患部位、发现隐患的时间等。

1.14.4 操作注意事项

操作注意事项如下：

（1）设备运行时严禁擅离岗位。

（2）设备运转时，严禁进行调整、维护和手触摸及清扫任何旋转部分。

（3）运转时，不得随便移动防护罩，严禁湿手操纵电器。

（4）电机发生故障，应立即切断电源，通知电工处理，严禁设备带电作业。

1.14.5 常见故障原因分析及处理方法

常见故障原因分析及处理方法如下：

（1）浮选机轴承发热或浮选机声响异常。

1）不正常原因分析：

①油量不足或油质不良；

②轴承磨损严重或损坏；

③压盖松紧不当。

2）处理办法：

①更换浮选机用油；
②更换轴承，加油或者换油；
③调整压盖松紧度，使其符合要求。
（2）浮选机电机发热/浮选机电流增大。
1）原因分析：
①盖板或回浆管脱落；
②电机单相运转；
③槽内积砂过多或浓度过大；
④叶轮盖板安装不正，叶轮不平衡；
⑤浮选机轴承磨损；
⑥主轴皮带轴与电机安装高低不平；
⑦浮选机槽体内，浮选矿浆浓度过大或矿浆粒度组成发生变化、跑粗砂等。
2）处理办法：
①将盖板或浆管上紧；
②检修电机；
③放砂或调整浓度；
④对水轮进行校正；
⑤更换轴承；
⑥将皮带轴与电机高度调平。
（3）浮选机水轮盖板有撞击声。
1）原因分析：
①间隙过小，或主轴摆动过大；
②有障碍物；
③盖板松脱；
④上下套筒螺丝松动。
2）处理办法：
①将间隙调一下；
②清除障碍物；
③将盖板上紧；
④将螺丝上紧。
（4）浮选机吸气量过小。
1）原因分析：
①水轮与盖板间隙过大；
②矿浆循环量过大；
③吸气管堵塞；
④皮带轮的皮带松动，主轴转速低。
2）处理办法：
①调整水轮与盖板之间的间隙；
②调整操作；

③检修浮选机；

④调整皮带轮。

（5）浮选机液面翻花。

1）原因分析：

①盖板安装不平，间隙不均匀；

②盖板损坏；

③短接松脱；

④稳流板残缺。

2）处理办法：

①将盖板调平，将间隙调整均匀；

②更换盖板；

③将短接上紧；

④修复稳流板。

1.15 药剂工岗位操作规程

1.15.1 上岗操作基本要求

上岗操作基本要求如下：

（1）持证上岗，经三级安全教育考试合格。

（2）劳保用品穿戴齐全、规范，女工应将发辫塞入帽内。

（3）严格执行交接班制度并做记录。

（4）不准酒后上岗和班中饮酒。

（5）不准疲劳上岗，工作过程中要集中精力。

（6）保持现场整洁。

1.15.2 岗位操作程序

1.15.2.1 给药前检查

（1）检查药剂搅拌槽、药剂泵各部件是否完备、良好，管路是否畅通。

（2）检查虹吸给药槽的虹吸管固定在浮板上是否牢固，松油、黄药管等是否畅通。

（3）检查各贮药桶内药剂的储量当班是否够用。

（4）检查生产工器具、比重计等是否齐全。

（5）检查固体药剂是否能在搅拌槽内稀释。

（6）将以上异常情况立即处理完毕后方开始化验操作。

1.15.2.2 给药准备

（1）称取定量固体药剂，放入药剂搅拌槽内，按各种药剂稀释的比例要求，加入定量清水稀释，液体药剂直接加入虹吸给药槽。

（2）启动药剂搅拌槽，按规定时间搅拌（一般搅拌5~8min），固体药剂全部溶解。

（3）用比重计测量黄药、黑药的质量分数均为10%；测量液体密度：黄药为（1.030±0.003）g/mL，黑药为（1.020±0.002）g/mL。

（4）打开搅拌槽放药闸阀，合上闸刀开关，按下启动按钮，启动药剂泵，将药液送往虹吸给药槽。

（5）虹吸给药槽加满后，关闭搅拌槽放药闸阀，停下药剂泵。

1.15.2.3 给药及检查

（1）按规定准确、及时添加药剂，不得多加、少加、错加、漏加，常与浮选工取得联系。

（2）给药时要检查清理堵塞各接药漏斗飞虫、棉纱头等杂物。

（3）给药时要检查各加药点的管路是否畅通。

（4）给药时要检查虹吸管是否未离开药剂液面，如虹吸管药量调整夹失灵，要及时更换。

（5）经常测定计量药量的变化情况，及时准确调整。

（6）设备运转时，禁止用嘴吹吸堵塞的药剂管子，严禁用药剂洗手；药剂溅到皮肤要及时用清水洗净，做好自身的消毒工作。

（7）药剂稀释、添加、计量、密度测定等都必须穿戴好劳动保护用品。

（8）氰化物药桶必须洗净后才能放出室外，否则会损坏药桶。

（9）给药室内严禁烟火，严禁吃食物。

（10）禁止无关人员进入给药室，离开给药室必须把门锁好。

1.15.2.4 停止给药

（1）正常停药：

1）听准信号；

2）做好停药准备；

3）与浮选工取得联系；

4）待浮选搅拌槽停机时，拿起虹吸管固定板，停止所有给药。

（2）紧急停机：药剂搅拌槽、药剂泵在启动时、运转中，有异常响声，电机冒烟、冒火等危险情况都属紧急停机范围。紧急停机操作如下：

1）立即按单机停机程序按下按钮，拉下闸刀切断电源；

2）及时查找原因处理，电气问题由电工处理；

3）紧急停机，及时拿起虹吸管固定板停止给药。

1.15.3 交接班

离岗下班前要搞好本岗位所属场所卫生，将杂物清理打扫干净；冲洗所属场所地面，保持设备的清洁卫生；公用工具、检测用具要清洗干净如数交接；填写交班记录，当面交接班，对本班存在的安全隐患要及时如实地填写到交接班记录中，包括隐患部位、发现隐患的时间等。

1.15.4 操作注意事项

操作注意事项如下：

（1）设备运行时严禁擅离岗位。

（2）设备运转时，严禁进行调整、手触摸和清扫旋转部分，严禁湿手操作电器。

（3）运转时，禁止用嘴吹吸堵塞的药剂管子，严禁用药剂洗手；药剂溅到皮肤要及时用清水洗净，做好自身的消毒工作。

（4）药剂稀释、添加、计量、密度测定等都必须穿戴好劳动保护用品。

（5）氰化物药桶必须洗净后才能放出室外，否则会损坏药桶。

（6）给药室内严禁烟火，严禁吃食物。

（7）禁止无关人员进入给药室，离开给药室时必须把门锁好。

1.16 磁选机岗位操作规程

1.16.1 上岗操作基本要求

上岗操作基本要求如下：

（1）持证上岗，经三级安全教育考试合格。

（2）劳保用品穿戴齐全、规范，女工应将发辫塞入帽内。

（3）严格执行交接班制度并做记录。

（4）不准酒后上岗和班中饮酒。

（5）不准疲劳上岗，工作过程中要集中精力。

（6）保持现场整洁。

1.16.2 岗位操作程序

1.16.2.1 开机前检查

（1）检查磁选机槽体、磁辊筒、传动等部位是否完好。

（2）检查入料管、入料槽、底流管、冲水管、闸门是否畅通，槽体有无杂物、存砂。

（3）检查减速机和传动装置的润滑情况是否良好。

（4）检查电机电器开关是否完好可靠。

（5）检查磁极角度是否在合适位置，主选区、扫选区、脱水区及相应工作间隙是否符合规定要求。

（6）检查磁选机槽内、机体上、电动机旁有无撬棍、铁棒、工具和其他障碍物，防止阻碍设备启动。

1.16.2.2 启动

（1）检查无误并与上工序球磨工或浮选工、下工序砂泵工联系，准备好后方可准备启动。

（2）启动前观察现场无影响启动情况下，推上闸刀开关，空负荷点试启动，检查磁选机的运行情况是否良好。

（3）按下启动按钮，依次逐台启动。

（4）及时打开冲洗水管，调整好水量和冲洗角度。

（5）根据磁选进浆情况及时调整底流水管，启动程序完毕。

1.16.2.3 运行及检查

（1）运转时要检查磁辊、轴承部分振动是否在规定范围且无异常响声。

（2）运转中随时检查入料槽内、滚筒与槽间有无杂物并清理。

（3）加强巡回检查，保证磁选机内液面高度在规定范围并保持稳定，观察各运转部位有无异常，检查选别情况是否良好。

（4）经常注意磁性铁的回收效果，及时疏通铁精矿流槽。

（5）经常注意磁极的位置和角度，有变化时及时调整，确保磁性铁的回收率。

（6）设备运转中，不得进行危及安全的任何修理工作；检修设备时要停机、停电、挂牌。

1.16.2.4 停机

（1）正常停机：

1）听准停机信号；

2）上工序无矿浆流入磁选机给料箱时，磁选机选不出矿粉后再停机；

3）停磁选机时先按下停止按钮，再拉下闸刀开关，关闭磁选机所有冲洗闸阀；

4）停车后检查入料管、槽体及底流管有无堵塞，如有堵塞及时清理；

5）及时清理冲洗磁选机入料槽及尾矿箱积存的矿砂及其他杂物。

（2）紧急停机：磁选机轴承温度过高或有异常响声，磁辊轮强烈振动，磁块脱落，电机超负荷，电流超过额定值，电机冒烟、冒火，电机、传动轴承温度急剧上升，超过60℃等危险情况，都属紧急停机范围。紧急停机操作如下：

1）立即按单机停机程序按下按钮，拉下闸刀切断电源；

2）同时发送紧急停机信号、打开放浆阀，关闭冲洗水闸阀；

3）及时做好上下工序联系；

4）尽快采取措施处理。

1.16.3 交接班

交接班具体事宜如下：

（1）本岗位所属场所、杂物要清理打扫干净。

（2）操作正常，液面稳定。

（3）认真填好本岗位的运行记录，如实反映情况。

（4）公用工具要清洗干净如数交接。

（5）当面交接班，交班时进行检查、清理现场，保持现场整洁；整理记录，填写交接班记录，要将本班存在的安全隐患如实地填写到交接班记录中，包括隐患部位、发现隐患的时间等。

1.16.4 操作注意事项

操作注意事项如下：

（1）设备运行时严禁擅离岗位。

（2）设备运转时，严禁进行调整、维护和手触摸任何旋转部分。

（3）运转时，严禁湿手操纵电器。

（4）电机发生故障，应立即切断电源，通知电工处理，严禁设备带病运行。

1.16.5 常见故障处理方法

常见故障处理方法如下：

（1）磁选机内进入障碍物：磁选机内进入障碍物，轻者将筒皮划出痕迹，重者卡住圆筒或将筒皮划破，出现此现象时应立即停车取出障碍物。

平时应严禁将螺栓、螺母、铁丝及其他金属物品掉进磁选机，为防止大块矿石随矿浆进入磁选机，应在给矿处加筛板挡住大块和杂物，并经常清理。

（2）磁选机内的磁块脱落：此时圆筒有咔咔的响声，严重时把筒皮划破，应立即停车检修，防止磁块再次脱落，在检修时可用薄铜片将磁系兜住。

（3）磁选机中的圆筒与槽底距离要进行及时的、正确的调节：这一距离最为合适的是35～45mm，如果距离过大，槽底附近磁场力小，精矿品位就会升高，但是尾矿的品位也会升高，那么金属的回收率就会降低，如果距离过小，那么槽底附近磁场力大、尾矿中金属损失少、金属回收率高，但是部分的磁性矿物还有可能被尾矿带走，最终增加了金属的损失，甚至造成了尾矿排不出的“满槽”现象。

（4）磁选机中的磁系偏角：我们进行磁选的过程中要注意磁系偏角的大小，一般情况下磁系中线与铅垂线之间的夹角称类磁系偏角。半逆流槽磁选机的磁系偏角为15°～20°，如果磁系偏角小，会使扫选区增长，但如果磁系偏角过小，会使精矿排出困难，甚至带不上精矿来，这样就会大大地影响矿石的品位。

（5）磁选机中吹散水和卸矿用水的用量：如果吹散水量过大，那么矿浆在选分空间的流速就会变快，就会使尾矿品位长高，降低金属回收率，相反的，如果吹散水量过小，就不能将矿浆中的磁性矿物与非磁性矿物充分吹散，结果部分非磁性矿物随精矿排出，严重影响矿石的品位。

（6）磁选机中经常出现的几个误区：

1）不区分物料中磁性物的情况，一味追求磁场越高越好。这样很容易造成矿石的品位不正常，因为矿石中物料的磁性一般情况下决定磁选设备，我们选择对了磁选机磁选效率自然就上来了，并不是磁场越高磁选效率和工作产量就会越高的。

2）单台磁选机解决多种物料中的磁性物。这不是绝对的，一般的情况下进行磁选机设置的过程中，磁选的都是矿物中相同的某种磁性物料，这种磁选机可以将这种元素磁选出来而很难把其他磁选元素选出来。

3）从某个环节安装磁选、除铁设备解决一个系统的磁性物污染问题，磁选机进行安装的过程中，一定要按照磁选过程中的要求进行磁选，盲目的投资不会带来多大的效益，要进行多方面的综合考虑。

1.17　摇床岗位操作规程

1.17.1　上岗操作基本要求

上岗操作基本要求如下：

（1）持证上岗，经三级安全教育考试合格。

（2）劳保用品穿戴齐全、规范。

（3）严格执行交接班制度并做记录。

（4）不准酒后上岗和班中饮酒。

（5）不准疲劳上岗，工作过程中要集中精力。

（6）具有独立操作能力。

1.17.2 岗位操作程序

1.17.2.1 开机前的检查

（1）检查摇床面，并把床面上的杂物、矿砂清理干净。

（2）检查摇床给矿槽的给矿孔是否畅通无堵塞。

（3）检查给水槽菱形调节板是否灵活、完好无损。

（4）检查摇床头箱体及各润滑部位油位、油质是否符合规定。

（5）检查支撑摇床面的支撑摇动盒里油位、油质是否符合规定。

（6）检查调整摇床面横向调坡手轮是否灵活、完好无损。

（7）检查摇床头皮带轮罩子是否紧固无松动。

（8）以上检查发现问题及时处理，重大问题汇报班长并详细记入运转记录。

1.17.2.2 启动

（1）先人工将皮带轮盘转三圈，确定其转动灵活无卡阻现象。

（2）启动前应注意机械周围情况，检查无误并与上下工序联系后方可启动。

（3）开车顺序，先推上闸刀开关，再按下启动按钮。

（4）一切正常后再给矿浆，及时打开冲洗水阀门。

（5）启动程序完毕，转入正常生产运行。

1.17.2.3 运行及检查

（1）设备运行时严禁擅离岗位。

（2）床面分溢流区、分层区、粗选区、精选区，按如下要求进行控制：

1）溢流区用于脱泥脱水，如果给矿含泥高，无砂区浑浊，如果给矿粒度粗或冲程过大，横向坡度小，则无砂区宽，正常宽度为0.9～1.4m；

2）分层区要求矿流平稳不产生急流或拉沟现象，矿层不得过厚或过薄，只要能被水盖过即可，可通过调节给矿浓度和给矿槽进砂孔来控制；

3）粗选区是分出中矿的区间，尽可能将中矿冲出，防止中矿进入精矿区用冲洗水和横向坡度来调节；

4）精选区要求各种密度矿物的分带明显，要使精选区和粗选区形成一条稳定而明显的界线只靠调节冲洗水和横向坡度来控制。

（3）操作要素的控制：摇床操作要素主要有给矿浓度、给矿粒度、横向坡度、纵向坡度、补加冲洗水、冲程和冲次，具体要求为：

1）给矿浓度：正常为15%～25%，浓度少出现拉沟，浓度大出现砂堆，此时应调节给矿水量；

2）给矿粒度：最大粒度不超过2mm，最小0.04mm，要经过预先分级，保证各级别粒度均匀，给矿粒度要适当。可观察精矿带中矿带及淘洗检查尾矿来判断；

3）给矿量：允许的给矿量与矿石可选性和给矿粒度有关。给矿量大时，不分带，此时必须移动精矿截取板，加大冲洗水和横向坡度。直到铺床现象消除后再恢复正常操作条件。操作时观察分层区和无砂区判断给矿量，如果分层区矿层厚，无砂区过窄，就是给矿量大；

4）横向坡度和冲洗水：给矿粗、浓度大、给矿量大，采用较大的坡度和补加水。水量和坡度的调节是关联的，操作时观察矿浆流速和精矿带；若水流分布均匀，不拉沟，不起砂堆，精矿带宽而薄，分带明显，这是坡度和水量合适；若矿浆流速大，精矿带窄，就是坡度过大；矿浆流速慢，精矿带分不清，就是坡度过小。水量过大，精矿带变窄，部分精矿跑入中矿；水量过小，部分床面露出无水膜；

5）冲程和冲次：增大冲程粗粒移动快；增大冲次细粒移动快；选别粗粒要大冲程、小冲次，反之则相反；一般操作不进行调节，但有异常时如确定是冲程冲次不适当，需要及时调整；

6）纵向坡度，精矿带0.5°~1.0°，在设备安装时确定；

7）加强与分级作业的联系，要求分到各摇床的矿量负荷均匀，浓度稳定，粒度符合要求。

（4）设备运转中，不得进行危及安全的任何修理工作；检修设备时要停机、停电、挂牌。

1.17.2.4 停机

（1）正常停机：

1）听准信号；

2）上道工序无矿浆流入给料槽时，床面上无矿砂后再停止给水，然后停机先按下停止按钮，再拉下闸刀开关；

3）停机后，用水将摇床面冲洗干净；

4）摇床底下地面按一铲、二扫、三冲洗，打扫干净。

（2）紧急停机：摇床机头轴承温度过高或有异常响声，电机超负荷，电流超过额定值，电机冒烟、冒火；电机、传动轴承温度急剧上升，超过75℃等危险情况；无通知停电，都属紧急停机范围。紧急停机操作如下：

1）立即按单机停机程序按下按钮，拉下闸刀切断电源；

2）同时发送紧急停机信号；

3）及时做好上下工序联系；

4）尽快采取措施处理。

1.17.3 交接班

当面交接班，交班时进行检查、清理现场，保持现场整洁；整理记录，填写交接班记录，要将本班存在的安全隐患如实地填写到交接班记录中，包括隐患部位、发现隐患的时间等。

1.17.4 操作注意事项

操作注意事项如下：

（1）设备运转时，严禁进行调整、维护和手触摸任何旋转部分。

（2）运转时，不得随便移动防护罩，严禁湿手操纵电器。

（3）电机发生故障，应立即切断电源，通知电工处理，严禁设备带电运行。

1.17.5 常见故障原因分析

常见故障原因分析如下：

（1）床面跳动故障原因：

1）床面变形；

2）冲程冲次配合不好；

3）弹簧过紧或偏歪；

4）床头连床面拉杆歪扭。

（2）响声异常故障原因：

1）螺丝松动；

2）床面拉杆位置不当；

3）弹簧过松或折断。

（3）设备零件折断或磨损过快故障原因：

1）弹簧折断是由于质量差或安装不好；

2）螺丝折断是由于歪扭、松动或是螺纹过紧。

1.18 砂泵岗位操作规程

1.18.1 上岗操作基本要求

上岗操作基本要求如下：

（1）持证上岗，经三级安全教育考试合格。

（2）劳保用品穿戴齐全、规范，女工应将发辫塞入帽内。

（3）严格执行交接班制度并做记录。

（4）不准酒后上岗和班中饮酒。

（5）不准疲劳上岗，工作过程中要集中精力。

（6）保持现场整洁。

1.18.2 岗位操作程序

1.18.2.1 开机前检查

（1）检查各部螺丝是否紧固无松动，并对各润滑点注油。

（2）检查砂泵及管道的接头处有无漏浆现象和堵塞现象。

（3）用手盘动皮带轮或联轴器，确定砂泵叶轮转动轻快、无松动和碰卡。

（4）检查砂池中有无杂物，管道有无堵塞。

（5）叶轮和护板的间隙要调整合适，以保证砂泵高效率工作。

（6）以上检查发现异常问题应及时处理，处理完毕后，与上下工序联系好方可启动。

1.18.2.2 启动

（1）与上下工种紧密联系，听从开车指令。

（2）观察现场无影响运行情况下，打开排浆闸阀先排空砂泵池。

（3）开水封泵，使水封的压力大于泵的压力。

（4）按下启动按钮，空载启动砂泵。

（5）关闭放浆闸阀，砂泵负载运转。

1.18.2.3 运行及检查

（1）运转中要经常检查各部连接情况，每小时检查一次电机和轴承温度变化情况。

（2）运转中要经常检查砂泵及管道是否畅通，注意扬送矿浆的浓度变化，防止高浓度输送。

（3）运转中如发现有异声或异常现象，必须停车检修处理，运转中禁止检修、清理或用手触摸高速运转部件。

（4）裸露的转动部分必须有防护罩，并要经常保持完好。

（5）进浆量过少，砂泵容易出现排空现象，砂泵不宜运行，可添加适量的清水进行补充。

（6）设备运转中，不得进行危及安全的任何修理工作；检修设备时要停机、停电、挂牌。

（7）临时停电时值班人员不得离开现场，并应关闭总电源，等候来电。

（8）严禁站在有水或潮湿的地方推闸门，闸门应明显标志出开关方向。

（9）无水时不得关闭阀门开泵，叶轮不得反向转动。

1.18.2.4 停机

（1）正常停机：

1）听准信号；

2）先停止砂泵运转，再停止水封泵；

3）停车前必须加清水将泵中矿浆冲洗干净，停车后打开放矿管，将管路和泵中矿浆放空；

4）停车后收拾工作场所卫生，整理工具，为下步工作做好准备。

（2）紧急停机：砂泵、水封泵电机超负荷，电流超过额定值，电机冒烟、冒火；电机、传动轴承温度急剧上升，超过60℃；进浆口卡死、砂泵腔体进入铁件或异物等其他危险情况，都属紧急停机范围。紧急停机操作如下：

1）立即停止砂泵工作、打开放浆闸阀排空砂池与管道矿浆；

2）同时发送紧急停机信号；

3）及时做好上下工序联系；

4）尽快采取措施处理。

1.18.3 交接班

当面交接班，交班时进行检查、清理现场，保持现场整洁；整理记录，填写交接班记录，要将本班存在的安全隐患如实地填写到交接班记录中，包括隐患部位、发现隐患的时间等。

1.18.4 操作注意事项

操作注意事项如下：

（1）设备运行时严禁离岗。

（2）设备运转中，不得进行危及安全的任何修理。
（3）临时停电时值班人员不得离开现场，并应关闭总电源，等候来电。
（4）严禁站在有水或潮湿的地方推闸门，闸门应明显标志出开关方向。
（5）无水时不得关闭阀门开泵，叶轮不得反向转动。
（6）开关阀门时，不得用力过猛，以防摔倒。

1.18.5 常见故障原因分析及处理办法

常见故障原因分析及处理办法如下：

（1）不吸水：其原因为吸入管或填料出进气转向不对或叶轮损坏吸入管堵塞。解决办法为排除近期故障检查转向，更换新叶轮；清理堵塞物。

（2）泵负荷过大：其原因为填料压得太紧、或泵内产生摩擦、或轴承损坏、或泵流量偏大。解决办法是调松填料压盖螺栓、调整间隙、更换轴承、调解泵的运行工况。

（3）泵轴承发热：其原因为轴承润滑油过多或过少、或润滑油中有杂物、或轴承损坏。解决办法是按要求加润滑油、换油、换新轴承。

（4）泵轴承寿命短：其原因为电机轴和泵轴不对中轴弯曲、或泵内有摩擦或叶轮失去平衡、或轴承内进入异物、或轴承装配不合理。解决办法是调整电机轴和泵轴同心度、换轴、清除摩擦、换新叶轮或重新找平衡、清洗轴承、按要求重新装配轴承。

（5）泵噪声大：其原因为轴承损坏，或叶轮失去平衡，或吸入管进气、堵塞、或流量不均匀泵抽空。解决方法为换新轴承、重新找平衡或换新叶轮、清除进气、清理堵塞物、改善泵进料条件。

1.19 水泵岗位操作规程

1.19.1 上岗操作基本要求

上岗操作基本要求如下：
（1）持证上岗，经三级安全教育考试合格。
（2）劳保用品穿戴齐全、规范，女工应将发辫塞入帽内。
（3）严格执行交接班制度并做记录。
（4）不准酒后上岗和班中饮酒。
（5）不准疲劳上岗，工作过程中要集中精力。
（6）保持现场整洁。

1.19.2 岗位操作程序

1.19.2.1 开机前检查

（1）检查各部零部件连接是否牢固、完好可靠。
（2）检查水泵及管道的接头处有无漏水现象和堵塞现象。
（3）检查管路是否畅通，压力表是否完整良好。
（4）检查水池中有无杂物，在水泵入口清理水草、树枝等杂物时，必须有人监护。
（5）对存放时间较长或未用的水泵开车前人力盘车确认转动灵活无卡阻，方可开车。

（6）以上检查发现异常问题应及时处理，处理完毕后，与上下工序联系好方可启动。

1.19.2.2 启动（开机）

（1）启动前打开水泵放气孔，打开阀门引水放出空气。

（2）观察现场无影响运行情况下，引水完成后，开动电机，达到所需压力后，打开出水闸阀。

（3）电气操作，必须一人监护，一人操作，禁止站在有水或潮湿的地方停送电闸。

1.19.2.3 运行及检查

（1）运转中要经常检查各部连接情况，联轴器间隙是否正常（3～4mm），护罩是否完整。

（2）运转中观察电流表、电压表、压力表的指示是否正常，若出现异常应停止运转，检查原因。

（3）运转中检查电动机前后轴承有无异常响声，电机温升不能超过60℃。

（4）裸露的转动部分必须有防护罩，并要经常保持完好。

（5）水泵填料室漏水大时要及时调整，水泵盘根要经常调整，水泵底阀漏水要及时更换。

（6）设备运转中，不得进行危及安全的任何修理工作；检修设备时要停机、停电、挂牌。

（7）临时停电时值班人员不得离开现场，并应关闭总电源，等候来电。

（8）严禁站在有水或潮湿的地方推闸门，闸门应明显标示出开关方向。

（9）无水时不得关闭阀门开泵，叶轮不得反向转动。

1.19.2.4 停机

（1）正常停机：

1）听准信号；

2）先关闭出水闸阀后停止电机运转，人员离开必须切断电源；

3）停泵时不准带负荷拉电源开关或隔离闸刀；

4）停车后收拾工作场所卫生，整理工具，为下步工作做好准备。

（2）紧急停机：水泵电机超负荷，电流超过额定值，电机冒烟、冒火；电机、传动轴承温度急剧上升，超过60℃；进水口卡死、水泵腔体进入铁件或异物等其他危险情况，都属紧急停机范围。紧急停机操作如下：

1）立即停止水泵工作、打开放水闸阀排空管道余水；

2）同时发送紧急停泵信号；

3）及时做好上下工序联系；

4）尽快采取措施处理。

1.19.3 交接班

本岗位所属场所、杂物要清理打扫干净；认真填好本岗位的水泵运行记录，如实反映情况；公用工具要如数交接；当面交接班，交班时进行检查、清理现场，保持现场整洁；整理记录，填写交接班记录，要将本班存在的安全隐患如实地填写到交接班记录中，包括隐患部位、发现隐患的时间等。

1.19.4 操作注意事项

操作注意事项如下：

（1）设备运行时严禁离岗。

（2）设备运转中，不得进行危及安全的任何修理。

（3）临时停电时值班人员不得离开现场，并应关闭总电源，等候来电。

（4）严禁站在有水或潮湿的地方推闸门，闸门应明显标志出开关方向。

（5）无水时不得关闭阀门开泵，叶轮不得反向转动。

（6）开关阀门时，不得用力过猛，以防摔倒。

1.19.5 典型事故案例

（1）事故经过：1997 年 7 月 10 日，某矿水泵工王某在水泵运行期间检查水泵运行情况，当检查到泵轴旋转部位时，衣袖卷入，造成手臂伤害截肢。

（2）事故原因：

1）王某安全意识淡薄，工作前劳保穿戴不规范，在检查水泵泵轴运转情况时，衣袖未扣紧，在衣袖敞开的情况下违章巡检设备，导致此次事故的发生，是此次事故的直接原因；

2）同组值班员在工作中未能有效地进行安全监督、提醒，未及时制止王某的违章行为，是此次事故的原因之一；

3）王某在工作中不执行规章制度，疏忽大意，违章作业；

4）员工安全防范意识不强。

（3）防范措施：

1）加强职工的操作应知应会培训和安全知识培训，提高职工的业务素质和安全意识；

2）加强现场监督，落实安全责任，增强员工的自主保安和互助保安意识；

3）完善设备检查检修制度，制定设备巡检注意事项；

4）各级管理人员要深入基层，查处违章，确保安全生产。

1.20 浓缩岗位操作规程

1.20.1 上岗操作基本要求

上岗操作基本要求如下：

（1）持证上岗，经三级安全教育考试合格。

（2）劳保用品穿戴齐全、规范，女工应将发辫塞入帽内。

（3）严格执行交接班制度并做记录。

（4）不准酒后上岗和班中饮酒。

（5）不准疲劳上岗，工作过程中要集中精力。

（6）保持现场整洁。

1.20.2 岗位操作程序

1.20.2.1 开机前检查

（1）检查机上部和周围杂物，检查齿条、滚道上有无障碍物。

（2）检查给矿管或槽，溢流口是否畅通，耙子是否完好，底流闸门应开关自如，关闭严紧（要有备用闸门），围板要无缺损。

（3）检查传动部分及润滑各部位，要处在良好状态，不准带病运转。

（4）检查胶泵螺丝有无松动，三角带松紧情况是否符合规定。

（5）以上检查发现异常情况应及时处理，处理完毕后，与上下工序联系好开始启动。

1.20.2.2 启动

（1）启动前应与过滤工联系并检查周围是否有人及障碍物。

（2）观察现场无影响运行情况下，有提升装置的浓缩机，在开车前提起耙子到一定位置，然后开车。

（3）电气操作，必须一人监护，一人操作，禁止站在有水或潮湿的地方停送电闸。

1.20.2.3 运行及检查

（1）运转中要关闭底流闸门，空负荷开车，然后给矿。

（2）运转中机内不准落入杂物，底流放矿闸门必须开启灵活，并装有备用闸门。

（3）设备运行巡查设备时，不得在浓缩机轨道上行走，必须沿轨道外侧的行人通道上行走。

（4）运转中检查浓缩机各部传动情况，检查胶泵的运行情况，确保运行正常。

（5）盘根漏矿要及时处理。

（6）对润滑部位进行检查，根据需要情况进行注油。

（7）运转中要保持安全防护装置、信号处于完好状态。

（8）经常观察小车负荷情况，以防压耙事故发生。

（9）设备运转中，不得进行危及安全的任何修理工作，检修设备时要停机、停电、挂牌。

（10）临时停电时值班人员不得离开现场，并应关闭总电源，等候来电。

1.20.2.4 停机

（1）正常停机：

1）听准信号；

2）停止前要将浓缩矿处理完，尽量减轻负荷，关闭放矿闸门；

3）停止浓缩机传动机构及胶泵运行设备；

4）停车后收拾工作场所卫生，整理工具。

（2）紧急停机：浓缩机出现运转停滞，滚轮打滑，电机冒烟、冒火，电机、传动轴承温度急剧上升超过60℃，较大铁件或异物进入浓缩池等其他危险情况，都属紧急停机范围。紧急停机操作如下：

1）继续放浆过滤，减少浓缩机运行阻力；

2）同时发送紧急停机信号；

3）及时做好上下工序联系；

4）尽快采取措施处理。

1.20.3 交接班

本岗位所属场所、杂物要清理打扫干净；认真填好本岗位的运行记录，如实反映情况；公用工具要清洗干净如数交接；当面交接班，交班时进行检查、清理现场，保持现场整洁；填写交接班记录，要将本班存在的安全隐患如实地填写到交接班记录中，包括隐患部位、发现隐患的时间等。

1.20.4 操作注意事项

操作注意事项如下：

（1）设备运行时应经常巡视检查，严禁离岗。

（2）设备运转中，不得进行危及安全的任何修理工作；检修设备时要停机、停电、挂牌。

（3）临时停电时值班人员不得离开现场，并应关闭总电源，等候来电。

（4）严禁站在有水或潮湿的地方推闸门，闸门应明显标志出开关方向。

（5）无水时不得关闭阀门开泵，叶轮不得反向转动。

（6）开关阀门时，不得用力过猛，以防摔倒。

1.20.5 典型事故案例

（1）事故经过：1989 年 9 月 9 日 3 时 30 分，某矿选厂 ϕ24m 浓缩机因滑环碳刷错位，造成停车，厂调度接到汇报后，立即通知电工焦某处理故障。焦某接到通知后，将浓缩机的开关拉掉，进入浓缩池中心开始作业。调度员再次通知车间值班干部，值班干部派人到现场查看，现场空气开关掉下，因无人监护和未挂停电牌，其误认为是过流跳闸，当即送电，造成焦某当场触电死亡。

（2）事故原因：

1）焦某未执行停送电挂牌制度违章检修设备，安全自保意识差，工作随意性强，是造成事故的直接原因；

2）值班干部安排人员到现场后，在未了解现场情况进行开机前检查确认的情况下违章擅自送电，是造成事故的重要原因；

3）与焦某同班的电工脱岗，致使焦某在无人监护的情况下作业，也是造成事故的重要原因；

4）车间安全管理不到位，对职工安全教育不够，职工执行操作规程的自觉性差，是造成事故的间接原因。

（3）防范措施：

1）认真执行设备检修停机、停电、挂牌规定和监护制度；

2）对职工加强安全教育，提高职工自保、互保意识；

3）完善安全制度，增强安全责任；对职工进行安全教育，提高职工安全意识。

1.21 真空过滤机岗位操作规程

1.21.1 上岗操作基本要求

上岗操作基本要求如下：

（1）持证上岗，经三级安全教育考试合格。

（2）劳保用品穿戴齐全、规范，女工应将发辫塞入帽内。

（3）严格执行交接班制度并做记录。

（4）不准酒后上岗和班中饮酒。

（5）不准疲劳上岗，工作过程中要集中精力。

（6）保持现场整洁。

1.21.2 岗位操作程序

1.21.2.1 开机前检查

（1）检查机器设备、防护装置，电气部分是否安全可靠。

（2）检查注油器油位、减速机油量是否符合规定，检查机械零件有无松动、缺失，检查安全罩是否完好，确认运转部位无卡阻现象。

（3）检查传动部位是否连接牢固；检查各润滑部位是否密封良好，有无漏气、漏水现象。

（4）检查喷射腔内有无异物，水箱水量是否充足。

（5）以上检查发现异常情况应及时处理，处理完毕后，与上下工序联系好开始启动。

1.21.2.2 启动

（1）启动前应与喷射工联系并检查周围是否有人及障碍物。

（2）过滤要开车前必须与浓缩工联系，并盘车1~2转，注意周围，确定无人及障碍物后，方可开车。

（3）开车顺序：开启射流泵、过滤机搅拌器，进行给料，同时提前检查滤布是否完好。

（4）过滤机空转一周后，方可进料，待矿浆接近溢流处，打开真空阀和吹气阀，开始正常工作，给浆管如有堵塞间断或不连续给矿时，及时处理。

1.21.2.3 运行及检查

（1）矿浆给入量应及时控制符合规定，不得过量，注意滤饼厚度符合规定，严禁漏水、漏气。

（2）运转中经常检查润滑情况，每班加油一次，滤布定期清洗，发现损坏及时修补或更换。

（3）经常检查配气盘和各个风管有无漏风，检查各轴承、轴瓦的温度以及电机的温升不得超过60℃。

（4）检查转动部分防护罩是否保持完好。

（5）滤布破损要及时修补或更换。

（6）设备运转中，不得进行危及安全的任何修理，检修设备要停机、停电、挂牌。

（7）临时停电时值班人员不得离开现场，并应关闭总电源，等候来电。

1.21.2.4 停机

（1）正常停机：

1）听准信号；

2）正常停车，先停给浆，矿浆处理完后，停车；

3）停车检修，停车时排尽槽体矿浆并用清水冲洗；

4）停车顺序：停给料，停过滤机，停真空泵。

（2）紧急停机：过滤机出现搅拌器损坏，滤布破损，设备真空较低，滤饼水分超标，真空泵机械堵转等其他危险情况，都属紧急停机范围。紧急停机操作如下：

1）停止过滤机进浆，打开槽体底部放浆闸阀，排空槽体料浆；

2）同时发送紧急停机信号；

3）及时做好上下工序联系；

4）尽快采取措施处理。

1.21.3 交接班

本岗位所属场所、杂物要清理打扫干净；认真填好本岗位的运行记录，如实反映情况；公用工具要清洗干净如数交接；当面交接班，交班时进行检查、清理现场，保持现场整洁；填写交接班记录，要将本班存在的安全隐患如实地填写到交接班记录中，包括隐患部位、发现隐患的时间等。

1.21.4 操作注意事项

操作注意事项如下：

（1）设备运行时应经常巡视检查，严禁离岗。

（2）设备运转中，不得进行危及安全的任何修理。

（3）临时停电时值班人员不得离开现场，并应关闭总电源，等候来电。

（4）闸门应明显标识出开关方向，严禁站在有水或潮湿的地方推闸门。

（5）无水时不得关闭阀门开泵，叶轮不得反向转动。

（6）开关阀门时，不得用力过猛，以防摔倒。

1.21.5 典型事故案例

（1）事故经过：2001 年 1 月 28 日，S 省某磷矿一班操作工王某，在对盘式过滤机辅料情况检查时，发生盘式过滤机翻盘被翻盘滚轮、导轨立柱和导轨挤压、碾压伤害事故，致王某左腰部、后背部挤压伤、双腿大腿开放性、粉碎性骨折，经抢救无效死亡。2001 年 1 月 28 日 0 时 30 分，磷酸工段一班值长陈某、班长秦某、尹某、王某等人值夜班，交接班后，各自到岗位上班。陈某、秦某两人工作职责之一为到磷酸工段巡查。尹某系盘式过滤机岗位操作工；王某系磷酸工段中控岗位操作工，其职责包括对过滤机进行巡查。5 时 30 分，厂调度室通知工业用水紧张，磷酸工段因缺水停车。7 时 40 分，陈某、尹某、王某 3 人在磷酸工段三楼（事发地楼层）疏通盘式过滤机水管，处理完毕后，7 时 45 分左右系统正式开车。陈某离开三楼去其他岗位巡查，尹某在调节冲水量及角度后到絮凝剂加料平台（距二楼楼面高差 3m）观察絮凝剂流量大小，当时尹某看到王某在三楼过滤机热水桶位置处。经过一分多钟，尹某突然听见过滤机处发生惨烈的叫声，急忙跑下平台到操作室关掉过滤机主机电源，然后跑出操作室看见王某倒挂在过滤机导轨上。尹某急忙呼叫值长陈某和几个工人，一齐紧急施救。当时现场情况是：王某面部向上倒挂在过滤机导轨上，双手在轨外倒垂，双脚在导轨（固定设施）和平台（转动设备，已停机）之间的空当（200mm）内下垂，大腿卡在翻盘叉（随平台转动设备）与导轨之间，已明显骨折。施救人员迅速倒转过滤机后将王某救出，并抬到磷酸中控室（二楼），经紧急现场抢救终因伤势过重于8时25分死亡。

（2）事故原因与性质：经事故调查小组多次现场考证、比较、分析，一致认为致伤原因如下：

1）死者王某自身违章作业是导致事故发生的主要直接原因。一是王某上班时间劳保用品穿戴不规范，纽扣未扣上，致使在观察过程中被翻盘滚轮碾住难以脱身，拖入危险区域；二是王某在观察铺料情况时违反操作规程，未到操作平台上观察，而是图省事到导轨和导轨主柱侧危险区域，致使伤害事故发生。

2）王某处理危险情况缺乏技能，经验不足，精神紧张，是导致事故发生的又一原因。当危险出现后，据平台运行速度和事后分析看，王某有充分的时间和办法脱险。但王某操作技能较差，自我防范能力不强。

3）车间安全教育力度不够，实效性不强，是事故发生的又一原因。王某虽然参加了三级安全教育，且现场有规章、有标语，但出现危险情况后，针对性、适用性不够，说明车间安全教育力度、深度和实效性不高，有待加强。

4）执行规章制度不严是事故发生的又一原因。通过王某劳保用品穿戴和进入危险区域作业可以看出，虽然现场挂有操作规程，但当班人员对王某的行为未及时纠正，说明职工在“别人的安全我有责”和查违章上还有死角，应当引以为戒。

（3）防范措施及教训：

1）加大安全教育和操作技能培训，注重针对性、实效性，做到安全知识和操作技能人人理解，人人掌握；

2）加大违章查处力度，切实做到“我的安全我负责，别人的安全我有责”，相互监督，相互关心；

3）对事发地点盘式过滤机周围增设一圈防护栏，并悬挂安全警示牌；

4）加强节假日的安全工作管理，教育职工认真做到劳逸结合，有张有弛，精力集中；

5）加强安全管理，认真扎实地落实安全工作严、实、细、快的工作作风，勤查隐患，狠抓整改，防患于未然。

1.22 陶瓷过滤机岗位操作规程

1.22.1 上岗操作基本要求

上岗操作基本要求如下：

（1）持证上岗，经三级安全教育考试合格。

（2）劳保用品穿戴齐全、规范，女工应将发辫塞入帽内。

（3）严格执行交接班制度并做记录。

（4）不准酒后上岗和班中饮酒。

（5）不准疲劳上岗，工作过程中要集中精力。

（6）保持现场整洁。

1.22.2 岗位操作程序

1.22.2.1 开机前检查

（1）检查机器设备、电气部分是否安全可靠，防护装置是否齐全有效。

（2）检查系统供气、供水、供料是否正常，协调好前后工序有关事项，做好开车前的准备。

（3）检查传动部分及润滑各部位是否处在良好状态，管道密封是否良好，有无漏气、漏水现象。

（4）在检查酸路、酸量或向酸桶倒酸前必须穿戴好防酸劳保用品。

（5）以上检查发现异常情况及时处理完毕，与上下工序联系好开始启动。

1.22.2.2 启动

（1）开车前必须与浓缩工联系，并将陶瓷机主轴空车运转1~2转，注意周围无人及障碍物方可开车。

（2）启动所开过滤机所对应的皮带传输机（防止出料积压，损坏皮带和传输轮）及对应的供水管路的所有手动阀。

（3）按动电器柜上（控制面板）的“送电”按钮。

（4）按动一次“自动开停车”按钮，设备根据设计程序指令，自动启动搅拌器，此时操作工应打开所开过滤机对应的手动（或自动）供料闸阀。当料位达到电极时，设备自动开启主机、真空泵、管道泵、滤液泵等相关的执行机构，进行过滤工作。

（5）启动酸泵前必须确认槽洗管道里有水向槽内注水或反冲洗压力在0.04~0.10MPa之间方可启动酸泵。

（6）开车前必须确认真空泵有工作液，正常灯亮后应及时且慢慢地把反冲洗压力调到0.04~0.10MPa之间。

（7）启动超声波前必须确认槽体里的水淹埋了超声波振合，方可启动超声波。

1.22.2.3 运行及检查

（1）工作中反冲水洗压力应在0.08~0.12MPa之间；真空度一般在-0.07~-0.098MPa之间；滤后压力不小于0.1MPa，否则及时清洗或更换滤芯。

（2）矿浆给入量通过液位计自动控制，应经常清理液位计表面污物。

（3）一般陶瓷过滤机连续工作6~8h，需要联合清洗一次。清洗时，只需按动一次“自动清洗启停”按钮，程序自动完成联合清洗功能——设备将自动开启槽洗阀、主轴、管道泵、加水阀。

（4）操作工应用pH试纸测酸度是否在2~5之间（pH值低于2会腐蚀转鼓及损伤陶瓷过滤板膜面，pH值高于5酸洗达不到效果）。

（5）检查转动部分防护罩是否保持完好。

（6）设备运转中，身体任何部位不得触及转动部位，不得进行危及安全的任何修理；设备修理时要停机、停电、挂牌。

（7）临时停电时值班人员不得离开现场，并应关闭总电源，等候来电。

1.22.2.4 停机

（1）正常停机：

1）听准信号；

2）正常停车，只需再按动一次“自动开停车”按钮即可；

3）停车检修，排尽槽体矿浆并清水冲洗；

4）生产开车中突然停电时应及时将出料阀打开，放空槽体里的料浆，防止下次开车时搅拌器不能启动。

（2）紧急停机：陶瓷过滤机出现搅拌器损坏，设备真空度较低，达不到规定值，滤饼含水较高，超过规定值，真空泵机械堵转等其他危险情况，都属紧急停机范围。紧急停机操作如下：

1）紧急停机只需再按动一次“紧急停机”按钮即可；

2）同时发送紧急停机信号；

3）及时做好上下工序联系；

4）尽快采取措施处理。

1.22.3 交接班

本岗位所属场所、杂物要清理打扫干净；认真填好本岗位的运行记录，如实反映情况；公用工具要清洗干净如数交接；当面交接班，交班时进行检查、清理现场，保持现场整洁；填写交接班记录，要将本班存在的安全隐患如实地填写到交接班记录中，包括隐患部位、发现隐患的时间等。

1.22.4 操作注意事项

操作注意事项如下：

（1）设备运行时应经常巡视检查，严禁离岗。

（2）设备运转中，不得进行危及安全的任何修理。

（3）临时停电时值班人员不得离开现场，并应关闭总电源，等候来电。

（4）严禁站在有水或潮湿的地方推闸门，闸门应明显标示出开关方向。

（5）无水时不得关闭阀门开泵，叶轮不得反向转动。

（6）开关阀门时，不得用力过猛，以防摔倒。

1.22.5 典型事故案例

案例1

（1）事故经过：2006年6月4日夜班，某矿压滤工贾某于零时正常开启陶瓷过滤机压矿。约1时30分，贾某从电脑上发现过滤机真空度异常，经检查发现：两根进浆管仍在放矿，而槽内只有半槽矿浆，同时空压机跳闸。遂立即关闭手动放矿阀门，开起空压机。此时已有部分氰渣从底部大门溢出到厂外，车间值班员与班组人员一起组织回收外溢氰渣，并向水沟投漂白粉等。早上8时，尾矿库总排水 CN^- 含量高达0.875mg/L，公司组织有关人员对尾矿库溢流水继续投加漂白粉处理，中午取样分析 CN^- 含量回落到0.1mg/L，符合国家排放标准，事故才得到了有效控制。

（2）事故原因：经与会者认真勘察现场，认为本次事故发生的直接原因是：空压机过热自动跳闸，导致两个三层浓密机放矿阀门、过滤机槽体两只排矿阀门自动打开，氰渣从三层浓密机直接排到过滤机底部，操作工未及时发现，最终导致氰渣从底部大门溢出。从事故中发现以下问题：当班操作工贾某未能及时从电脑动态监测、岗位巡查等有效途径中发现隐患

（阀门在没有气压时会自动打开）；在发生事故后应急处理不当，使事故进一步扩大。

（3）防范措施：

1）按照操作规程要求加强对运行设备按巡检工作，定时对空压机运转情况进行巡检；

2）安装空压机跳闸自动报警装置；过滤机底部大门门槛适当加高（高于浸出围堰），增大底部储存量；过滤机槽体放矿阀门改用气动球阀，正常情况下球阀都处于关闭状况；过滤机底部砂泵池安装自动报警；

3）加强事故应急预案的学习，发生事故严格按制度及时汇报，并按应急预案程序进行处理；

4）遇突然停电等突发性故障，及时关闭放矿阀门。

案例 2

（1）事故经过：2007 年 4 月 29 日上午约 10 时 30 分，某公司化验报出 CN^-（氰根）含量为 1.23mg/L，公司调度及车间立即采取补救措施，组织有关人员向车间外排水沟、溢流井、总排分别投加漂白粉，约 11 时开始按每小时 3 ~6 包的量进行投加；到下午 15 时，化验室对当日 14 时取的总排样分析结果为 CN^- 浓度小于 0.002mg/L，总排氰根回落到正常值。约 16 时，溢流井、总排分别停止投加漂白粉，为防止 CN^- 反弹，车间外排水沟以1 ~3 包/h 的量继续投加漂白粉，直至 30 日夜班时氰根含量正常，后几日连续监测 CN^- 浓度小于 0.002mg/L。

（2）事故原因：事故发生后，选冶车间在对车间内各水沟、氰渣场积水等取样分析，均未发现明显异常后，集中对设备进行认真排查，发现问题出在陶瓷过滤机岗位：29 日夜班操作工 Y 在开动陶瓷过滤机车脱水作业时，为有效保证陶瓷板清洗效果，违规擅自将滤液桶液位调高（液位高度规定值为 800mm），将液位控制在较高情况下开车。由于陶瓷过滤机的真空泵冷却水管是直接外排的，当陶瓷过滤机滤桶液位波动大时，桶内的含 CN^- 滤液产生倒吸，经冷却水管直接外排而引发此事故。

（3）事故性质及责任：导致本次事故发生的直接原因是操作工 Y 违章擅自调高滤液桶的液位造成含 CN^- 液体间断性外排，系违规操作所致；操作人员违规操作过程中未发现真空泵有含 CN^- 液体倒吸现象，致使 CN^- 滤液通过冷却水外排。

（4）防范措施：

1）严格按操作规程操作，运行过程工况调整相关参数不得擅自更改；

2）将真空泵冷却水排水管进行改造，冷却水接入厂内调节池，并取样分析，合格后外排；

3）安装滤液桶液位上、下限超限声响报警装置。

1.23 选矿取样工岗位操作规程

1.23.1 上岗操作基本要求

上岗操作基本要求如下：

（1）持证上岗，经三级安全教育考试合格。

（2）劳保用品穿戴齐全、规范，女工应将发辫塞入帽内。

（3）严格执行交接班制度并做记录。

（4）不准酒后上岗和班中饮酒。

（5）不准疲劳上岗，工作过程中要集中精力。

（6）保持现场整洁。

1.23.2 岗位操作程序

1.23.2.1 工作前的准备

（1）将取样器械如管式取样器、样品容器、样勺、滤纸、样品盒按需要的数量准备齐全，保持清洁完好。

（2）检查自动取样机工作状况是否保持良好，发现问题及时处理。

（3）对制样的器械分样胶皮、分样刀、研钵、筛子、毛刷、烘样盘等必须准备齐全，保持完好清洁。

（4）检查恒温箱，确保各部件是否良好，电控系统是否完好。

1.23.2.2 取样及样品制备

（1）操作中，必须穿戴劳保用品，尤其要戴好口罩，防止粉尘吸入体内，保证人身健康。

（2）生产过程的取样：严格按技术要求定时、定量、按一定的时间间隔进行取样，严禁提前拿样烘干；取样时，注意样勺同溢流面成直角，横着切割溢流面，速度均匀，握把稳定，注意勺把不得碰触其他机械的运转部位。

（3）精矿产品的取样：严格按技术要求，分批布点取样，取出的样品必须放入密闭容器，保持原有水分。

（4）进入生产现场，加强自我防范和自我保护，不得跨越护栏、触摸运行设备，小心碰头、脚下踏空；在车顶部采取矿粉样，要走专门搭建的安全过桥。

（5）各工序必须保证样品的代表性，不得污染，应遵守操作程序，做到对号取样，对号放样，细心操作。

（6）烘样时注意烘箱温度在规定范围，样品必须烘干，但不得烤煳，放、取烘样盘时，注意手和衣服不得接触高温部位，以免烧伤。放烘样盘于箱内时，注意盘底干燥，不得带水或其他物品入内。

（7）烘样箱不得烘烤样品以外的物品。

（8）烘干样品进行研磨（非化验分析样品除外）、过筛全通过200目（0.074mm）。

（9）缩分样品采用四分法，送化验分析的样品不得小于80g，出厂的精矿产品样不得小于120g，每种样品都要留副样。

1.23.2.3 收工

整理、清洗取样并放置到工具柜里，及时送交化验样品。

1.23.3 交接班

本岗位所属场所、杂物要清理打扫干净；认真填好本岗位的运行记录，如实反映情况；公用工具要清洗干净如数交接；当面交接班，交班时进行检查、清理现场，保持现场整洁；填写交接班记录，要将本班存在的安全隐患如实地填写到交接班记录中，包括隐患部位、发现隐患的时间等。

1.23.4 操作注意事项

操作注意事项如下：

（1）进入生产现场，加强自我防范和自我保护，不得跨越护栏、触摸运行设备，小心碰头、脚下踏空。

（2）分样室内拒绝闲人入内。

（3）烘样箱不得烘烤样品以外的物品。

1.23.5 典型事故案例

（1）事故经过：郑某是某矿选矿厂装运车间的一名矿粉采制样工，负责在车顶部采取矿粉样并制备成分析样品送化验室。2002 年 3 月 25 日凌晨 2 时 46 分精粉车装完，郑某在取车内的最后一个子样后运送样品的过程中，没有走旁边的安全过桥而是直接沿车帮行走，脚蹬滑后和矿样一起跌落车下，造成右脚脚踝骨折。

（2）事故原因：

1）直接原因：郑某在运送矿样的过程中不按规定走安全过桥，而是图省事、走近路，违章沿车帮行走，是造成此次事故的直接原因。

2）主要原因：

①当班班长周某工作中巡回检查不力，不能及时发现郑某的违章行为而及时制止，造成此次事故的发生；

②平车器操作工谢某没有及时地发现和制止其违章行为的发生，协作配合性不强，没有起到互保联保的作用；

③车间值班人员刘某安排工作时，没有布置相应的安全措施，且没有在现场统一协调指挥，安全管理有漏洞。

3）间接原因：

①职工郑某自保意识差，不能深刻认识到自己违章行为的错误性；

②选矿厂装运车间对职工安全管理、安全教育、技术管理培训力度不够，职工安全意识薄弱，自保、互保意识差，麻痹大意，图省事，轻安全。

（3）防范措施及教训：

1）重新系统学习各岗位操作规程，使每一名职工真正切实在实际工作中落实执行，从根本上提高职工的业务技能；

2）进一步组织学习安全管理措施、技术措施，并组织全员考试，不掌握者不准上岗；

3）深刻接受这次事故教训，迅速开展“反事故、反三违”活动，加大现场安全管理力度，强化职工安全意识。

1.24 选矿化验员岗位操作规程

1.24.1 上岗操作基本要求

上岗操作基本要求如下：

（1）持证上岗，经三级安全教育考试合格。

（2）劳保用品穿戴齐全、规范，女工应将发辫塞入帽内。

（3）严格执行交接班制度并做记录。

（4）不准酒后上岗和班中饮酒。

（5）不准疲劳上岗，工作过程中要集中精力。

（6）保持现场整洁。

1.24.2 岗位操作程序

1.24.2.1 工作前的准备

（1）检查化验设备的保护装置，如防火、防爆、防毒、通风、电气、接地、安全装置等，必须保持完好。

（2）检查送来的化验样品质量、含水情况是否符合要求。

（3）检查化验样品所需的仪器、玻璃器皿是否完好，各种药剂是否齐全、量足。

（4）严禁化验室放有易燃物，防止漏电和燃烧。

（5）经常认真检查恒温箱、电炉、高温炉、电气仪器、接地等是否保持完好，如有异常检查修复后，方可使用。

1.24.2.2 化验操作一般要求

（1）凡能产生有毒气体和刺激气体的样品，均应在有良好通风的通风橱内进行操作。

（2）严禁试剂入口，如需用鼻嗅鉴别时，应远离试剂并用手轻轻煽动，如闻不到气味，再稍靠近一些，严禁鼻子直接接近瓶口。

（3）所有试剂容器上应贴上完整的标签，注明分子式、名称、是否有毒；标签脱落、不清，应及时更换补贴。

（4）溶解10%以上高浓度的氢氧化钾、氢氧化钠时，必须在耐热容器中进行。

（5）配制稀硫酸时，必须在烧杯或锥形瓶等耐热容器中进行，并必须缓慢将浓硫酸加入水中，同时辅以搅拌，用水浴锅冷却；配制硝酸和盐酸的混合溶液时，应将硝酸缓缓注入盐酸，同时用玻璃棒随时搅拌，以上操作不准反次序进行。

（6）低沸点易挥发的有机溶液及其他易挥发的溶液，热天应放在低温处；开瓶使用时要先用冷水冷却，然后将瓶口对着无人方向开启；使低沸点有机溶液蒸发时，应放在水浴锅上进行，不准用火直接加热。

（7）身上或手上沾有易燃物时，应立即冲洗干净，不得靠近明火。

（8）取下正在沸腾的水或溶液时，需先用木夹夹住轻轻放下，稍待一会儿使其冷却才能使用，以免使用时沸腾溅出伤人。

（9）固体及难溶物严禁倒入水槽，以防堵塞水道。

（10）倾倒浓酸和浓碱废渣，必须先将水阀放开后，方可倒入水槽。所有废渣，如含有有害物质超过排放标准的，应先进行处理使其达到排放标准后，排入规定地点。

（11）在提升机上搬运酸等物品时，必须待提升机停稳后，方可搬运；提升机在升降时，严禁在提升机通道内观测溶液或工作，并遵守提升机的操作规程。

（12）用试管预热溶液时，必须用试管夹夹住离管口1/3的部位；加热时必须将管口对着无人方向，将火焰自管内之溶液上部逐步移至底部，不准直接加热底部。用三角瓶煮沸溶液时，严禁拿着瓶剧烈摇动，防止溶液喷出伤人。

（13）分析人员对禁忌药品必须严格控制使用及妥善保管；不准一人单独进行分析工作，不准私自将化验药剂带出化验室，防止事故发生。

（14）各种分析仪器、贵重设备应做好维修、保养和保管。严禁实验器具与餐具共用、共放一处。

（15）各种金属、非金属元素或组分（成分）的测定，应严格按照中华人民共和国国家标准的要求和规定的分析步骤进行，及时提交化验报告并签字。

1.24.2.3 有毒物质使用操作

（1）遇有下列毒性强烈物质，如汞及汞盐、铅及铅盐、砷及砷盐、氰化物、氟化物、钾、钠、氯酸盐及铬的化合物时，必须做到安全使用、安全运输、安全贮存。

（2）进行有毒物质操作时，必须一人操作，一人监护，细心操作，操作后要洗手。操作过程中不可饮水、进食、吸烟。

（3）操作人员手、脸、皮肤有破裂时，不许进行有毒物质的操作，尤其是氰化物的操作。

（4）所有有毒液体不许用嘴吸取，只能用抽气管或洗耳球吸取。

（5）所有有毒药品和含有有毒物质的溶液，必须由操作人员进行安全处置，并符合排放标准后，再排放至规定地点，然后仔细洗净仪器和工作地点。

1.24.2.4 强酸、强碱及其他腐蚀剂使用操作

（1）腐蚀性强烈的物质有：硝酸、硫酸、溴及溴水、氢氟酸、铬酸洗液、五氧化二磷、磷酸、氢氧化钠、氢氧化钾、氨水、冰醋酸、硝酸银、盐酸等。

（2）搬运酸、碱等腐蚀剂之前应仔细进行下列检查：

1）装用器具的强度是否符合要求，容器口密封是否可靠；

2）容器摆放位置是否安全、摆放是否稳固；

3）搬运时不得将容器背在背上。

（3）移注酸碱液体时，要用虹吸管，不能用漏斗，以防酸、碱溶液溅出伤人。

（4）酸碱和其他苛性液体，禁止用嘴直接吸取。

（5）开启浓盐酸、过氧化氢、氢氟酸、浓氨水容器时，应先以流水冷却5min，然后开启；开启时，瓶口不得对准人。

（6）在稀释酸（尤其是硫酸）时，在耐热容器中进行，一面搅拌，一面将酸慢慢注入水中，并辅之以冷却。

（7）称取碱金属及其氢氧化物和氧化物时，必须用瓷匙或牛角匙采取。

（8）如果腐蚀性物质触到皮肤时，应立即用大量水反复冲洗。

1.24.2.5 易燃剂使用操作

（1）不得将易燃器放置在明火或热源附近。

（2）在操作室内放置多种易燃器总量不可超过3kg，每种不可超过1kg。随用随取，用后送回专门的贮存地点。

（3）遇水易着火的物质（如黄磷、金属钠、金属钾等），禁止丢入废液桶或水槽中；凡易燃废液（如废油、废有机溶剂等）应集中在专门的容器内放到安全的地方，不得任意

乱放。

(4) 一旦发生失火事故，首先应撤除一切电源，关闭煤气或电气，然后用消防砂或石棉布盖在着失火地点或用四氧化碳、防火砂等灭火，除酒精外，化学药品着火时不许用水灭火。

(5) 应经常检查消防器材、灭火器、防火砂、石棉等，使之处于备用状态。

(6) 当进行加热、焙烧、灼热等操作时，要有专人看护，不得离开，用完后立即关掉热源。

(7) 使用过氧化钠时，洒落在操作台上过氧化钠粉末要立即用湿抹布擦净；称试剂时，盛装过氧化钠的塑料袋，要用水冲洗后，方可丢入废物箱，以免和有机物接触发生自燃。

1.24.2.6 易燃易爆物品使用操作

(1) 氧气使用：不能使氧气瓶受碰撞或冲击；不许用人背或滚动的办法运氧气瓶；立着使用应有固定措施，开启时瓶嘴不能对人。

氧气瓶不能放在电炉、暖气附近，距离必须保证在5m以上；不能放在日光照射的地方；禁止在氧气瓶旁边抽烟；氧气瓶必须有减压阀门才能使用；氧气瓶、氧气表以及导气管禁止与油类物质接触；氧气瓶内剩余氧气压力不得低于0.5MPa。

(2) 爆炸危险的药品（如过氧化钠、过氧化氢、浓高氯酸等），不得与氧气瓶混放。

(3) 为防止产生氧气发生事故，禁止浓硫酸和结晶状高锰酸钾接触，禁止有机物与氯酸钾一起研磨，禁止有机物与硝酸钾一起研磨。

1.24.2.7 电热蒸馏水器使用操作

(1) 使用前检查电线及线路是否完好，水路畅通。

(2) 每当使用时，须先加水至规定水位线，然后通电。使用过程中，应注意调节水的流量，水压低于0.3MPa时，应立即切断电源。

(3) 蒸馏水出水皮管不宜过长，切勿插入蒸馏水中，保证蒸馏水通畅。

(4) 使用完毕后，必须切断电源，稍后再关闭进水阀门。

(5) 蒸馏水应定期清洗。清洗时从下部放水处放掉存水1000mL，稍抬高出水皮管（冷却水），从进水处加入1:1盐酸1000mL，合上电源加热至近沸腾放置10~20min，放掉废酸，用大量清水冲洗干净即可。

1.24.2.8 电烘箱使用操作

(1) 电烘箱要按照铭牌上规定的范围使用。

(2) 烘箱必须保持接地良好。

(3) 电阻丝在底部的烘箱，要防止小零件落入烘箱底部与电阻丝接触造成短路。

(4) 打开烘箱门时，必须先切断电源。

(5) 不得在烘箱内存放物品，如工具、器材、零件及油料挥发物。

(6) 经过汽油、煤油、酒精、香蕉水等易燃液体洗过的零件及喷过的产品，应在室温下停放15~30min，待易燃物体挥发后，才能放入烘箱内烘烤，室内应注意通风。

(7) 烘箱工作前必须开放通风的闸门，以加快干燥。

(8) 使用前要先检查自控装置是否灵活，如失灵应修理好后方可使用。

(9) 不得在生产用烘箱内烘食品。

1.24.2.9 酒精喷灯使用操作

(1) 首先要检查喷灯附近是否有易燃、易爆物品，如果有必须搬走。

(2) 确认管路、盛放酒精的容器、喷灯均无泄漏，方可点燃。

(3) 点燃灯时要有专人看管，不得离开。

(4) 操作中避免无色火焰烧伤。

1.24.2.10 玻璃、陶瓷器使用操作

(1) 使用时，小心轻放，以免碰坏。

(2) 加热时不可使器具骤热，加热后也不可使器具骤冷。

(3) 折断玻璃管、棒时，应用钢锉或瓷坩埚断面的棱边刻一道痕，再用布包好后折断，使用前要把断口棱边磨圆滑。

(4) 如将玻璃管或棒插入橡皮管或橡皮塞时，应在玻璃管或棒上沾水，再用布裹好手握处插入，防止折断时伤手。

(5) 酒精喷灯上加热过的玻璃制品等，不能安放在可燃物附近。

(6) 烘干玻璃器皿时，温度应维持在120℃以下。

(7) 清洗玻璃器皿时，应采用适合该仪器洗涮的专用刷子，使用洗液时要防止发生化学烧伤。

(8) 冷瓷管不可在炉温高时放入炉内。

(9) 不可使用未经磨圆的玻璃棒在玻璃容器内搅拌。

(10) 瓷器内不可加入氢氟酸，不要烧融碳酸钠。

1.24.2.11 贵重器皿使用操作

(1) 铂器皿只能用铂头坩埚夹取。

(2) 铂器皿必须在氧化焰上加热、灼烧，不可在还原焰中加热、灼烧，以免生成脆弱的炭化铂。

(3) 铂器皿在马弗炉内加热时，必须先扫炉膛，并垫上干净的瓷舟或瓷坩埚，以免在炉膛内脏物沾在坩埚上，在电炉上加热也同样垫上干净的瓷舟或瓷坩埚。

(4) 在铂坩埚内熔融样品或试剂时，不允许熔融、使用氧化钠、过氧化钾、硫代硫酸盐、硝酸钾、硝酸钠、亚硝酸盐、氰化物、氢化物、碱土金属的氢氧化物。含硫、磷、碳较高的样品须事先在瓷坩埚内焙烧后，再用铂坩埚熔融。

(5) 为避免铂由于和其他金属生成合金以及脆弱的铂化物而损坏，不可在铂容器内灼烧和加热下列物质：

1) 易被还原的金属及盐类，如铅、锌、铬、锑、锡、银、汞、铝等类金属。

2) 避免与金属铁作用，以免生成铁铂合金。因此，当铁合金的样品熔融时，必须用酸先将大部分铁溶解后，再将不溶物放于铂坩埚中熔融。

3) 容易被还原的金属氧化物：硫化铅、氧化铅、二氧化锡、三氧化铋、三氧化二铁等。

4) 含磷、硫、砷的化合物：磷酸铝、硫化锰等。

5) 盐酸与高锰钾或重铬酸钾不能混合。

6）盐酸与高锰酸钾或重铬酸钾不能混合。

7）在铂坩埚内灰化滤纸时，必须在低温下进行，并应充分氧化，以免有还原性的碳化物与铂作用。

8）铂金器具不可接触冰。

9）成分不明的物质不要在铂坩埚中加热或溶解。

（6）用银坩埚等银制器具温度最高不得超过700℃。

（7）禁止在银坩埚中分解或灼烧含硫的物质，也不能在其中使硫化物熔融。

（8）铝、锌、锡、汞、铅等金属盐及硼砂不能在银坩埚中灼烧或熔融。

（9）银制器具中熔融物浸取时，不得接触浓酸（或加热的浓硝酸）。

（10）玛瑙研钵使用时要遵守：

1）不得同氢氟酸接触；

2）不得放在有热源的地方（如不可放入烘箱烘烤）；

3）遇有大块或结晶大粒样品，要在外边压碎，敲碎，不可直接在玛瑙研钵中压、敲；

4）不可研磨硬度过大、粒度过粗的样品。

1.24.2.12 收工

工作完毕，整理化验台，清洗化验器材并放置到柜子里，收回剩余的药剂并妥善保存，关好门窗切断电源，锁好门方可离去。

1.24.3 交接班

当面交接班，交班时进行检查、清理现场，保持现场整洁；整理记录，填写交接班记录，要将本班存在的安全隐患如实地填写到交接班记录中，包括隐患部位、发现隐患的时间等。

1.24.4 操作注意事项

操作注意事项如下：

（1）化验室闲人免进，确因工作需要进入化验室时，履行出入登记手续。

（2）严禁周围放有易燃物，防止漏电和燃烧。

（3）经常认真检查恒温箱、电炉、高温炉、电气仪器、接地等是否保持完好，如有异常，检查修复后，方可使用。

（4）不准将易燃物放入烧红的高温炉或其他火焰上。

（5）易燃易爆物品与有机物配合时，严禁加热；使用氰化盐药品严禁同酸接触；未知物品严禁贸然尝味和使用；不明性质的两种药品严禁混合；一切药品严禁乱倒。

（6）分析人员对禁忌药品必须严格控制使用及妥善保管。不准一人单独进行分析工作，不准私自将化验药剂带出化验室，防止事故发生。

（7）严禁在化学分析室内动用明火和吸烟；不准将食物带入分析室或进餐。

1.24.5 典型事故案例

（1）事故经过：2007年5月20日上午，某矿选矿厂装运工段技术员安排化验员张某及王某配制清洗测硫仪电解池熔板清洗液。10点50分左右，技术员将所用器皿及化学药品交给张某，张某按照洗液的配制方法，用天平称取5g重铬酸钾，用量筒量取10mL水，放入300mL烧杯内，搅拌后放在电炉上加热溶解；然后用量筒量取100mL浓硫酸，直接倒入正在加热的烧杯中，浓硫酸遇热后飞溅到赵某身上，造成面部及胳膊多处烧伤。

（2）事故原因：

1）直接原因：张某为图省事，没有按照规程将烧杯从电炉上取下，待冷却后再将硫酸倒入烧杯内，而致使皮肤烧伤，是造成此次事故的直接原因。

2）主要原因：

①张某工作时间短，经验少，缺乏化学基本知识，对常用化学药品的性质了解不多，不知化学危险品危害的严重性；

②张某执行规程不严格，未按药品的配置方法进行配置；

③技术员没有交代清药品配制应注意的安全事项，安全管理有漏洞。

3）间接原因：

①职工王某互保联保意识差，没有提醒张某操作注意事项并及时制止其违章行为；

②装运工段对职工安全管理、安全教育、技术管理培训力度不够，职工安全意识薄弱，自保、互保意识差，麻痹大意，图省事，轻安全。

（3）防范措施及教训：

1）选矿厂各工段立即开展操作规程培训和考试，奖优罚劣，对不合格者停班学习，切实将操作规程落到实处，从根本上提高职工操作技能；

2）选矿厂各工段要组织职工结合此次事故教训，举一反三，开展反思活动和警示教育，提高职工的安全意识；

3）选矿厂各工段要进一步明确和落实各级安全生产责任制，强化关键工序和重点隐患的预案，并加强特殊作业人员的安全管理。

2 尾　矿

2.1　浓密机岗位操作规程

2.1.1　上岗操作基本要求

上岗操作基本要求如下：

(1) 持证上岗，经三级安全教育考试合格。

(2) 劳保用品穿戴齐全、规范，女工应将发辫塞入帽内。

(3) 严格执行交接班制度并做记录。

(4) 不准酒后上岗和班中饮酒，不准疲劳上岗，工作过程中要集中精力。

(5) 保持现场整洁。

(6) 具有独立操作能力。

2.1.2　岗位操作程序

2.1.2.1　开车前的准备与检查

(1) 检查各部螺丝是否紧固无松动，各润滑点润滑情况是否良好。

(2) 检查电机及各传动部件运转是否灵活无卡阻，检查浓缩池，确保池内无杂物。

(3) 检查耙架限位开关并确认其灵活有效，检查各部紧固件是否牢固可靠。

(4) 调节各齿与锥面保持平衡，并把耙子调节到规定的高度。

(5) 确认转速开关已调到零位。

2.1.2.2　启动

(1) 若带负荷开车，首先应将耙子提起，然后加大放矿量，开动电机后再慢慢地将耙子下降到规定的高度。

(2) 按下主机启动按钮待主机电机达到正常转速后，再开启转速控制旋钮。

(3) 缓慢调节转速控制开关到合适的转速。

2.1.2.3　运行及检查

(1) 设备运行巡查设备时，不得在浓密机轨道上行走，必须沿轨道外侧的行人通道上行走。

(2) 观察主机运转情况，确保无压耙、卡耙和阻碍运转的现象，如有发生立即停机处理。

(3) 随时检查电机、轴承及各设备的温度变化及润滑情况，发现与规定不符及时处理。

(4) 随时检查，确保溢流管畅通，溢流纯净，并均匀给料，均匀放砂。

（5）严禁在浓密机上存放杂物，以防杂物、油污掉进机内。

（6）杂物或矿砂沉积引起管路局都堵塞应及时清理。

（7）发生溢流跑浑，要分析原因，尽快进行处理，恢复正常运行。

（8）多层浓密机耙子停止运转时间不能过长，否则，密度大、粒度粗的矿粒沉积在泥封槽内造成泥封槽堵塞。

（9）通过调整排矿量、给矿量、给矿停止耙子转速、耙架高度等方法，确保各层间排矿量不超过给矿量，促使泥封层形成泥封并维持泥封层稳定，保证各层和总的溢流正常。

（10）备用泵长期不用时，开车前必须通知电工测量绝缘，不准把水洒在电机及其他电器设备上。

（11）设备运转中，不得进行危及安全的任何修理工作；检修设备时要停机、停电、挂牌。

2.1.2.4 停车

（1）正常停机：

1）正常停车应将池内积料放净，并用清水清洗管路，冬季应防止存水冻管；

2）停车时首先将转速调零；

3）然后关闭调速器电源，按下主机停止按钮完成停机处理。

（2）紧急停机：

1）无通知突然停电应首先停止给矿，并立即通知车间要求马上送电，若停电超过半小时要将耙子慢慢提起来；

2）生产中遇到紧急情况需紧急停机，可立即按下主机停止按钮，然后停止给料，将耙子慢慢提起来并向上级汇报。

2.1.3 交接班

当面交接班，交班时进行检查、清理现场，保持现场整洁；公用工具要如数交接；整理记录，填写交接班记录，要将本班存在的安全隐患如实地填写到交接班记录中，包括隐患部位、发现隐患的时间等。

2.1.4 操作注意事项

操作注意事项如下：

（1）设备运转中，不得进行危及安全的任何修理。

（2）临时停电时值班人员不得离开现场，并应关闭总电源，等候来电。

（3）临时停电或故障停机时，要停止给料，将耙子慢慢提起来并向上级汇报。

（4）设备运行巡查设备时，不得在浓密机轨道上行走，必须沿轨道外侧的行人通道上行走。

2.1.5 典型事故案例

（1）事故经过：某矿选厂浓缩池，主要由浓缩大井和浓缩机组成，浓缩池直径45m，旋转轨道长141m。轨道由齿牙链和铁轨组成，轨道宽度为20cm。轨道外下部有检修平台，检修平台宽1m，距轨道有1.2m高差。检修平台距地面5.5m，地面多为土和石子。

2002年4月1日9时左右，江某从选场浓缩池的浓密机轨道上从西边向南行走，准备去巡查设备。当他行走到浓缩机轨道19号时，对讲机有电话打来，于是他就边接电话边行走。由于接电话分散他的注意力，在行走时脚踩空跌倒在浓缩池检修平台上（安全帽掉在该平台），后又从平台上掉落到地面（总高度6.7m）。事故发生后，选厂立即进行事故抢救，将其送到C市二院进行治疗。

（2）事故原因：根据现场查看和知情人了解，依据公司有关规定，对事故进行了详细的调查、分析，对本次事故做以下原因分析：

1）事故的直接原因：江某违章在距地面6.7m高的轨道上行走，本身就具有危险性，加之接打电话分散注意力，导致踩空发生坠落事故，是本次事故的主要原因。

2）事故的间接原因：

①江某的安全意识较淡薄，违章在距地面6.7m高的轨道上行走，没有意识到在不足20cm的轨道上行走是危险的，是事故的重要原因；

②在具有危险性的轨道上行走应该注意力集中，但其还边走边接电话，注意力分散也是本次事故的一个原因；

③选厂的安全管理不到位，对危险地方和危险作业场所没有明显的警示标志，告诫或提醒工人“注意安全”或“禁止通行”等安全牌，也是事故发生的原因之一。

（3）事故处理：经过对本次事故原因的调查、分析，认为本事故为责任事故，对相关责任人分别给予行政处分和经济处罚。

（4）防范措施：为吸取事故教训，加强安全管理，提高工人的安全意识，做好技改项目部的安全工作，防止同类事故再次发生，应采取以下整改措施：

1）加强操作规程培训和作业现场的安全管理，严格按操作规程进行作业；

2）开展事故分析、事故教育活动，让所有领导和作业工人对本事故有一个深刻认识，从中吸取经验教训，提高全员安全意识，自觉遵守安全规定，做好本职岗位上的安全工作；

3）选厂专职安全员对作业现场进行安全巡查，发现安全违章及时制止和处理，做到防患于未然；

4）作业场所要多设置安全标志，特别是具有危险性的场所要设置禁止标志，提醒和制止工人违章作业；

5）技改指挥部领导和各工程队领导要提高安全认识，一定要坚持“安全第一”原则，加强对安全工作的领导，加大安全巡查力度，真正做到思想上重视、管理上到位、措施上有力，确保安全生产。

2.1.6 多层浓密机常见故障分析及处理办法

（1）泥封槽堵塞：多层浓密机层间排矿是通过强制排矿装置即泥封槽实现的。当处理矿石的量大、密度大、粒度粗、沉降速度快时，将会使内刮板提升矿浆困难，促使粗粒沉积及堵塞泥封槽。当处理量波动范围较大且时间较长时，可调节耙子高度来控制排矿速度。

多层浓密机耙子停止运转时间不能太长，否则，密度大、粒度粗的矿粒沉积在泥封槽内，再开机时它们很难排到下层而堵塞泥封槽。

判断泥封槽堵塞的现象有：

1）上层正常给矿，下层排矿浓度逐渐减小直至排出清水；

2）堵塞层不断积矿，致使该层跑浑越来越严重；

3）多层浓密机的传动电机负荷增加，电流增大；

4）三层浓密机中层堵塞，洗涤水正常加入，下层停止排矿时，调节水箱的下进和下溢水位会明显增加。当洗涤水停止，下层继续排矿，下进和下出的水位会迅速降低。

确认某层已经堵塞，当积砂较少、堵塞时间较短时，可用提升耙子、排出积砂的办法处理。当积砂过多时，上述办法难以奏效，可排出液体后用高压水冲或人工出矿。

处理泥封槽事故时，要从上而下逐层排出固体和液体，以免将中层的层间隔板损坏。

（2）管路堵塞：内壁结垢的管子在检修时清洗和更换；杂物或矿砂沉积引起管路局部堵塞应及时清理。

（3）溢流跑浑：溢流跑浑的原因主要有原矿含矿泥多、处理量过大、洗水量加大、泥封槽的泥封被破坏、某层积砂过多等。常见者是下层积砂过多，会造成溢流跑浑，矿泥在层间恶性循环；此时应降低排矿浓度，将下层积泥放出，使多层浓密机逐渐恢复正常。

（4）泥封层没形成泥封或泥封被破坏：其原因是各层间排矿量超过给矿量、给矿停止或间断给矿、耙子转速过快、耙架提升过高等。

可以通过调节水箱水位判断这一事故，此时各层间的静力平衡高度差为零。泥封槽泥封被破坏后，除上层外，各层溢流量小于洗水量；泥封全都被破坏时，除上层外，各层都无溢流，调节水箱各层间无高差。总之，泥封被破坏，各层和总的洗涤效率都随之下降，此时，应针对原因及时排除。

2.2 隔膜泵岗位操作规程

2.2.1 上岗操作基本要求

上岗操作基本要求如下：

（1）持证上岗，经三级安全教育考试合格。

（2）劳保用品穿戴齐全、规范，女工应将发辫塞入帽内。

（3）严格执行交接班制度并做记录。

（4）不准酒后上岗和班中饮酒，不准疲劳上岗，工作过程中要集中精力。

（5）保持现场整洁。

（6）本岗位至少两人作业。

2.2.2 岗位操作程序

2.2.2.1 开车前的准备与检查

（1）检查气路、油路是否畅通；油位、油质是否符合要求。

（2）检查紧固件、密封条并适当进行调整，保持密封良好。

（3）检查传动轴套是否完整、皮带的磨损是否符合使用要求。

（4）检查各部螺栓等连接部件是否紧固，无松动或缺失。

2.2.2.2 启动

（1）在检查确定设备完好后，及时与上、下工序联系，然后才能启动隔膜泵。

（2）接通电源时，必须先检查皮带轮的转动方向，其须与泵盖上的箭头指示方向一致（泵的方向为顺时针方向）。

（3）对泵体应保持清洁，特别是进料口和排料口不得有异物、脏物堵塞。

（4）开启冷却水三通阀。

2.2.2.3 运行及检查

（1）隔膜泵在运转时，缸体内应无冲击声，发现异常响声或电机温升过高，应停车维修和调整。

（2）经常巡视检查电流表、真空压力表、油压表以及上、下工序衔接情况，发现问题后应及时处理或报告。

（3）设备运转中，不得进行危及安全的任何修理。

（4）临时停电时值班人员不得离开现场，并应关闭总电源，等候来电。

2.2.2.4 停机

接到停机指令，与上、下工序联系确认可以停机后，关闭电源按钮。

2.2.3 交接班

当面交接班，交班时进行检查、清理现场，保持现场整洁；公用工具要如数交接；整理记录，填写交接班记录，要将本班存在的安全隐患如实地填写到交接班记录中，包括隐患部位、发现隐患的时间等。

2.2.4 操作注意事项

操作注意事项如下：

（1）设备运转中，不得进行危及安全的任何修理。

（2）临时停电时值班人员不得离开现场，并应关闭总电源，等候来电。

（3）严禁站在有水或潮湿的地方推闸门，闸门应明显标志出开关方向。

（4）无水时不得关闭阀门开泵，叶轮不得反向转动。

（5）开关阀门时，不得用力过猛，以防摔倒。

2.2.5 隔膜泵常见故障及处理

隔膜泵常见故障及处理方法如下：

（1）隔膜泵有动作，但是流量小或完全没有液体流出：

1）检查气动隔膜泵是否有气穴现象，降低泵的速度让液体进入液室；

2）检查球阀是否卡住，如果操作液体与泵的弹性体不相容，弹性体会有膨胀的现象发生，须更换使用适当材质的弹性体；

3）检查泵入口的接头是否完全锁紧不泄漏，尤其是入口端阀球附近的卡箍需锁紧。

（2）隔膜泵的空气阀结冰：检查压缩空气含水量是否过高，如果含水量过高造成阀门结冰要安装空气干燥设备。

（3）泵的出口有气泡产生：检查膜片是否破裂，检查卡箍是否锁紧，尤其是入口管卡箍要卡紧。

（4）产品自空气排放口流出：检查膜片是否破裂，检查膜片及内外夹板在轴上是否已夹紧。

（5）阀发出嘎嘎声：增加出口或入口扬程。

（6）隔膜泵没有动作或动作很慢：

1）检查空气入口端的滤网或空气过滤装置有无杂质；

2）检查空气阀是否卡住，如被卡用清洁液清洗空气阀；

3）检查空气阀是否磨损，磨损超过规定时更换新的零件；

4）检查中心体的密封零件状况，如果严重磨损，则无法达到密封效果，空气会从空气出口端排掉，要及时更换，由于其构造特别，请使用专用的密封圈；

5）检查空气阀中的活塞动作是否正常；

6）检查润滑油的种类，添加的润滑油如果高于规定用油的黏度，则活塞可能卡住或运行不正常；建议使用规定标号润滑油。

（7）隔膜泵无法启动：

1）检查过滤、调压和润滑装置，空气入口过滤网不得被堵塞；

2）检查气阀，如果气阀被杂质卡住，请将气阀拆下并清洗干净，查看气阀内的活塞无划伤的痕迹；如果活塞表面已磨损需要更换活塞和“O”型环；

3）检查主轴和“O”型环是否有刮伤、磨损和压扁的痕迹，如有损坏请更换。

（8）隔膜泵出口液体中含有大量气泡：

1）请检查气动隔膜泵隔膜是否破裂，如破裂及时更换；

2）检查泵体和管路是否泄漏，如有泄漏及时处理。

（9）气动隔膜泵在运转但流量过低：

1）检查气动隔膜泵泵体是否有空蚀斑，如果有，调整压缩空气的进口压力，降低泵体的运转速度来适应黏度和浓度较大的液体；

2）检查阀球是否被卡住，如被卡住，则输送的液体与阀球材质不相吻合，阀球将会胀大，要更换合适材质的阀球与阀座；

3）检查入口管道，如有堵塞需及时处理。

（10）气动隔膜泵液体从气室排出口漏出：

1）检查气动隔膜泵隔膜，如有破裂及时更换；

2）检查隔膜，如未正确安装或未锁紧，及时处理。

2.3　真空泵（W-4往复式）岗位操作规程

2.3.1　上岗操作基本要求

上岗操作基本要求如下：

（1）持证上岗，经三级安全教育考试合格。

（2）劳保用品穿戴齐全、规范，女工应将发辫塞入帽内。

（3）严格执行交接班制度并做记录。

（4）不准酒后上岗和班中饮酒，不准疲劳上岗，工作过程中要集中精力。

（5）保持现场整洁。

（6）本岗位至少两人作业。

2.3.2 岗位操作程序

2.3.2.1 开车前的准备与检查

（1）检查进气管路上的法兰、接头和阀门，不得有漏气现象。

（2）检查曲轴箱，箱内不准有杂质和其他杂物。

（3）曲轴箱内油质符合规定，观察油箱镜上的指示刻度在规定范围内。

（4）按规定量向油杯内加入规定牌号的润滑油并微开针阀，使润滑油慢慢地注入汽缸。

2.3.2.2 启动

（1）开启冷却水阀门、三通阀门并使泵和大气畅通。

（2）旋开汽缸下部泄水旋塞。

（3）人力盘动泵的三角皮带数转，如无故障方可开车。

（4）启动电源开启真空泵。

（5）关闭泄水旋塞，转动三通阀门使泵的吸入口通向被抽容器。

2.3.2.3 运行及检查

（1）检查电流表上的读数是否稳定，有无冲击声，否则应立即停车。

（2）检查冷却水水温，水温不得超过40℃。

（3）每日检查油箱及油杯内的油面。

（4）检查阀门有无泄漏。

（5）检查三角皮带松紧，并给予调理。

（6）检查轴承、十字螺帽部位有无过热现象。

（7）检查活塞杆、填料，它们不能太松或损坏。

（8）运转1000～1500h后应更换润滑油，并检查真空泵的各摩擦部位是否正常，检查通道有无阻塞现象。

（9）经常检查活塞、连杆、曲轴、十字螺帽是否松动。

2.3.2.4 正常停车

（1）关闭进气阀门，切断电源。

（2）关闭油杯针形阀，开启泄水旋塞，并在停车10min后关闭冷却水进口阀。

（3）严寒季节必须放尽冷却水，以免冻裂汽缸。

2.3.3 交接班

当面交接班，交班时进行检查、清理现场，保持现场整洁；公用工具要如数交接；整理记录，填写交接班记录，要将本班存在的安全隐患如实地填写到交接班记录中，包括隐患部位、发现隐患的时间等。

2.3.4 操作注意事项

操作注意事项如下：

（1）设备运转中，不得进行危及安全的任何修理。

（2）临时停电时值班人员不得离开现场，并应关闭总电源，等候来电。

（3）严禁站在有水或潮湿的地方推闸门，闸门应明显标志出开关方向。

（4）无水时不得关闭阀门开泵，叶轮不得反向转动。

（5）开关阀门时，不得用力过猛，以防摔倒。

2.3.5 典型事故案例

（1）事故经过：2010 年 11 月 14 日下午 3 时 30 分，电工王某接到通知，车间二线滤干机真空泵电动机停机，无法开启，王某遂与邵某前往车间查看。车间真空泵电动机（Y200L—6）手触后温度高，经摇表检测，三相绕组对地短路，打开电机前端盖后发现电机相对干燥，确定电动机是在负荷增大的情况下烧毁。更换电动机后，发现电流仍然超过标准，查看热继电器发现整定电流超高，未对电动机起到保护作用。

钳工班在对真空泵进行检查之后，发现真空泵进水口堵塞，真空泵内有凝结砂块。在更换真空泵，安装调试电动机后，正常开机。

（2）事故原因：

1）热继电器整定电流超高，热继电器对电动机的保护作用失效；

2）滤干机滤布磨损严重，但因备件未到而未及时更换，使真空泵因进入铁精粉出现凝结砂块；

3）操作人员安装真空泵进水口水管时相互间隙配合误差较大未通知钳工处理而是缠绕塑料带堵漏，导致运行时塑料带堵塞管道也未及时发现；

4）电工班、钳工班在对设备进行例行巡检时未检查到位；

5）当班员工未按规程要求对运行设备进行检查。

根据以上原因分析，这起事故的发生反映了选厂设备管理存在的问题。

（3）防范措施及整改意见：

1）滤干机滤布损坏或到达使用周期立即进行更换，以确保真空泵运转时不受铁精粉进入泵体形成砂块的影响；

2）规范设备巡检，操作人员按规程要求定期对设备进行检查，发现故障必须通知检修人员处理；

3）电工要对选厂所有电气设备进行巡检和维护，确保设备状况良好，以保证满足生产运行的需要；

4）对选厂相关工作人员进行在岗培训，包括岗位规程，设备操作规程及注意事项，预防措施等。

2.4 渣浆泵岗位操作规程

2.4.1 上岗操作基本要求

上岗操作基本要求如下：

（1）持证上岗，经三级安全教育考试合格。

（2）劳保用品穿戴齐全、规范，女工应将发辫塞入帽内。

（3）严格执行交接班制度并做记录。

（4）不准酒后上岗和班中饮酒，不准疲劳上岗，工作过程中要集中精力。

（5）保持现场整洁。

（6）本岗位至少两人作业。

2.4.2 岗位操作程序

2.4.2.1 开车前的准备与检查

（1）电机首次运行应检查电机的旋转方向与泵规定的旋转方向是否一致；在试电机旋转方向时，应单独试电机，切不可与泵联结同试。

（2）检查联轴器中的弹性垫是否完整正确。

（3）检查电机轴和泵轴旋转是否同心。

（4）用手盘车，泵不应有卡阻现象。

（5）检查轴承箱油位指示是否在规定的位置。

（6）渣浆泵启动前要先开通轴封水（机械密封为冷却水），同时要打开泵进口阀，关闭泵出口阀。

（7）检查各阀门是否灵活可靠。

（8）检查地脚螺栓、法兰密封垫及螺栓是否牢固无松动、缺失。

（9）确认管路系统等牢固、可靠、无泄漏。

2.4.2.2 启动

（1）渣浆泵在启动前应打开泵进口阀，关闭泵出口阀。

（2）合上电源开关，开动电机，待电机达到额定转速后，再慢慢开动泵出口阀，泵出口阀开启大小与快慢，应保证泵不振动和电机不超额定电流。

（3）串联泵的启动，亦遵循上述方法。只是在开启一级泵后，即可将末级泵的出口阀门稍开一点（开的大小以一级泵电机电流为额定电流的1/4为宜），然后即可相继启动二级、三级直到末级泵。串联泵全部启动后，即可逐渐开大末级泵的出口阀门，阀门开的大小快慢，应保证泵不振动和任一级泵电机都不超额定电流来掌握。

2.4.2.3 运行及检查

（1）随时监控流量必须符合要求。

（2）在装有旋流器的管路系统、冲渣系统、压滤脱水系统中还要求管路出口处有一定的压力，在这种系统中还应监控压力符合要求。

（3）泵在运行中除检查流量、压力外，还要检查电机的电流，其不要超过电机的额定电流，温度不超过规定值。

（4）随时检查油封、轴承等有无异常现象发生，如发现异常立即处理。

（5）运行中应保证泵不发生抽空和水池不发生溢流。

（6）泵的吸入管路系统不允许有漏气现象，水泵吸水口的格栅应符合泵所能通过的颗粒要求，以免大颗粒物料或长纤维物料进入水泵造成堵塞。

（7）要及时更换易损件，维修装配要符合要求，间隙调整符合规定，不得有卡阻摩擦现象。

（8）轴承水压、水量要满足规定，随时调整（或更换）填料的松紧程度，保证轴封无漏浆。

(9) 泵运行时轴承温度一般以不超过65℃为宜。

(10) 要保证电机与泵的同轴度，保证联轴器中弹性垫完好，损坏后应及时更换。

(11) 保证泵组件和管路系统牢固可靠。

(12) 发现以下情况要停机处理：

1) 排料量不足时；

2) 发生噪声或异常声响时；

3) 发现叶轮严重堵塞或磨损；

4) 电气设备、线路冒烟起火。

2.4.2.4 停机

(1) 正常停机：

1) 接到停车信号后，关闭入料阀门、排料阀门，停电动机，关闭冷却水阀门，打开渣浆泵放料阀门，将泵内含料水全部放出，然后关严；

2) 停车后对机电设备及所有管道、阀门、仪表进行一次检查，发现问题及时处理。

(2) 紧急停机：

1) 无通知突然停电应首先关闭入料阀，并立即查原因处理；

2) 生产中遇到紧急情况应紧急停机，可立即按下主机停止按钮，然后关闭给料阀和出料阀，向上级汇报并处理故障。

2.4.3 交接班

当面交接班，交班时进行检查、清理现场，保持现场整洁；公用工具要如数交接；整理记录，填写交接班记录，要将本班存在的安全隐患如实地填写到交接班记录中，包括隐患部位、发现隐患的时间等。

2.4.4 操作注意事项

操作注意事项如下：

(1) 设备运转中，不得进行危及安全的任何修理。

(2) 临时停电时值班人员不得离开现场，并应关闭总电源，等候来电。

(3) 严禁站在有水或潮湿的地方推闸门，闸门应明显标志出开关方向。

(4) 无水时不得关闭阀门开泵，叶轮不得反向转动。

(5) 开关阀门时，不得用力过猛，以防摔倒。

2.4.5 典型事故案例

(1) 事故经过：1997年7月10日，某矿选矿渣浆泵操作人员王某在运行期间检查设备运行情况，当检查至泵轴旋转部位时，衣袖不慎被泵轴卷入，造成手臂伤害截肢。

(2) 事故原因：

1) 王某安全意识淡薄，工作前劳保用品穿戴不规范，在检查水泵泵轴运转情况时，违反操作规程工作服衣袖口未扣紧衣袖敞开，导致此次事故的发生，是此次事故的直接原因；

2）同组值班员在工作中未能有效地进行安全监督，未及时制止王某的违章行为，是此次事故的原因之一；

3）员工安全防范意识不强。

（3）防范措施及教训：

1）严格遵守操作规程，工作时劳保用品要穿戴正确、整齐；

2）加强现场监督，落实安全责任，制止违章行为的发生；

3）完善制定设备巡检注意事项；

4）加强职工的操作技术培训和安全知识培训，提高职工的岗位技能和安全意识。

2.5 卧式离心机岗位操作规程

2.5.1 上岗操作基本要求

（1）持证上岗，经三级安全教育考试合格。

（2）劳保用品穿戴齐全、规范，女工应将发辫塞入帽内。

（3）严格执行交接班制度并做好记录。

（4）不准酒后上岗和班中饮酒，不准疲劳上岗，工作过程中要集中精力。

（5）保持现场整洁。

（6）本岗位至少两人作业。

2.5.2 岗位操作程序

2.5.2.1 开车前的准备与检查

（1）主机及减振器螺栓紧固无松动。

（2）配电盘开关及线路是否正常，确定调速电位器已旋到底。

（3）使用前主轴承按规定添加润滑剂。

（4）皮带无损坏开裂，皮带松紧适度（下压皮带最大纵向偏离在1.5~3.5cm为准）。

（5）检查转鼓灵活程度，手盘转鼓轻松无卡阻回弹现象。

2.5.2.2 启动

（1）先合上电控箱开关，再合上调速器开关。

（2）按“启动”按钮，“启动”指示灯亮。

（3）检查主电机转向与防护罩是否指示相同。

（4）缓慢右旋调速器，同时观察电流表不得超过20A，将转速调至1200r/min，正常后电流18A。

2.5.2.3 运行及检查

（1）按“工作”按钮，“工作”指示灯亮。

（2）调整过程中，时刻注意主电机无杂音，主轴承高度处振动最大不得超过7.1mm/s。

（3）空试正常后，通水试运行，进水由小到额定流量并保持均匀，不得突然开大进水阀。

（4）通水后检查各密封部位有无泄漏，随时监视电机电流不得超过25A，正常运行后电流值22A左右。

（5）观察主轴承线高度处振动不得超过11.2mm，如有异常立即停机。

（6）通水运行3～5min后，检查管道，阀门已切换好，开启进料泵，关闭进水阀、开进料阀。

（7）调整进料阀时，使其逐渐到额定电流值，调整过程中电流不得超过35A，正常运行电流28A左右。

（8）时刻观察电机运行情况，如有异常立即停机。

（9）石灰水相对密度不得低于1.20。

（10）螺旋轴承每半月加油一次。

（11）摆线针轮和行星齿轮每季度加油一次。

（12）机体运转两小时后，两主轴承壳体温度不大于75℃；差速器壳体温度不大于70℃。

（13）离心机转子从停机到完全停转的时间为10～20min，此时不得触动机体，以防伤人。

2.5.2.4 停机

（1）滤完物料后及时切换水阀，并将进料管放入池中。

（2）开水泵清洗5min后，将转速调至200～300r/min，切换清水洗3次，每次2～3min清洗一次，确保清洗干净后方可停机。

（3）停机先将调速器左旋至“零”位后关电机，关调速器开关，关电控箱开关，清理设备及现场卫生。

（4）停机后不得通水清洗离心机。

2.5.3 交接班

当面交接班，交班时进行检查、清理现场，保持现场整洁；公用工具要如数交接；整理记录，填写交接班记录，要将本班存在的安全隐患如实地填写到交接班记录中，包括隐患部位、发现隐患的时间等。

2.5.4 操作注意事项

操作注意事项如下：

（1）设备运转中，不得进行危及安全的任何修理。

（2）临时停电时值班人员不得离开现场，并应关闭总电源，等候来电。

（3）严禁站在有水或潮湿的地方推闸门，闸门应明显标志出开关方向。

（4）无水时不得关闭阀门开泵，叶轮不得反向转动。

（5）开关阀门时，不得用力过猛，以防摔倒。

2.6 泥浆泵岗位操作规程

2.6.1 上岗操作基本要求

上岗操作基本要求如下：

(1) 持证上岗，经三级安全教育考试合格。

(2) 劳保用品穿戴齐全、规范，女工应将发辫塞入帽内。

(3) 严格执行交接班制度并做记录。

(4) 不准酒后上岗和班中饮酒，不准疲劳上岗，工作过程中要集中精力。

(5) 保持现场整洁。

(6) 本岗位至少两人作业。

2.6.2 岗位操作程序

2.6.2.1 开车前的准备与检查

(1) 检查各连接部位是否紧固无松动。

(2) 检查电机旋转方向是否正确。

(3) 检查离合器是否灵活可靠。

(4) 检查管路是否连接牢固，密封是否可靠无泄漏，底阀是否灵活有效。

2.6.2.2 启动

(1) 吸水管、底阀、泵体内必须注满引水，压力表缓冲器上端注满油。

(2) 用手转动，使活塞往复两次无卡阻。

(3) 检查线路绝缘是否良好，送电空载启动。

(4) 启动3~5min后，确认运转正常，再逐步增加载荷。

2.6.2.3 运行及检查

(1) 运转中应注意各密封装置的密封情况，必要时加以调整。

(2) 拉杆及副杆要经常涂油确保润滑符合要求。

(3) 运转中经常测试泥浆含砂量不得超过10%。

(4) 严禁在运转中变速，需变速时应先停泵后换挡。

(5) 为实现可靠的飞溅润滑，根据泵的挡速，在运转中每班要对每挡速度分别进行运转，时间均不少于30s。

(6) 运转中出现异响或水锤、压力异常或转动部位有明显高温时应停泵检查。

2.6.2.4 停机

(1) 在正常情况下应在空载时停泵；如停泵时间较长时，必须打开全部放水孔，并松开缸盖，提起底阀放水杆，放尽泵体及管道中的全部泥砂。

(2) 长期停用，应彻底清洗各部泥砂、油垢，将曲轴箱内润滑油放尽，并采取防锈、防腐措施。

2.6.3 交接班

当面交接班，交班时进行检查、清理现场，保持现场整洁；公用工具要如数交接；整理记录，填写交接班记录，要将本班存在的安全隐患如实地填写到交接班记录中，包括隐患部位、发现隐患的时间等。

2.6.4 操作注意事项

操作注意事项如下：

（1）设备运转中，不得进行危及安全的任何修理。

（2）临时停电时值班人员不得离开现场，并应关闭总电源，等候来电。

（3）严禁站在有水或潮湿的地方推闸门，闸门应明显标志出开关方向。

（4）无水时不得关闭阀门开泵，叶轮不得反向转动。

（5）开关阀门时，不得用力过猛，以防摔倒。

2.7 清水循环泵岗位操作规程

2.7.1 上岗操作基本要求

上岗操作基本要求如下：

（1）持证上岗，经三级安全教育考试合格。

（2）劳保用品穿戴齐全、规范，女工应将发辫塞入帽内。

（3）严格执行交接班制度并做记录。

（4）不准酒后上岗和班中饮酒，不准疲劳上岗，工作过程中要集中精力。

（5）保持现场整洁。

（6）本岗位至少两人作业。

2.7.2 岗位操作程序

2.7.2.1 开车前的准备工作

（1）检查各部螺丝是否紧固无松动、盘根是否严密无泄漏。

（2）用手盘车转动灵活无卡阻现象。

（3）三角带齐全、松紧度合适。

2.7.2.2 启动

打开进水闸门，启动电动机达到额定转速后，缓慢开启排水阀门。

2.7.2.3 运行及检查

（1）检查水泵是否上水，如果泵不上水应及时找出原因并处理。

（2）不应使泵在不上水或排水阀门关闭的情况下运转。

（3）检查泵的盘根是否漏水，发现漏水严重要及时压紧。

（4）检查泵的运转情况、轴承运转情况有无异常。

（5）检查电动机运转有无异常，温度不得超过70℃。

（6）不得用水冲洗电气设备。

2.7.2.4 停车

（1）正常停车：

接到停车信号后，依次关闭入料阀门、出料阀门，按下主机停止按钮。

（2）紧急停机：

1）无通知突然停电应首先关闭进水阀，并立即查找原因处理；

2）生产中遇到紧急情况需紧急停机，可立即按下主机停止按钮，然后关闭进水阀和出水阀，向上级汇报并处理故障。

2.7.3 交接班

当面交接班，交班时进行检查、清理现场，保持现场整洁；公用工具要如数交接；整理记录，填写交接班记录，要将本班存在的安全隐患如实地填写到交接班记录中，包括隐患部位、发现隐患的时间等。

2.7.4 操作注意事项

操作注意事项如下：

（1）设备运转中，不得进行危及安全的任何修理。

（2）临时停电时值班人员不得离开现场，并应关闭总电源，等候来电。

（3）严禁站在有水或潮湿的地方推闸门，闸门应明显标志出开关方向。

（4）无水时不得关闭阀门开泵，叶轮不得反向转动。

（5）开关阀门时，不得用力过猛，以防摔倒。

2.7.5 典型事故案例

（1）事故经过：2009 年 1 月 14 日 19 时 30 分，某厂循环水当班人员徐某吃过饭后，采用水冲地的方式对当班所辖卫生区进行打扫。19 时 36 分，伴随着一声巨响，正在运行的循环水泵 B01B 突然跳闸，同时现场有电弧出现，泵房照明突然暗了一次。徐某和当班人员迅速进行停车处理，同时立即汇报调度及该厂领导，并重新要求送电开水泵 B01C。19 时 45 分开启循环水泵 B01C，循环水系统恢复正常。此次事故造成公司全厂停车，影响公司选矿产量近 200t，并使公司 6 个高压线桥直接爆毁，价值 7 万元。

（2）事故原因：此次事故是由于该厂当班员工在打扫卫生时所采取的方式不当，在使用水冲地时水溅入循环水泵的接线箱引起接线柱短路。

1）该岗位人员责任心不强，在用水冲地时未对电气设备做好保护、防范工作，造成飞溅水沿电线接线盒底部进线口进入接线盒内，形成相间短路拉弧是此次事故发生的直接原因；

2）该厂相关管理人员责任心不够，未能及时发现用水冲地打扫卫生的不当行为并予以制止；

3）循环水泵接线盒打开后发现接线盒的下部原有挡板已经断裂破损，未能及时更换。

（3）防范措施及教训：

1）该厂要加强管理，完善相关制度，严格遵守规程，在做清洁工作时一定要保护好设备；

2）该厂要召开专题事故分析会，认真分析，深入整改，彻底提高员工的安全意识；

3）动力厂要从此次事故中吸取教训，举一反三，严格各类基础管理，由专人负责落实，及时消除安全隐患，杜绝类似事故的再次发生；

4）该厂要制订详细的安全培训计划，针对生产厂的生产特点，严格落实应知应会培训。

2.8 分级旋流器岗位操作规程

2.8.1 上岗操作基本要求

上岗操作基本要求如下：

（1）持证上岗，经三级安全教育考试合格。

（2）劳保用品穿戴齐全、规范。

（3）严格执行交接班制度并做记录。

（4）不准酒后上岗和班中饮酒，不准疲劳上岗，工作过程中要集中精力。

（5）保持现场整洁。

（6）本岗位至少两人作业。

2.8.2 岗位操作程序

2.8.2.1 开车前的准备工作

（1）开车前应确认进料分配桶、进料管、旋流器本体、溢流箱、底流箱完好无损，无漏水、漏矿及堵塞现象。

（2）检查旋流器各部位，特别是进料口、排料口的磨损不能超过要求，无堵塞现象。

（3）检查旋流器与管道是否连接牢固、无泄漏。

2.8.2.2 运行及检查

（1）启动由集控室按顺序开车。

（2）旋流器在使用时，旋流器的底流口和溢流口必须与大气相通，否则就无法保证分离效果。

（3）正常情况下，旋流器的进料阀门应全开，进料压力可通过调整进料管上的阀门进行控制。

（4）检查旋流器底流，在正常压力情况下，底流排料是辐射状并有中心柱。当进料压力低时，排料不呈辐射状，形不成中心柱时，按照以下几个方面分析造成压力不足的原因并处理：

1）管路堵塞；

2）管路部分磨损，阻力增大；

3）重介质泵衬里、叶轮磨损严重，间隙过大。

（5）要经常清洗旋流器的表面污垢，以便能及时发现设备的异常情况。

（6）对旋流器的进料压力做好记录，以免因为进料压力的变化幅度太大而影响物料的分离效果。

（7）通过快速浮沉检查重介质旋流器的分选效果。

（8）当尾砂和可选性发生较大变化时，应及时调整分选密度和产品污染指标，以确保质量指标符合要求。

（9）要准确掌握尾矿变化情况，及时调节悬浮液密度、入料压力，确保产品质量指标符合要求。

（10）发现旋流器底流中含过多粗颗粒时，应及时与上道工序操作人员联系，查找原因认真处理。

（11）注意观察泥筛脱水情况，发现有跑水现象可关闭一台或两台旋流器来调整。

（12）当旋流器是由对温度比较敏感的材料制成或者内衬材料对温度比较敏感时，要随时监测混合液的温度，避免超过规定范围。

（13）旋流器底部的沉砂嘴，在实际运行过程中，经常检查并清理堵塞；定期测量沉砂嘴的内径，做好记录，发现沉砂嘴磨损超过规定时，需要及时更换。

（14）更换旋流器时，要使用合适的扭矩扳手，按厂家规定的扭矩进行安装。

2.8.2.3 停车

（1）正常停车：

1）接到停车信号后，先停止给料，由集控室集中停车；

2）检查入料分配桶、入料管、旋流器本体、溢流箱、底流箱的磨损情况；

3）检查重介质系统管道、闸门、密度控制箱及各处溜槽有无堵塞、磨损等，发现问题及时处理；

4）利用停车时间进行设备的维护保养，处理运行中出现的和停车后检查出的问题。

（2）紧急停机：

1）无通知突然停电应首先关闭入料阀，并立即查明原因处理；

2）生产中遇到紧急情况需紧急停机，可立即按下主机停止按钮，然后关闭进料阀和出料阀，向上级汇报并处理故障。

2.8.3 交接班

当面交接班，交班时进行检查、清理现场，保持现场整洁；公用工具要如数交接；整理记录，填写交接班记录，要将本班存在的安全隐患如实地填写到交接班记录中，包括隐患部位、发现隐患的时间等。

2.8.4 操作注意事项

操作注意事项如下：

（1）处理底流箱堵塞事故时要停机，办理停电事宜，并要有人监护。

（2）处理重介质管路堵塞事故时，属于高空作业，操作人员要系好安全带，并设专人监护。

2.9 尾矿输送岗位操作规程

2.9.1 上岗操作基本要求

上岗操作基本要求如下：

（1）持证上岗，经三级安全教育考试合格。

（2）劳保用品穿戴齐全、规范，女工应将发辫塞入帽内。

（3）严格执行交接班制度并做记录。

（4）不准酒后上岗和班中饮酒，不准疲劳上岗，工作过程中要集中精力。

（5）保持现场整洁。

（6）本岗位至少两人作业。

2.9.2 岗位操作程序

2.9.2.1 开车前的准备与检查

（1）操作前，认真检查油位是否符合规定。

（2）盘动柱塞泵，不得有卡阻或磨偏现象。

（3）检查清洗水箱水量是否充足、水质清洁是否处于良好状态，全面检查加氯设备、管道及其接头有无泄漏或堵塞现象。

2.9.2.2 启动

（1）沉淀池立泵启动。严格按铃声信号开泵，开泵前先检查轴承润滑情况是否良好，然后再将立泵放入适当深度（下端轴承在液面以上），确认钢丝管无折死堵塞后，开启立泵。立泵要随抽随往下放，禁止抽空，停泵时间较长时要检查立泵是否上浆。

（2）出氯阀门必须上下放置，用氨水检查接头无泄漏后，开启氯瓶出氯阀门。

2.9.2.3 运行操作

（1）打开清水及排浆管路中的相关阀门，启动清洗泵以后再启动柱塞泵。

（2）开启清洗泵将压力调至4MPa，检查柱塞泵填料出水是否正常，调节水量是否适中。

（3）打开进浆管上清水阀，缓冲槽内有一半水时，开启柱塞泵，检查压力、电流大小，有无异响。待柱塞泵压力稳定后，调节清洗泵压力高于柱塞泵0.5MPa左右。

（4）检查柱塞泵压力、电流是否符合规定。

（5）保持清洗泵水箱水位，严禁缺水。

（6）随时调整给矿口清水阀，严禁缓冲槽排空及外溢。

（7）检查填料出水，水质清洁，水量适中。

（8）检查传动系统运转是否平稳、润滑是否良好，阀箱内有无异常声响。

（9）备用泵启动：关闭排浆管路阀门，打开备用泵相关阀门，按程序要求启动备用泵。若不能开启备用泵时，需将管路中矿浆排空。

（10）运行中经常检查搅拌槽运转、润滑、电机及轴承温度是否在规定范围，安全防护是否完好，场所设置排风换气装置必须正常运转。

（11）严格按规定用量按时均匀添加石灰和氯气。尾矿岗位工艺操作指标（铜、金）如下：

1）石灰耗量：8.2kg/t；

2）氯气耗量：2kg/t；

3）污水排放：CN^-浓度小于0.5mg/L。

（12）事故尾矿池尾矿必须定期进行清理，没有事故尾矿池的尾矿库，应保持足够的储存库容，以避免调整砂泵或调整管渠所排放出的尾砂到处乱流造成危害。

2.9.2.4 砂泵站的运行检查

（1）经常注意来矿量、浓度压力表、电流表、电压表的变化符合规定，及时操作调节流量，做到均匀正常排送。

（2）备用砂泵必须处于良好状态，易磨损的备件应按计划进行更换和检修，以确保矿浆输送连续进行。

（3）定期（月或季）对砂泵的压力、流量等性能进行测定，发现不符合规定时，应分析原因，采取措施，使之恢复。

2.9.2.5 输送管渠的运行检查

（1）认真进行巡视检查，发现有淤积、堵塞、磨损、渗漏、坍塌、沉陷等现象时，要及时采取措施处理，排放出的矿浆应妥善处理，以减少危害。

（2）必须使备用管道处于良好状态，以便事故或检修时能立即轮换使用。

（3）定期清淤和检修输送管渠，木质槽渠、钢管外壁和栈桥要定期涂刷防腐剂或防腐漆。

（4）检查管渠沿线的排水明沟和暗涵，必须保持畅通无阻，以免水流冲坏管渠基础。

（5）对尾矿输送管，要定期翻转以延长使用年限，在翻转时要记录好管子的坡度、壁厚、磨损的长度、厚度、部位等，以便积累资料，摸清规律，提高业务管理水平。

（6）对尾矿堆坝输送干管，必须按计划要求定期提升，防止管道闸门埋入砂内，影响检修维护。

2.9.2.6 停车

停柱塞泵前打40min清水并将给矿槽冲洗干净，排空泵内及管路清水，按下柱塞泵停机按钮停柱塞泵，再停清水泵，最后关闭相关阀门。

2.9.3 交接班

当面交接班，交班时进行检查、清理现场，保持现场整洁；公用工具要如数交接；整理记录，填写交接班记录，要将本班存在的安全隐患如实地填写到交接班记录中，包括隐患部位、发现隐患的时间等。

2.9.4 操作注意事项

操作注意事项如下：

（1）设备运转中，不得进行危及安全的任何修理。

（2）临时停电时值班人员不得离开现场，并应关闭总电源，等候来电。

（3）严禁站在有水或潮湿的地方推闸门，闸门应明显标志出开关方向。

（4）无水时不得关闭阀门开泵，叶轮不得反向转动。

（5）开关阀门时，不得用力过猛，以防摔倒。

（6）巡检管道必须两人同行。

2.10 尾矿库护坝工岗位操作规程

2.10.1 上岗操作基本要求

上岗操作基本要求如下：

（1）持证上岗，经三级安全教育考试合格。

（2）劳保用品穿戴齐全、规范。

（3）严格执行交接班制度并做记录。

（4）不准酒后上岗和班中饮酒，不准疲劳上岗，工作过程中要集中精力。

（5）保持现场整洁。

（6）熟悉尾矿库周边环境和各类安全管理规定。

2.10.2 岗位操作程序

2.10.2.1 准备和要求

（1）加强尾矿库管理，保证正常生产和环境保护。

（2）根据选矿厂生产情况，制定年度排尾计划，按照排尾计划要求，适时筑坝。

（3）尾矿库必须昼夜有人值班，一旦发生险情，应及时向选厂和公司领导汇报，并采取积极的应急措施。

（4）按设计要求对库水位、库坝变形、干滩长度、浸润线、渗流、降雨量进行监测并记录。

2.10.2.2 一般要求

（1）在对坝内尾矿和污水进行检查和测定时要试踏，不得猛然踏进，以防陷入。

（2）严格执行尾矿库定期检查制度，每月应进行一次全面的检查。检查的内容：主坝和坝基、溢流井、涵洞、尾矿管道、坝坡保护情况以及山坡排水沟是否有堵塞情况，查出问题及时处理。

（3）严格控制坝内水位，加强外来水的监测和疏排，保证安全的浸润线标高。

（4）汛期及冬季冻融期间应及时进行坝体维护，防止坝面拉沟。经常清理坝面上的排水沟，以防坝体受到风和雨雪的侵蚀。

（5）建立健全设备维修、保养制度，确保回水系统正常运行。

（6）必须严格按照设计坡比要求筑坝。

（7）检查旋流器钢车是否平齐稳定，发现倾斜及时调整。

（8）抬钢轨行走时要注意脚下，防止被绊倒伤人；替换枕木及钢轨铺设要平整，前后钢轨连接处要用连接器连接好，方可移车。

（9）平移旋流器时要有专人指挥和监护，使用撬棒撬旋流器两侧钢车轮时两人配合要默契，旋流器平移到位后要立即将前后钢车轮用挡车器挡住，防止钢车窜动。

（10）尾矿坝检查项目包括：土坝的变形观测、土坝的固结观测、土坝的孔隙水压力观测、坝的浸润线观测、坝的渗透流量观测、干滩长度监测、库内水位观测、降雨量观测以及尾矿库进水口、尾矿排放口监视等。

（11）尾矿筑坝一般先堆筑子坝，再通过排放尾矿，靠尾矿自然沉积形成尾矿坝的主体，子坝最后成为尾矿坝的下游坡面的一层坝壳。所以说尾矿筑坝应包含堆筑子坝和尾矿排放两部分，而且后者更为重要。

（12）每期堆坝作业之前必须严格按照设计的坝面坡度，结合本期子坝高度放出子坝坝基的轮廓线。确保筑成的子坝轮廓清楚，坡面平整，坝顶标高要一致。

（13）筑坝前对岸坡进行清基处理。将草皮、树根、废石、废管件、管墩、坟墓及有关危及坝体安全的杂物等应全部清除。若遇有泉眼、水井、洞穴等，应进行妥善处理，经主管技术人员检验合格后，方可进行坝体堆筑，并做好隐蔽工程的记录。

2.10.2.3 尾矿排放操作

（1）放矿时应有专人管理，做到勤巡视、勤检查、勤记录和勤汇报，不得离岗。

（2）在排放尾矿作业时，应根据排放的尾矿量，开启足够的放矿支管，确保尾矿沉积滩面均匀上升。

（3）经常调整放矿地点，使滩面沿着平行坝轴线方向均匀整齐，应避免出现侧坡、扇形坡等起伏不平现象，严禁独头放矿。

（4）严禁出现矿浆冲刷子坝内坡的现象。

（5）除一次建坝的尾矿库外，严禁在非堆坝区放矿。因为它既对坝体稳定不利，又减少了必要的调洪库容。

（6）对于需在副坝上进行尾矿堆坝的尾矿库，应适时提前在副坝前放矿，为后期子坝堆筑创造有利的坝基条件。

（7）放矿主管一旦出现漏矿，极易冲毁坝体。发现此情况，应立即汇报车间调度，停止排尾，及时处理。在沉积滩顶接近坝顶又未堆筑子坝时，是砂浆漫顶事故的多发期。在此期间放矿尤须勤巡查、勤调换放矿点，谨防矿浆漫顶。

（8）对于备用的管道，冬季应将其矿浆放尽，以免冻裂管道。

（9）多开启几个调节阀门可减少砂浆在支管内的过流速度，从而减小其磨损；阀门的开启和关闭应快速制动，且应开启到位或完全关闭，严禁半开半闭，也可减少其磨损。

（10）我国的北方地区阀门在严寒的环境下极易冻裂。因此，在冬季应采取措施予以保护。一般情况下可采用草绳或麻绳多层缠绕，或用电热带缠绕保温，也可根据当地的最大冻层厚度，用尾矿覆盖阀门体等措施加以保护。

（11）尾矿排放是露天作业，受自然因素影响很大。在强风天气放矿时，应尽量使矿浆至溢水塔的流径最长且在顺风的排放点排放。若流径短，矿浆在沉淀区域的澄清时间缩短，回水水质降低。如果逆风放矿，矿浆被强风卷起冲刷子坝内坡，同时使输送尾矿管道悬空，都可能产生意外事故。

（12）放矿支管的支架变形或折断，会造成放矿支管、调节阀门、三通和放矿主管之间漏矿，从而冲刷坝体。因此，如支架松动、悬空或折断，应及时处理修复。

（13）在冰冻期一般采用库内冰下集中放矿，以免在尾矿沉积滩内（特别是边棱体）有冰夹层或尾矿冰冻层存在而影响坝体强度。

2.10.2.4 尾矿子坝的堆筑与维护

（1）尾矿子坝的堆筑方法主要有：冲积法、池填法、渠槽法和旋流器法等。

1）冲积法：此法筑坝是采用机械或人工从库内沉积滩上取砂，分层压实，堆筑子坝。子坝不宜太高，一般以1~3m为宜。尾矿坝上升速度较快者可高些；尾矿坝上升速度较慢者可矮些。子坝顶宽一般为1.5~3m，视放矿主管大小及行车需要而定。外坡坡比可用1:2，内坡坡比可用1:1.5。

2）池填法：此法筑坝是沿坝长先用人工堆筑子堤，形成连续封闭的若干个矩形池子（也称围埝），池子宽度根据子坝高度确定，长度可取20~40m，太长沉积的尾矿粗细不均，围埝高0.5~1.0m，顶宽约0.5m。

3）渠槽法：是在尾矿冲积坝体上，平行坝轴线用尾矿堆筑两条高0.5~1.0m子堤小堤形成渠槽，根据矿浆量、放矿方法和子坝的断面尺寸可选择单渠槽、双渠槽、多渠槽等。由一端分散放矿（尾矿量小也可集中放矿），粗砂沉积于槽内，细泥由渠槽另一端随水排入尾矿库内。当冲积至小堤顶时，停止放矿，使其干燥一段时间，再重新筑两边小堤，放矿、冲积直至达到要求的断面。

4）旋流器法：此法是利用水力旋流器将矿浆进行分级，由沉砂嘴排出的高浓度粗粒尾矿用于筑坝；由溢流口排出的低浓度细粒尾矿浆用橡胶软管引入库内。排矿流量较小者，可沿坝顶每隔一定间距设置支架，在架顶安设旋流器；排矿流量较大者，须在坝顶铺设轨道，由安装有旋流器组的移动车排矿筑坝。由于堆积的尾矿不成坝形，需用人工或机械修整。生产管理的任务就是要调整给矿压力和排矿口的大小，使沉砂流量、排矿浓度和分级粒度符合设计要求。

旋流器筑坝可用于上游式堆积坝的筑坝，更多的用于中下游式堆坝。上游式尾矿坝只有原尾矿颗粒较细者才采用水力旋流器进行分级筑坝，该法堆筑的子坝质量好，物理力学强度高，但筑坝工艺较复杂，成本较高，管理比较复杂。这里主要说明用于上游式堆坝。具体操作方法为：

①在已堆坝的滩面标高上放出边坡线，并根据堆积坝的年上升速度和每年堆坝次数，确定筑坝高度 H，以堆积坝的设计边坡比 m_1 为外坡，取子坝顶宽 $B_1=3\sim5\text{m}$，放出子坝顶的位置及标高；

②在放出的标高和位置上先堆筑或开挖旋流器工作平台，并铺设钢轨，钢轨铺于枕木上，枕木下部可垫土工布；

③将旋流器架设于钢轨上，安上旋流器，将放矿管接于给矿管上，底流口对准堆筑部位，溢流口应接管送入距子坝较远的沉积滩或库内积水区中去；

④随着底流堆坝部分的堆筑和延伸，不断接长钢轨，移动旋流器，给矿堆坝，直至堆筑完成。再以人工修整边坡和山坡或碎石护坡。

（2）尾矿子坝的维护：

1）子坝若是分层筑成的，外坡的台阶应修整拍平。

2）在坝顶和坝坡应覆盖护坡土（厚度为坝顶500mm，坝坡300mm），种植草皮，防止坝面尾砂被大风吹走形成扬尘而造成环境污染。

3）坝肩和坝坡面需建纵、横排水沟，并应经常疏浚，保证水流畅通，以防止雨水冲刷坝坡。对降雨或漏矿造成的坝坡面冲沟，应及时回填并夯实。

4）子坝筑好后，应及时移动安装尾矿输送管，架设照明线路，尽早放矿，保护坝址。

5）新筑的子坝坝体的密实度较差，且放矿支管的支架不牢固。因此，须勤调放矿地点，杜绝回流掏刷坝址，造成拉坝或支架悬空。

6）由于放矿管、三通、阀门均属易磨损件，一旦漏矿，应及时处理。否则，会冲坏子坝。

2.10.2.5 巡回检查

（1）从下向上检查坝坡、坝体有无裂缝、滑坡、塌陷、表面冲刷、漏水等危及坝体安全的现象。

（2）检查坝前放矿是否均匀，尾矿沉积滩是否平整，坡度、干滩长度是否符合设计要求。

（3）检查远端放矿管道有无凹陷，管墩有无损坏，排矿是否正常。

（4）尾矿库澄清水位是否符合规定要求，水边线是否与坝轴线平行。

（5）排水斜槽盖板有无破损，进水口有无杂物堵塞，出水口闸阀有无异常。

（6）检查溢洪道是否有石块、淤泥、杂物等。

（7）汛前必须对电气线路和设备、管道、阀门及操作系统，进行检查。

（8）以上检查发现异常立即上报，及时处理，并认真做好记录。

2.10.3 交接班

当面交接班，交班时进行检查、清理现场，保持现场整洁；公用工具要如数交接；整理记录，填写交接班记录，要将本班存在的安全隐患如实地填写到交接班记录中，包括隐患部位、发现隐患的时间等。

2.10.4 操作注意事项

操作注意事项如下：

（1）汛期应加强值班和巡视，密切注意库内水位上升速度和地表水流动态，遇到非常情况除及时汇报外，还应坚守岗位及时处理。

（2）刮风下雨要加强巡视检查，并主动向调度室汇报尾矿库坝情况；发现坝面集中渗水或大股水流冲刷，应立即排除隐患并及时向调度室汇报。

（3）夜间巡视要确保照明良好。

（4）汛期前后，必须清除沟、渠、洞内的淤集物，并报请上级部门修复和加固被洪水冲毁、损坏的部位及构件。

（5）本岗位责任大，遇到异常情况必须及时汇报。

（6）不得在库区水中洗澡、游泳。冬季严禁在库区冰面上行走。

2.10.5 典型事故案例

2.10.5.1 漫（溃）坝事故

尾矿库漫坝事故发生时，尾矿砂往往立即液化，扩大尾矿坝的缺口，使大量尾矿泥砂沿山谷往下倾泻，其危害程度远比水库溃坝时严重得多，大量泥石流会严重危及下游居民人身和财产安全，造成环境污染。

可能引起的原因：

（1）尾矿库排水系统排水能力不足、排水系统淤堵、损毁或无排水系统。

（2）设计以外的尾矿、废料或废水进库。

（3）坝端无截水沟，山坡雨水冲刷坝肩。

（4）溢流斜槽的进水口被堵塞，排水斜槽发生变形、破损、断裂，斜槽内淤堵。坝面排水沟及坝端截水沟护砌变形、破损、断裂，沟内淤堵。发生前述异常情况管理人员未能及时发现和处理，引起尾矿库发生渗漏、滑坡甚至漫坝或溃坝。

（5）大气降水量短时间内骤增，库区周围山体发生大面积滑坡、塌方，特大暴雨、库区周围山体滑坡、塌方导致库水位猛涨出现漫坝、溃坝事故。

案例1

（1）事故经过：2007年5月18日上午10点多，某矿当班尾矿工发现正常生产运营的尾矿库中部距坝顶20m处，约有3.2m异常潮湿及部分渗漏，当即向矿尾矿部负责人张某汇报。张某一方面向分管领导汇报，另一方面按照常规采取抢救措施，安排人员堵塞尾矿库内回水管口，打开坝底回水管的直排口。某矿领导接到报告后，下令选厂立即停产，并启动库内清水泵紧急排放库内清水。大约中午11点，渗漏处开始流泥砂。15点坝体流沙范围扩大，开始塌陷。到20日0点44分，共有近100万方（即$100 \times 10^4 m^3$）尾沙泥浆倾泻而下，沿排洪沟、河道冲入E河下游，绵延10余千米，致使尾矿库彻底损毁，选厂破碎车间彻底冲垮，办公楼、选矿车间全部被淹；运输队数十辆大型推土机、挖掘机、载重汽车被冲毁或冲走；沿途排洪渠、道路、场地等被淹没；另一铁矿变电站被冲毁及铁路专线桥墩冲坏；淹没了F县、D县沿E河的农田、林地560余亩（约$0.37km^2$）。

5月18日下午15点30分，F县政府接到事故报告后，政府及有关部门负责人迅速赶赴现场，成立了现场应急抢险指挥部，正式启动了应急救援预案，并采取了以下措施：

1）在尾矿库对面山头设立险情观察点，每隔10min向指挥部汇报1次险情，指挥部成员可以在第一时间了解尾矿坝险情变化情况；

2）对F—W公路部分危险路段实行交通管制，对事故现场设立警戒，防止闲散人员和车辆进入；

3）对处在危险区域内的100多名滞留人员进行紧急撤离、疏散；

4）通知相邻铁矿，短时间内撤离尾矿库下游企业和居住的所有人员；

5）通知D县政府关闭E镇相关村的浇地闸口，防止矿浆进入农田；

6）通知下游可能受到威胁的村庄做好应急撤离准备；

7）通知E矿变电站停电避灾，以防不必要的财产损失；

8）抽调了部分人员组成巡逻队，沿E河下游各村巡逻看守，确保E河沿线群众的人身安全。

由于抢险组织得当，措施果断有力，本次尾矿库溃坝事故未造成人员伤亡，最大限度地降低了经济损失。

(2) 事故原因：经过认真调查，事故调查组认定这是一起责任事故。

直接原因：由于回水塔堵塞不严，从回水塔漏出的尾矿将排水管堵塞，值班人员未及时发现和处理，使库内水通过回水塔和排水管，从已经埋没的处于尾矿堆积坝外坡下的塔顶渗出，从而引起尾矿的流土破坏，造成尾矿坝坝坡局部滑坡。由于压力和渗水不断，滑坡面积不断扩大，造成最终垮坝。

间接原因：

1）设计不规范：T公司矿山设计研究所编制的《某矿选矿厂尾矿库初步设计》及施工图件存在缺陷，对某矿尾矿库建设和生产形成误导。

2）自然因素影响：2007年2月底至3月初，包括库区在内的W地区连降两场大雪，库区周边积雪达0.5m以上。雪后气温较高，冰雪融化速度快，融水沿尾矿库表面向深部渗透，尾矿库坝体的强度和稳定性降低。

3）尾矿库现场安全管理不到位：某矿对尾矿库安全生产不重视，在建设运营、日常安全管理上存在问题。一是擅自和超能力排尾，企业长期以来没有按照设计要求和尾矿库实际的授尾能力，制定年度排尾计划，超能力随意排尾。在没有建设新尾矿库的情况下，便将新增选矿的尾矿排入旧尾矿库，超过了尾矿库的实际承载能力，使其长期处于超负荷运营状态；不能保证足够的干滩长度，浸润线长期过高，坝体安全系数长期处于临界状态。二是企业长期没有聘用尾矿库安全技术管理的专业人才，不重视对员工的安全培训教育，对尾矿存在的重大隐患不能及时预测和发现。

（3）防范措施及教训："5·18"尾矿库溃坝事故暴露出某矿在尾矿库建设、安全运行和监管工作中存在的诸多问题。尾矿库先天性不足的问题比较严重，在选址、设计、施工建设等方面不科学、不规范、不严格，安全欠账较多，给安全监管带来很大难度。尾矿库从业人员的业务技能和安全素质差，对生产运营中存在的问题认识不清，未掌握必要的操作技能，对搞好安全生产管理没有行之有效的办法。从事尾矿库设计和评价的中介技术服务机构不能严格按技术规范、规程开展工作，不能正确地指导企业建设和生产，甚至产生误导作用。企业在生产运行中不按设计和技术规范要求进行作业，事故隐患随处可见。如排洪设施不完善、排洪能力不足、浸润线过高、不均匀放矿、干滩长度不足，坝体边坡过陡等。坝体稳定性方面，S省的尾矿库普遍采用上游法筑坝，坝体的稳定性相对较差。

针对尾矿库的现状，S省安全监管局采取了以下几个方面的措施：

1）全面开展尾矿库安全生产大检查，扎实做好隐患排查治理工作。从2007年7月开始，组织有关专家对尾矿库的安全状况进行了抽查，其中对库容在100万方（即$100 \times 10^4 m^3$）以上的尾矿库全部进行了检查。

2）强化尾矿库建设项目的安全监管，从源头上严把准入关，彻底清查不经有关部门批准或违反设计要求，擅自加高增容等尾矿库扩建工程，确保尾矿库建设项目的质量安全。

3）加强安全培训和教育工作，提高从业人员的业务技术水平。2007年上半年，S省安全监管局对有关负责人、设计与评价人员、安全管理人员进行了培训，2007年底前将完成对尾矿库从业人员进行的全员培训。

4）要求各地、各企业制定事故应急救援预案，并进行演练。

5）深入开展尾矿库专项整治工作，对尾矿库专项整治工作的时限、任务、目标及专项工作的"四落实"（人员、经费、地点、条件）提出具体要求。

案例2

意大利斯塔瓦尾矿坝分上方坝及下方坝。1985年6月上旬，在下方库汇水区域出现30m宽，3~4m深的漏洞，这是由于排水涵管破裂，大量泥性尾矿漏出。

1985年7月19日当意大利斯塔瓦尾矿坝上方坝升高到30m，上方坝首先发生灾难性溃坝，同时也冲毁了下方坝，上下两坝的洪流淹没了阿维苏流域，268人罹难。

2.10.5.2 坝体渗漏事故

渗流破坏是造成尾矿坝安全事故的主要原因之一。由于尾矿坝体浸润线过高发生浸润线出逸形成的坝坡渗流、管涌，致使尾矿坝坡面饱和松软，直至坝体塌滑。

案例3

1980年3月17日H省某选矿厂B尾矿库由于排水系统800mm钢筋混凝土排水管道发生沉陷、错位、断裂，造成大量尾矿砂泄漏。首先是发现初期坝顶排水明沟内水量剧增，流水浑浊，夹有大量泥砂，坝内尾矿沉积滩面出现塌陷，形成漏斗状坍塌坑，水流夹砂流失逐渐增加，至19日上午，溢流沟内矿浆浓度高达5%以上，流量也突然增加，矿浆浓度高，堵塞了溢洪沟，矿浆流溢出沟外，并将溢流沟拐弯处的2m多高的堤坝冲毁，大量泥浆涌入下游居民村，居民的生命财产受到严重威胁。本次事故造成停产10天，直接经济损失达12.7万元。

2.10.5.3 垮坝事故

垮坝事故危害最大，会给下游带来灾难性后果。

案例4

（1）事故经过：2008年9月8日7时58分，S省X县某矿业公司980沟尾矿库左岸的坝顶下方约10m处，坝坡出现向外拱动现象，伴随几声连续的巨大响声，数十秒内坝体绝大部分溃塌，库内约19万立方米的尾砂浆体倾盆而泻，吞没了下游的宿舍区、集贸市场和办公楼等设施，波及范围约35公顷（525亩，约0.35km^2），最远影响距离约2.5km。

9月8日上午8时许，X县T乡党委书记接到Y村委会的事故报告后，立即上报了X县人民政府。9时许，X县人民政府县长李某到达事故现场后，在没有降暴雨、事故原因尚不清楚的情况下，指示县政府工作人员向L市委、市政府作出“暴雨引起山体滑坡、导致尾矿库溃坝”的报告。

L市市委书记夏某、市长刘某到达事故现场后，只是简单听取了县里有关负责人员的情况汇报，在没有广泛开展深入调查了解、研究分析事故可能造成的伤亡、组织有效的排查抢险工作情况下，就回到市里继续开会。

当日下午4时许，L市抢险指挥部要求上报死亡人数，在明知已发现33具尸体的情况下，X县县委书记亢某决定按“死亡26人、受伤22人”上报，县长李某、副县长韩某表示同意。L市及S省政府按X县政府所报告情况逐级上报，并通过新闻媒体对事故原因和人员伤亡情况进行了失实报道，在社会上造成了恶劣的影响。

事故发生后，S省省委、省政府组织民兵预备役、公安干警、武警消防官兵，集结大型装载机、救护车开展抢险救援。9月10日，国务委员兼国务院秘书长马凯亲临事故现场指导抢险救援工作；国家安全监管总局、国土资源部、监察部、工业和信息化部、全国总工会和S省省委、省政府有关负责同志先后赶到现场指导事故抢险救援工作。在抢险救援过程中，参加现场抢险人员共25530人次，出动大型抢险搜救机械1445台次，开挖泥土160余万立方米，找到遇难者遗体277具，抢救受伤人员33人。此外，群众报告并经X县人民政府核实，有4人在事故中失踪。

截至2009年2月10日，277名遇难者遗体中，266具已安葬并完成赔偿工作，还有11位遇难者遗体（尸块）没人认领。整个善后工作平稳有序，社会秩序稳定。

（2）事故原因及性质

直接原因：该公司非法违规建设、生产，致使尾矿堆积坝坡过陡。同时，采用库内铺设塑料防水膜防止尾矿水下渗和黄土贴坡阻挡坝内水外渗等做法，导致坝体发生局部渗透破坏，引起处于极限状态的坝体失去平衡、整体滑动，造成溃坝。

间接原因：

1）该公司无视国家法律法规，非法违规建设尾矿库并长期非法生产，安全生产管理混乱；

2）地方各级政府有关部门不依法履行职责，对该公司长期非法采矿、非法建设尾矿库和非法生产运营等问题监管不力，少数工作人员失职渎职、玩忽职守；

3）地方各级政府贯彻执行国家安全生产方针政策和法律法规不力，未依法履行职责，有关领导干部存在失职渎职、玩忽职守问题。

事故性质：经调查认定，该矿业公司“9·8”特别重大尾矿库溃坝事故是一起责任事故。

（3）对事故有关责任人员的处理建议（略）。

（4）事故防范和整改措施：该矿业公司“9·8”特别重大尾矿库溃坝事故损失巨大，影响恶劣，教训深刻。鉴于这起事故反映出来的问题在全国具有普遍性，为防止类似事故发生，建议：

1）加大对非法建设、生产、经营行为的打击力度。S省各级人民政府和有关部门应认真履行职责，认真按照国务院及其有关部门的部署，落实责任，加大联合执法力度，严厉打击非法建设、生产、经营活动。尤其要严厉打击非法采矿和非法违规建设运行尾矿库行为。对于无《采矿许可证》从事采矿活动的，国土资源管理部门应从严查处，坚决予以取缔关闭；对于没有《安全生产许可证》的矿山或尾矿库，安全监管部门要责令停止生产；工商部门不得予以年检，依法查处；公安部门不得供应民用爆破器材，并依法打击非法购买、使用民爆器材的行为；电力管理部门不得对其提供生产用电，水利部门停止生产用水，劳动部门要严格用工管理，形成综合治理的良好局面。

2）加强尾矿库建设项目管理。S省各非煤矿山和选矿企业必须严格遵守国家有关法律法规、规程标准，所有尾矿库建设项目必须按规定履行项目论证、工程勘查、可行性研究、环境影响评价、安全预评价、设计审查、验收评价等程序，按照设计进行施工，依法履行竣工验收手续。特别是对于下游有重要设施、人员密集场所的尾矿库，必须进行严格的安全论证，在保证安全的前提下建设使用。

3）严格尾矿库准入条件。S省各级人民政府和有关部门应严格尾矿库的立项、土地使用审批、许可证发放等手续，严把尾矿库安全、环保设施“三同时”审查和验收关。未经审批不得开工建设，不具备安全条件的不能发给其安全生产许可证，未经验收合格、取得安全生产许可证的不得投入使用。对未按照设计规定超量储存尾矿、未经批准擅自加高扩容的，有关部门要吊销相关证照，停止生产并落实闭库措施。

4）加强尾矿库安全运行管理。S省凡有尾矿库的企业必须制定行之有效的尾矿库安全管理制度，建立安全管理机构，落实安全管理责任；安全管理人员和尾矿工要经过培训并取得相应资格证书；严格尾矿库运行的安全管理，按照《尾矿库安全技术规程》要求进行筑坝和尾矿排放，控制坝坡比和浸润线埋深，完善排洪排渗设施，确保干滩长度和调洪库容满足要求；加强尾矿库的日常排放管理，制定严格的排放计划，实施均匀放矿；落实隐患排查治理各项制度，加大隐患排查治理力度，及时消除事故隐患；加强对尾矿库的日常监控，制定尾矿库应急救援预案，定期开展应急演练，建立有效的应急反应联动机制。

5）强化在用尾矿库安全监管。S省各级人民政府及有关部门应要进一步明确职责，落实责任，强化尾矿库的安全监管工作，严格落实安全许可制度，加大安全检查和隐患排查治理力度，从严查处尾矿库建设和生产经营过程中的违法违规行为。对存在重大隐患、不具备安全生产条件的，责令停产整顿，限期整改；对存在重大隐患又拒不整改的，有关部门必须立即提请地方人民政府予以关闭，防止由此引发重特大事故。

6）加强对废弃或停止使用尾矿库的管理。S省各级人民政府和有关部门应全面摸清已经废弃、停止使用和已闭库尾矿库的基本状况，健全基础档案。对于达到设计库容或决定停止使用的尾矿库，应按照规定依法履行闭库程序，落实闭库管理责任；严格执行《尾矿库安全监督管理规定》并进一步细化和修订尾矿库再利用和重新启用的相关条款；对于违法违规从事尾矿库再利用和重新启用的行为，应坚决予以制止并取缔。

7）加强对政府职能部门的督促检查。S省各级人民政府要进一步加强对下级政府以及各职能部门履行有关安全监管职责情况的监督检查，采取联合执法、跟踪督导、年度考核等有效措施，不断提高各有关部门的履职能力，切实落实政府安全监管责任，促进企业安全生产主体责任的落实。

同时，建议国家发展改革、国土资源、环保保护等有关部门进一步重视尾矿库事故灾害的危险性，加强有关尾矿库建设、运行、闭库监管等方面的政策研究，尽快落实尾矿库重大隐患整改专项资金；督促地方各级人民政府相关部门认真执行有关安全标准、规程，严格尾矿库准入条件，强化尾矿库的立项审批、监督检查和运行管理；完善联合执法机制，严厉打击各类非法采矿、违法建设和违法生产活动。

2.11 事故池值班员岗位操作规程

2.11.1 上岗操作基本要求

上岗操作基本要求如下：

（1）持证上岗，经三级安全教育考试合格。

（2）劳保用品穿戴齐全、规范。

（3）严格执行交接班制度并做记录。

（4）本岗位需要具有独立工作能力，不准酒后上岗和班中饮酒，不准疲劳上岗，工作过程中要集中精力。

（5）汛期至少两人上岗。

（6）熟悉尾矿库设计参数。

2.11.2 岗位操作程序

2.11.2.1 准备和要求

（1）检查使用的工器具是否齐备完好。

（2）检查使用的各种返砂设备外观有无裂纹、螺栓连接是否牢固、润滑是否良好、运转是否正常。

2.11.2.2 事故排尾和清淤

（1）当尾矿力输送系统出现以下情形，将尾砂排放到事故池：

1）转换设备或管道不能使尾砂排放到尾矿库；

2）发生非计划停电；

3）筑坝设备故障导致不能向库内正常排尾。

（2）向事故池排放尾砂时，不得淹没、污染返砂设备管道。

(3) 向事故池排尾砂，要四周均匀排放，防止溢出和堵住排放口。

(4) 向事故池排尾防止尾砂在某一处堆积形成干滩。

(5) 当尾矿能够正常向尾矿库排尾时，要及时转换排放，停止向事故池排尾。

2.11.2.3 收工

(1) 事故池尾砂管停止排尾时用水冲洗，排空其中的矿浆，防止管道淤塞或冻结。

(2) 每次事故排尾后应及时清除事故池，使事故池经常处于待用状态。

2.11.3 交接班

当面交接班，交班时进行检查、清理现场，保持现场整洁；公用工具要如数交接；整理记录，填写交接班记录，要将本班存在的安全隐患如实地填写到交接班记录中，包括隐患部位、发现隐患的时间等。

2.11.4 操作注意事项

操作注意事项如下：

(1) 汛期至少两人值班，加强自我保护意识，发生洪水时不得进入河道、库区和事故池内作业。

(2) 夜间巡视要确保照明良好。

(3) 本岗位责任大，遇到异常情况必须及时汇报。

(4) 不得在库区水中洗澡、游泳；冬季严禁在库区冰面上行走。

(5) 严禁在高压线下进行作业以防触电，雨天严禁在高压线下行走或站立，应在坝体下绕行。

(6) 电器故障通知电工处理。

机修动力及其他

机械维修和动力供给、后勤保障是矿山生产基础条件之一，是矿山企业安全生产管理不可忽视的重要一环，而且涉及的岗位（工种）多数属于专业性强、具有特殊危险性的操作。本篇将与矿山生产密切相关的机修、汽修、电气、供水、供气、供暖及其他有关岗位（工种）的操作规程罗列到一起，供矿山相应的岗位（工种）人员参考、学习。

1 机　　修

1.1 钳工岗位操作规程

1.1.1 上岗操作基本要求

上岗操作基本要求如下:

(1) 持证上岗,经三级安全教育考试合格。

(2) 劳保用品穿戴齐全、规范,女工应将发辫塞入帽内。

(3) 严格执行交接班制度并做记录。

(4) 不准酒后上岗和班中饮酒。

(5) 不准疲劳上岗,工作过程要集中精力。

(6) 保持现场整洁。

1.1.2 岗位操作程序

1.1.2.1 工作前检查

(1) 钳工工作台中间应设金属挡网,以免铁屑飞溅、榔头脱手等伤人事故。

(2) 检查工具是否齐备完好,禁止使用有缺损的工具和工艺装备。

(3) 手锤把必须装配牢固,并加铁木楔子。锤子、冲子、夹钳、锉刀、扳手等工具,不得有裂纹、飞边、卷口等缺陷。

1.1.2.2 检修操作

(1) 各类扳手应按照螺钉、螺栓、螺母等的规格选用,松紧零件应注意正反方向。

(2) 凡属淬火和其他硬脆材料、配件,严禁用锤猛击。锤击操作不许戴手套,并注意是否威胁他人安全。

(3) 在下列情况下应立即切断电动工具的电源:

1) 停电时;

2) 休息或离开工作岗位时;

3) 处理故障时;

4) 换工具、夹具和工件时。

(4) 设备安装:

1) 安装人员必须熟读新到设备的说明书,看懂图纸资料及技术资料、掌握设备性能,熟悉设备结构和工作原理,按照设备管理规程和规定验收设备,并清洁、润滑设备,有条件时必须地面试车;

2) 设备安装前,必须按照设计要求或有关规定验收安装场所和安装基础,看其是否满足要求；

3）混凝土浇灌的基础，必须有足够的保养期；设备安装结束后，必须进行相关的技术测试和试运行。

（5）设备检修：

1）检修人员必须熟悉设备结构、性能、所用备件规格型号，熟悉设备零部件拆卸安装顺序。

2）根据操作人员提供的情况，检查确定故障部位：设备故障一般应停机检查，凡停机检查发现的故障未处理前，严禁再次开车检查；设备需开机确诊故障时，必须在确保不导致事故扩大时，方可开机诊断故障。

3）检修中更换的零件、配件，必须与原件具有相同型号、相同材料、相同技术性能。代用品亦必须保证技术性能。

4）零件的拆装必须视材质、膨胀系数、包容面积、配合情况等因素而定。对于热装、热拆必须控制温度，以免降低材料性能。用油加热时，其温度不得超过所用油的闪点。

5）在需用锤击打零件进行拆卸时，必须垫木头或金属物，切不可直接打击，击打力的作用点应对准零件中心，击打力适当。不允许击打的零件严禁击打。

6）设备检修中润滑油、液压油的添补，应与原油具有相同的牌号和黏度，严禁不同牌号的润滑油液混用。

7）设备检修后，维修人员必须全部清理检修工具，并试车检查，做好各种记录。

8）设备调试。特别是液压系统调试，必须按照调试要求，按顺序进行，切不可颠倒调试程序，以免造成事故。

（6）设备、备件保管：

1）设备、备件必须防锈、防腐；要妥善保存，并建台账、上卡；

2）重要备件必须严格存放地点的温度、湿度、空气中的粉尘及酸碱性；

3）细长轴类零件必须垂直悬挂存放，以免弯曲；

4）做好零件的回收、维修和报废的检查、测量与标定工作，为零件的修理和报废做准备。

（7）非本岗位工种的设备如电焊、车床、倒链等必须有相应岗位人员在场、在其指导下操作，不得单独操作。

1.1.2.3 手电钻操作

（1）准备和检查：

1）使用手电钻时，首先到工具库领取电钻及橡皮绝缘手套，然后找电工接线，严禁私自乱接；手电钻的电源线不得有破皮漏电；

2）电钻外壳必须有接地线或者接中性线保护，要有漏电保护。

（2）运行操作：

1）操作时，应先启动、再钻进，钻较薄工件要垫平垫实，钻斜孔要防止滑脱。

2）操作电钻导线要保护好，严禁乱放乱拖以防轧坏、割破。更不准把电线拖到油水中，防止油水腐蚀电线。

3）使用时一定要带胶皮绝缘手套，穿绝缘胶皮鞋。在潮湿的地方工作时，必须站在橡皮垫或干燥的木板上工作，以防触电。

4）使用当中如发现电钻漏电、振动、高热或有异声时，应立即停止工作，由电工检查修理。

5）钻未完全停止转动时，不能卸、换钻头。

6）如用力压电钻时，必须使电钻垂直工件，而且固定端要特别牢固。

（3）停机：停电、休息或离开工作地时，应立即切断电源。胶皮手套等绝缘用品，不许随便乱放。工作完毕时，应将电钻及绝缘用品一并放到指定地方。

1.1.2.4 台钻操作

（1）使用台钻要带好防护眼镜和规定的防护用品，禁止戴手套。

（2）钻孔时，工件必须用钳子、夹具或压铁夹紧压牢，禁止用手拿着工件钻孔；钻薄片工件时，下面要垫木板。

（3）不准在钻孔时用纱布清除铁屑，亦不允许用嘴吹或者用手擦拭。

（4）开始钻孔或工件要钻穿时，应轻轻用力，以防工件转动或甩出。

（5）工作时，要把工件放正，用力要均匀，以防钻头折断。

1.1.2.5 砂轮机操作

（1）准备和检查：

1）使用前应穿好工作服，戴上防护眼睛；

2）详细检查砂轮有无裂纹，螺母有无松动现象。

（2）运行操作：

1）磨削时用力不能过猛，不准站在砂轮的正面，不准使用砂轮的侧面。

2）不准磨过重、过大、过长、过小、过薄的工件，禁止磨非金属物品。

3）更换砂轮时，应做到以下几点：

①用木榔头轻轻敲打检查砂轮是否有裂纹，声音正常，才能使用；

②法兰盘与砂轮之间必须装有软垫，螺母必须拧紧；

③砂轮必须正中，旋转起来没有偏心和振动现象；

④防护罩必须安全可靠，无防护罩的砂轮严禁使用。

4）砂轮机的电源开关不能离得太远，以便发生故障时能及时停车。

5）如发生人身、设备事故，应先救人，保持现场，并及时报告有关部门。

（3）停机：工作完毕，断开电源，清扫现场。

1.1.2.6 砂轮切割机操作

（1）操作前准备：

1）使用前必须认真检查设备的性能，确保各部件的完好性。对电源开关、切割片的松紧度、防护罩或安全挡板进行详细检查，操作台必须稳固；

2）操作前必须查看电源是否与设备额定电压相符，以免错接电源，不得使用额定转速低于4800r/min的锯片；

3）切割物件前，先戴好（手套、口罩、眼镜），避免飞溅物伤人；

4）夜间作业时应有足够的照明亮度。

（2）运行操作：

1）使用之前，先打开总开关，空载试转几圈，检查切割机运转方向是否正确，待确认安全无误后才允许启动。

2）切割时物件必须夹紧固定可靠，稳握切割机手把均匀用力垂直下切并且用力要平稳。运行时如切割片损坏，须立即停止使用，更换完好的切割片再运行；更换切割片时，先关掉电源，挂警示牌，切割片必须同心、紧固，以免脱落伤人。

3）不得试图切锯未夹紧的小工件或带棱边严重的型材（如外径小于15cm时）。

4）为了提高工作效率，对单支或多支一起锯切之前，一定要做好辅助性装夹定位工作。

5）不得进行强力切锯操作，在切割前要待电机转速达到全速方可进行切割作业。

6）切割时不允许任何人站在切割机的前面及侧面。切割完毕后，先关掉电源，待砂轮片停止转动时，再取物件，以免飞转的切割片伤人。停电、休息或离开工作地时，应立即切断电源。

7）切割机停转前，不得将手从操作手柄上松离。

8）防护罩未到位时不得操作，不得将手放在距锯片15cm以内。不得探身越过或绕过锯机，操作时身体斜侧45°为宜。

9）出现有不正常声音，应立刻停止操作，进行检查；维修或更换配件前必须先切断电源，并等锯片完全停止。

10）使用切割机在潮湿地方工作时，必须站在绝缘垫或干燥的木板上进行。登高或在防爆等危险区域内使用必须做好安全防护措施。

11）切割完毕后，必须把切割机整理好，并打扫切割场所。

（3）操作注意事项：

1）使用砂轮切割机应使砂轮旋转方向尽量避开附近的工作人员，被切割的物料不得伸入人行道；

2）不允许在有爆炸性粉尘的场所使用切割机，不能正对易燃物和人切割；

3）移动式切割机底座上四个支承轮应齐全完好，安装牢固，转动灵活；放置时应平衡可靠，工作时不得有明显的振动；

4）穿好合适的工作服，不可穿过于宽松的工作服，严禁戴首饰或留长发，严禁戴手套及袖口不扣进行操作；

5）夹紧装置应操纵灵活、夹紧可靠，手轮、丝杆、螺母等应完好，螺杆螺纹不得有滑丝、乱扣现象；手轮操纵力一般不大于6kg；

6）操作手柄杠杆应有足够的强度和刚性，装上全部零件后能保持砂轮自由抬起；

7）操作手柄杠杆转轴应完好，转动灵活可靠，与杠杆装配后应用螺母锁住；

8）加工的工件必须夹持牢靠，严禁工件装夹不紧就开始切割；

9）严禁在砂轮平面上，修磨工件的毛刺，防止砂轮片碎裂；

10）切割时操作者必须偏离砂轮片正面，并戴好护眼镜；

11）中途更换新切割片或砂轮片时，必须切断电源，不要将锁紧螺母过于用力，防止锯片或砂轮片崩裂发生意外；

12）更换砂轮切割片后要试运行是否有明显的振动，确认运转正常后方能使用；

13）操作盒或开关必须完好无损，并有接地保护；

14）传动装置和砂轮的防护罩必须安全可靠，并能挡住砂轮破碎后飞出的碎片；端部的挡板应牢固地装在罩壳上，工作时严禁卸下；

15）操作人员操纵手柄做切割运动时，用力应均匀，平稳，切勿用力过猛，以免过载使砂轮切割片崩裂；

16）设备出现抖动及其他故障，应立即停机修理；

17）使用完毕，切断电源，并做好设备及周围场地卫生。

1.1.2.7 剪板机操作

（1）操作前准备：

1）清洗各机件表面油污，注意球阀应处于开启位置；

2）各润滑部位按规定注入润滑脂；

3）在油箱中加入规定牌号的经过过滤液压油；

4）蓄能器需要重新充气时必须查看球头的位置是否对中；

5）操作前要穿紧身防护服，袖口扣紧，上衣下摆不能敞开，不得在开动的机床旁穿、脱换衣服，或围布于身上，防止机器绞伤，不得穿拖鞋；

6）剪板机操作人员必须熟悉剪板机主要结构、性能和使用方法；

7）剪切的板材，必须是无硬痕、焊渣、夹渣、焊缝的材料，不允许超厚度。

（2）运行操作：

1）接好机器接地线，接通电源，检查各电器动作的协调性；

2）开动机器作空运转若干循环，在确保无不正常情况下，试剪不同厚度板料（由薄至厚）；

3）在剪切时打开压力表开关，观察油路压力值，如有不正常，可调整溢流阀，使之符合规定要求；

4）把板料搬运到工作台上放好，根据板厚调整刀片间隙至合适位置；

5）根据裁剪板料尺寸，调整好后挡料板至适当位置；

6）轻推钢板使板边与挡料板接触，对好剪切尺寸；

7）踩下脚踏开关剪断钢板；

8）重复4)~6）剪切下一板料；

9）剪完一块/张钢板后换一块重复4)~8）加工；

10）工作完毕后关掉电源，对设备进行日常保养。

（3）机床运行中的注意事项：

1）使用中如发现机器运行不正常，应立即切断电源停机检查。

2）调整机床时，必须切断电源，移动工件时，应注意手的安全。剪板机各部应经常保持润滑，每班应由操作工加注润滑油一次，每半年由机修工对滚动轴承部位加注润滑油一次。

3）经常检查刀片间隙，根据不同材料厚度及时调整间隙。

4）刀口必须保持锋利，被剪表面不准有焊疤、气割缝和突出的毛刺。

5）在调整机器时，必须停车进行，以免发生人身及机器事故。

6）操作时，如发现有不正常杂音或油箱过热现象，应立即停车检查，油箱温度最高温度不高于60℃。

7）切勿剪切狭长板料，以免损伤机器，最狭板料剪切尺寸不得小于40mm。

1.1.2.8 千斤顶操作

（1）准备和检查：

1）使用前应检查各部分是否完好，油液是否干净符合规定；

2）油压式千斤顶的安全栓有损坏，或螺旋、齿条式千斤顶的螺纹、齿条的磨损量达20%时，严禁使用；

3）检查阀门是否灵活可用。

（2）运行操作：

1）千斤顶应设置在平整、坚实处，并用垫木垫平；

2）千斤顶必须与荷重面垂直，其顶部与重物的接触面间应加防滑垫层；

3）千斤顶严禁超载使用，不得加长手柄，不得超过规定人数操作；

4）使用油压式千斤顶时，任何人不得站在安全栓的前面；

5）在顶升的过程中，应随着重物的上升在重物下加设保险垫层，到达顶升高度后应及时将重物垫牢；

6）用两台及两台以上千斤顶同时顶升一个物体时，千斤顶的总起重能力应不小于荷重的两倍，顶升时应由专人统一指挥，确保各千斤顶的顶升速度及受力基本一致；

7）油压式千斤顶的顶升高度不得超过限位标志线，螺旋及齿条式千斤顶的顶升高度不得超过螺杆或齿条高度的3/4；

8）千斤顶不得在长时间无人照料下承受荷重；

9）千斤顶的下降速度必须缓慢，严禁在带负荷的情况下使其突然下降。

（3）工作完成后卸去缸内油压，使千斤顶活塞复位后存放到安全地点。

1.1.2.9 收工

每班工作完成后，检查、清理现场，收拾整理工器具放回规定地点；材料整理分类入库。

1.1.3 交接班

当面交接班，交班时进行检查、清理现场，保持现场整洁；公用工具要清洗干净如数交接；整理记录，填写交接班记录，要将本班存在的安全隐患如实地填写到交接班记录中，包括隐患部位、发现隐患的时间等。

1.1.4 操作注意事项

操作注意事项如下：

（1）使用电钻、砂轮机等转动工具禁止戴棉纱手套。

（2）严禁在设备运行状态下检修，严禁带电检修设备。

（3）设备检修完毕试车，必须由值班岗位工操作，钳工配合。

（4）非本岗位工种的特殊设备如电焊、车床、倒链等必须有相应岗位人员在场，在其指导下操作，不得单独操作。

1.1.5 典型事故案例

案例1

（1）事故经过：2000年11月28日，H省某矿机修厂，1号Z35摇臂钻床因全厂其他设备检修，故加工备件较多，工作量大，人员缺少，工段长派女青工宋某到钻床协助主操作工干活，在长3m、直径75mm、壁厚3.5mm不锈钢管上钻直径50mm的圆孔。28日10时许，宋某在主操师傅上厕所的情况下，独自开床，并由手动进刀改用自动进刀。钢管是半圆弧形，切削角力矩大，产生反向上冲力，由于工具夹（虎钳）紧固钢管不牢，当孔钻到2/3时，钢管迅速向上移动而脱离虎钳，造成钻头和钢管一起做360°高速转动，钢管先将现场一长靠背椅打翻，再打击宋某臀部致使其跌倒，宋某头部被撞伤破裂出血，缝合5针，骨盆严重损伤。

（2）事故原因：事故发生后，厂领导高度重视，对事故责任者送医院进行治疗，矿安全委员会组织安环处、劳资处、机修车间，成立事故调查小组，对现场工作环境进行查看，召开事故分析会，查清事故责任、原因。

1）造成事故的主要原因是宋某违反操作规程，对非本岗位工种的设备进行单独操作。因为直接从事生产劳动的职工，都要使用设备和工具作为劳动的手段，设备、工具在使用过程中本身和环境条件都可能发生变化，操作人员对非本岗位工种的设备的性能变化不清楚，擅自动用极易导致事故。

2）宋某参加工作时间较短，缺乏钻床工作经验，对钻床安全操作规程不熟：

①应用手动进刀，不该改用自动进刀；

②工件与钢管紧固螺栓方位不对，工件未将钢管夹紧；

③宋某工作中安全观念淡薄，自我防范意识不强。

（3）防范措施：

1）本着对事故"四不放过"的原则，厂安委会和机修车间及时组织职工，进行事故案例现场教育；

2）钻床操作人员必须经过专业技能安全培训，掌握操作技能，并通过安全考试，持有特种工作业证才能上机操作；

3）工件与工具夹应用扳手或专用工具紧固牢，严格按照钻床安全操作规程操作；

4）工段长在派人更换岗位工种时，要进行上岗前安全教育。

案例2

（1）事故经过：

1）某机修厂钳工班袁某在用手提砂轮打磨新做的铁柜焊点时，发现砂轮磨损严重。袁某便准备用扳手卸下砂轮螺帽，但因轴打转卸不下来。

2）袁某用锤和铲击打螺帽卸下砂轮，将电工刘某新取来的砂轮换上，先用扳手扭得差不多，接着又用锤子敲击紧固。

3）袁某让刘某插上电源，自己手持砂轮打磨工件，刚一接触，只听一声巨响，砂轮破碎，飞片切入袁某左肩和腹部，造成重伤，见图4-1-1。

（2）事故原因：这是一起违章装卸、野蛮操作造成的伤害事故。袁某更换砂轮片时使用锤子击打螺帽，不仅会损害螺帽，而且很容易震裂砂轮片。在更换后又没有认真检查，致使裂纹的砂轮片在使用过程中受力破碎，飞出伤人。而此砂轮机因安全罩损坏早已卸掉，破碎时无安全保护。

（3）防范措施：

1）严禁使用无安全防护罩的电动工具；

图4-1-1 违章拆装、操作砂轮机致伤害事故示意图

2）砂轮装卸严格遵守操作规程，使用配套的砂轮片装卸，双扳手可防止轴转动，起到防护作用；

3）加强职工安全教育，杜绝习惯性违章行为。

1.2 管工岗位操作规程

1.2.1 上岗操作基本要求

上岗操作基本要求如下：

（1）持证上岗，经三级安全教育考试合格。

（2）劳保用品穿戴齐全、规范，女工应将发辫塞入帽内。

（3）严格执行交接班制度并做记录。

（4）不准酒后上岗和班中饮酒。

（5）不准疲劳上岗，工作过程要集中精力。

（6）保持现场整洁。

1.2.2 岗位操作程序

1.2.2.1 工作前检查

（1）工作前应先检查工具、设备，确认正常，方可使用。

（2）检查工作场所，如果存在不安全因素要制定相应的预防措施。

1.2.2.2 操作要求

（1）管子钳、扳手等工具加套管子接长使用时必须用专用的套管，且不可用力太猛，以防滑脱。

(2) 管子将锯断时，应放慢速度，并要采取防止管子锯断后坠落的措施。

(3) 敷设管道破土开挖前，必须填写申请单，征得有关部门的同意，查清地下电缆或管道等隐蔽工程情况，防止因损坏地下电缆或管道。开挖工作区域，要设护栏和明显的警示标志，夜间应在危险地段悬挂警示红灯。

(4) 在地沟内安装管子时，应先检查在地沟两侧的土质状况，必要时应采取加强支撑的措施，以防塌方。

(5) 在暗沟内进行配管等操作时，要保证照明充足，照明使用安全电压的电源。

(6) 多人搬运或安装铁管时，应由一人指挥，抬放管子步调要一致，往沟内摆放大型管道时，沟内禁止有人操作。

(7) 在脚手板上工作时，工具、物件要放在可靠的地方，以防坠落伤人。2m 以上高处作业应系好安全带，上下传递物件要用绳索扎牢或用容器等吊运，禁止扔、抛。

(8) 使用梯子前应认真检查，梯脚要用橡皮包扎防滑，放置在坚固的支撑物上，顶端必须扎牢，梯脚有人扶住，缺挡、损坏的梯子不准使用，梯子与地面夹角符合规定。上下梯子应面向护梯，双手要扶牢，工作时禁止在梯上进行剧烈晃动。

(9) 在钻床上工作时严禁戴手套，小工件的钻孔应使用钳子等工具夹固。

(10) 砂轮机的防护罩应保持完好，使用砂轮机磨削时，人应站在砂轮的侧面，用力不可太大。

(11) 设备管路有压力时，要泄压后方可进行检修和拆装。

(12) 做弯管工作或使用弯管机，应遵守弯管工岗位操作规程。

1.2.2.3 收工

工作完成后，检查、清理现场，应将材料、工件及时入库，堆放要整齐稳妥；工具、材料要收拾好存放在规定的地方。

1.2.3 交接班

当面交接班，交班时进行检查、清理现场，保持现场整洁；公用工具要清洗干净如数交接；整理记录，填写交接班记录，要将本班存在的安全隐患如实地填写到交接班记录中，包括隐患部位、发现隐患的时间等。

1.2.4 操作注意事项

操作注意事项如下：

(1) 无电焊、气焊、气割安全操作证的人员，禁止擅自动用电（气）焊接机。

(2) 动火作业现场禁止存放可燃、易燃物，并配备消防器材。

(3) 不准对压力管道进行检修。

1.3 弯管工岗位操作规程

1.3.1 上岗操作基本要求

上岗操作基本要求如下：

(1) 持证上岗，经三级安全教育考试合格。

(2) 劳保用品穿戴齐全、规范。

(3) 严格执行交接班制度并做记录。

(4) 不准酒后上岗和班中饮酒。

(5) 不准疲劳上岗，工作过程要集中精力。

(6) 保持现场整洁。

1.3.2 岗位操作程序

1.3.2.1 工作前检查

(1) 操作前应检查工作场地和周围环境，清除一切妨碍工作的杂物，保持通道畅通，地面上的油污要及时清除，以防滑倒。

(2) 弯管机应有良好的接地和电气绝缘，防护装置应保持完好；不准使用没有防护装置的机床。

(3) 检查弯管机的润滑情况，及时加油，保持机械运转良好；检查各连接处是否牢固无松动。

(4) 检查电器开关、线缆是否完好无损。

1.3.2.2 弯管操作

(1) 两人同时操作机床时，要密切配合、协调一致，应有专人操作开关，操作时，要集中注意力，以防误操作。

(2) 弯管机启动后，操作者不得离开机床。

(3) 弯管机工作时，管子弯度的行程范围附近不准有人，并应设立防护警示标志。

(4) 管子弯好，松开轧头前，应注意管子倒落的方向不得有人。

(5) 使用套管扳管子时，人要站稳，防止套管打滑，操作人员应站在弯曲方向的外侧。

(6) 运行中要检查机械运转是否正常，确认无误，方可操作。

(7) 多人操作时必须听从专人指挥，两人搬运管子时，动作要协调，卸下时应轻卸轻放，并注意周围人员动态，防止碰撞伤人。

(8) 灌砂时要将管子吊牢，防止倾倒，管内不得有油污，黄砂应干燥。加热及热弯校正时，人要避开管口。要使用性能良好的铁桩头和压马，铁桩头要插牢。管子弯曲的行程范围内不准有人，并设有警示标志。弯长管子时，一端要用绳子拉紧，防止弹回伤人。

(9) 使用锤子前要浸入水中数分钟防止脱柄伤人，敲锤子时禁止戴手套。

(10) 无电焊、气焊、气割安全操作证的人员，禁止擅自动用明火，应经过安全技术培训合格后，方可操作。

(11) 管子拆装及一般管道的敷设、修理，应遵守一般管子工岗位操作规程。

1.3.2.3 收工

工作完成后，检查、清理现场，材料、工件应及时入库，堆放要整齐稳妥，工具、材料要收拾好存放在规定的地方。

1.3.3 交接班

当面交接班，交班时进行检查、清理现场，保持现场整洁；公用工具要清洗干净如数交接；整理记录，填写交接班记录，要将本班存在的安全隐患如实地填写到交接班记录中，包括隐患部位、发现隐患的时间等。

1.3.4 操作注意事项

操作注意事项如下：

（1）工作过程中保持过道畅通。

（2）无电焊、气焊、气割安全操作证的人员，禁止擅自动用电（气）焊接机。

（3）动火作业现场禁止存放可燃、易燃物，并配备消防器材。

1.4 搭架工岗位操作规程

1.4.1 上岗操作基本要求

上岗操作基本要求如下：

（1）持证上岗，经三级安全教育考试合格。

（2）劳保用品穿戴齐全、规范。

（3）严格执行交接班制度并做记录。

（4）不准酒后上岗和班中饮酒。

（5）不准疲劳上岗，工作过程要集中精力。

（6）保持现场整洁。

1.4.2 岗位操作程序

1.4.2.1 工作前检查

（1）搭拆竹、木、铁脚手架时，要事先检查周围的作业环境，如发现不安全因素要采取防范措施。

（2）要检查现场电气和机械情况，确认安全可靠，方可施工。

（3）对使用的工器具、材料进行检查，确定完好、可靠。

1.4.2.2 搭架操作

（1）登高作业要集中精力站稳，在有石棉瓦的屋面上工作，要采取垫木板等安全措施，防止踏碎屋面而坠落。

（2）拆、搭脚手架等高处工作时，要挂好安全带；随身携带的工具等必须在容器或工具袋内放稳妥，扳手用绳挂在身上，防止坠落伤人。

（3）两人以上同时工作或搬运毛竹、脚手板等物件，必须密切配合，相互照顾。

（4）管子脚手和角铁脚手的落地柱头必须垫实加固，以防下沉。

（5）不准在脚手架上使用损坏的脚手板和不符合安全的工具附件。

（6）用三角铁作主支撑的脚手架，必须在三角铁处安放斜撑加强；焊接质量要经过检查，符合安全要求。

（7）脚手板必须搭得平正、稳妥、坚固、牢靠，如有歪斜摇摆现象，必须及时修正或重新搭妥。

（8）使用的竹、木梯必须坚实，无虫蛀、损坏、缺挡，挡距不得大于30cm，梯脚应用橡皮包扎防滑，顶端应用绳子等物扣牢，支撑体应稳固。

（9）对所搭的脚手架、脚手板、栏杆及敷设的安全网等，要经常进行检查，如发现不妥之处，要及时修正，消除隐患。

（10）使用各种起重机械设备吊装脚手等物，必须有专业的起重工负责起吊，协助人员必须遵守起重岗位操作规程。

（11）搭拆脚手架时，应事先划出禁区。对拆下来的竹、木铁材料要及时整理。堆放要整齐平稳，做到工完、料清、场地净。

（12）脚手架上如有冰、霜、雪时应随时清扫，并采取防滑措施。

1.4.2.3　收工

工作完成后，检查、清理现场，材料、工件应及时入库，堆放要整齐稳妥，工具、材料要收拾好存放在规定的地方。

1.4.3　交接班

当面交接班，交班时进行检查、清理现场，保持现场整洁；公用工具要清洗干净如数交接；整理记录，填写交接班记录，要将本班存在的安全隐患如实地填写到交接班记录中，包括隐患部位、发现隐患的时间等。

1.4.4　操作注意事项

操作注意事项如下：

（1）遇到雨雪天气，要有防滑措施。

（2）不得在木质等易燃架子上进行动火作业。

（3）雷电天气及遇六级以上大风不得进行搭架作业。

（4）在电气设备附近作业，必须保证足够的安全距离，否则停电后方可作业。

1.5　车工岗位操作规程

1.5.1　上岗操作基本要求

上岗操作基本要求如下：

（1）持证上岗，经三级安全教育考试合格。

（2）劳保用品穿戴齐全、规范，女工应将发辫塞入帽内。

（3）严格执行交接班制度并做记录。

（4）不准酒后上岗和班中饮酒。

（5）不准疲劳上岗，工作过程要集中精力。

（6）保持现场整洁。

1.5.2　岗位操作程序

1.5.2.1　普通车床操作

（1）开车前的检查：

1）检查机床润滑是否可靠，按规定加注润滑油脂；

2）检查各部电气设施、手柄、传动部位、防护、限位装置是否齐全、可靠、灵活；

3）检查各挡是否在零位，皮带松紧是否符合要求；

4）检查车床面，不准在车床面直接存放金属物件，以免损坏床面；

5）检查、加工的工件清理泥砂，以防止泥砂掉入拖板内磨坏导轨；

6）工件装夹前必须进行空车试运转，确认一切正常后，方能装上工件。

（2）运行操作：

1）工件、刀具、夹具必须装卡牢固，浮动刀具必须将导向部分伸入工件，方可启动机床；

2）上好工件，先启动润滑油泵，使油压达到规定值后，启动机床；

3）调整齿轮架、挂轮时，必须切断电源。调好后，所有螺栓必须紧固，扳手应及时取下，并脱开工件后再试运转；

4）装卸工件后，应立即取下卡盘扳手和工件的浮动物件；

5）机床的尾架、摇柄等按加工需要调整到适当位置，并紧固或夹紧；

6）使用中心架或跟刀架时，必须调好中心，并有良好的润滑和支承面；

7）加工长料时，主轴后面伸出的部分不宜过长，若过长应装上托料架，并挂“危险”警示标记；

8）进刀时，刀要缓慢接近工件，避免碰击；拖板来回的速度要均匀；换刀时，刀具与工件必须保持适当距离；

9）切削车刀必须紧固，车刀伸出长度一般不超过刀厚度的2.5倍；

10）加工偏心件时，必须有适当的配重，使卡盘重心平衡，车速要适当；

11）卡盘装卡超出机身以外的工件，必须有防护措施；

12）对刀必须缓慢，当刀尖离工件加工部位40～60mm时，应改用手动或工作进给，不准快速进给直接吃刀；

13）用锉刀打光工件时，应将刀架退至安全位置，操作者应面向卡盘，右手在前，左手在后；表面有键槽、方孔的工件禁止用锉刀加工；

14）用砂布打光工件的同时，操作者按上述规定的姿势，两手拉着砂布两头进行打光，禁止用手指夹持砂布打磨内孔；

15）自动走刀时，应将小刀架调到与底座平齐，以防底座碰到卡盘；

16）切断大、重工件或材料时，应留有足够的加工余量。

（3）运行中的注意事项：

1）严禁非工作人员操作机床；

2）严禁运行中手摸刀具、机床的运转部分或转动工件；

3）不准使用紧急停车按钮，如遇紧急情况用该按钮停车后，应按机床启动前的规定，重新检查一遍；

4）不许脚踏车床的导轨面、丝杆、光杆等，除规定外不准用脚代替手操作手柄；

5）内壁具有砂眼、缩孔或有键槽的零件，不准用三角刮刀削内孔；

6）气动或液压卡盘的压缩空气或液体的压力必须达到规定值，方可使用；

7）车削细长工件时，床头前面伸出长度超过直径4倍以上，应按工艺规定用顶尖、中心架或跟刀架支扶；在床头后面伸出时，应加防护装置和警告标志；

8）切削脆性金属或切屑易飞溅时（包括盘削），应加防护挡板，操作人要戴防护眼镜。

（4）停车操作：

1）切断电源，卸下工件；

2）各部手柄打到零位，清点工器具，打扫卫生；

3）检查各部保护装置的情况。

1.5.2.2 立式车床操作

（1）做好工件上车前的准备工作，选用的压板、螺丝、螺帽及垫块等要适当。

（2）工件在未紧固前，只准用“点”动来校正。要注意人体站立的位置不得与旋转物碰撞，严禁人站在转盘上作校正或操作。

（3）加工较大、较高或不规则的工件时，除了用卡脚夹紧外，还必须加搭压板，牢固后才能操作。

（4）经常检查螺丝、螺帽是否完好。如发现有滑牙、烂牙等现象，应及时更换。使用的扳手要与螺丝、螺帽相吻合，扳紧时，用力要适当，防止打滑摔倒。

（5）开车前应将横梁和转盘上留有的工具、量具等物清除，避免转动时飞出坠落伤人。

（6）对刀时必须缓速进行，在刀头接近工件时，改用手摇进给，用后及时将手柄拿掉，以防机动时伤人。

（7）在切削过程中，刀具未退离工件前不准停车。不准用手指去揩摸正在旋转中的工件。需要调换刀具或测量工件时，必须停车进行。转速较高时，不准用急反车。

（8）发现工件松动或机床运转有异常时，应立即退刀停车，进行检查和调整。

（9）大型立车由两人以上操作的，必须明确一人为主，互相配合，不准擅自乱揿按钮和离开工作岗位。

（10）工件完工后，应做好下车前准备工作，仔细检查压板是否全部拆除，防止吊运中发生事故，并将垂直刀架退到左右立柱的两旁，以保持机床的精密度。

1.5.2.3 滚齿机床操作

（1）装夹的刀具必须紧固，刀具不合格，锥度不符不得装夹。

（2）工作前应正确计算，各挂轮架的齿轮的齿数，啮合间隙要适当，选用的齿轮其啮合面不应有划痕、堆顶及油污。挂轮架内不得有工具和杂物，同时根据齿轮铣削宽度调整好刀架行程挡铁。

（3）铣削半面形齿轮时需装平衡铁。

（4）工作前应按工件材料、齿数、模数及齿刀耐用情况选用合理的切削量，并根据加工直齿和斜齿调好差动离合器，脱开或接通，以免发生事故。

（5）操作者不得自行调整各部间隙。

（6）工件层叠切削时，其相互接触面间要平直清洁，不得有铁屑等杂物。

（7）当切削不同螺旋角时，刀架角度搬动后应紧固。

（8）不得机动对刀和上刀，当刀具停止进给时，方可停车。

（9）工作中要经常检查各部轴承的温升，温升不许超过50℃，在大负荷时应注意电机的温升。

（10）有液压平衡装置的设备，在铣削时应注意按规定调整好液压工作压力。

（11）在加工少齿数齿轮时，应按机床加工范围，不得超过工作台蜗杆的允许速度。

（12）必须经常检查并清除导轨及丝光杆上的铁屑和油污。清扫铁屑应停车进行，采用专用工具。

（13）使用扳手扳螺帽（螺栓）时，用力要适当，扳动方向不得有障碍。

1.5.2.4 数控机床操作

（1）开机后在低速空转中认真检查设备自动润滑系统是否良好，运转有无异常现象，加工程序是否正确，一切正常后方可工作。

（2）首件加工时应严格按照设备操作手册规定操作，必须经过程序检查（试走程序）、轨道检查、单程序试切及尺寸体验等阶段。

（3）工件装夹不允许用粗基准，装夹应合理、可靠；安装刀具时应注意刀具使用顺序及安放位置与程序要求的一致，杜绝错位。在无自锁的数控车床中，要将不同运动方向锁死。

（4）工作中要随时监控显示装置，应能判断报警信号内容，发现故障，应保留现场，找专业电气维修人员排除。

（5）控制机箱应保持清洁，不随意打开。

（6）加工完毕后，将程序用磁带或纸带保存，不再使用的程序应抹掉，并使各开关回到原位。

（7）加工偏心工件时，必须加装平衡铁，并紧固牢靠。开始转动时，车速要慢，正常后车速不宜过快，刹车不宜过猛。

（8）加工细长棒料时，应事先算好尺寸，尽量截短，如不能截短的要采取安全措施。必要时可以在车头箱后面加支架，用挡板围好。

（9）加工长轴要正确选用顶针、中心架或活动跟刀架；加工特重或长型工件，不得在车床上长时间停留，下班、修车等，应用木块垫妥。

（10）高速切削螺纹，应严格检查倒顺开关，预防退刀时失灵。高速切削长轴，要用活络顶针，严禁使用死顶针。

（11）使用锉刀修光工件时，锉刀必须装有木柄，注意不要让衣袖或胳膊碰到卡盘或工作物。

（12）加工内螺纹及内孔时，不准用手指直接拿砂皮打光，严防手指被卷入。

（13）攻丝或套丝，必须使用专用工具。不准一手扶攻丝或板牙架，一手开车。

（14）切割棒料或将工件割下，不得用手直接去接。较大的工件割下时，应留有一定的余量，防止全部割断后落下敲坏设备或伤人。

（15）大型机床需由两人操作的，必须明确一人为主。

1.5.2.5 铣床操作

（1）装夹工件、工具、刀具必须牢固可靠。支撑压板的垫铁要平稳，不得有松动等现象。

（2）移动工作台、升降台，应先松开刹车螺钉。使用快速作业，当接近工件时要点动，保证刀具与工件之间留有一定的距离。

（3）对刀时，刀具与工件接近，不准用快速进给，应用手摇进行，对好后应将手柄脱开或拿下。初切时，吃刀量不能过大。

（4）工作台上不得放置工具、量具及其他物件。手指不准接近铣削面，不准用手摸刀刃及工件或用棉纱擦拭正在运转的刀具和转动部位。

（5）装拆刀具时，台面上必须垫木板。使用的扳手开口应适当，用力不可过猛，防止站在台面上操作。

（6）龙门铣切削时，人不得跨越工作台或站在台面上操作。

（7）仿型铣开车前应检查润滑油是否充足，进给箱内加油量不得超过油标的1/2。注意不得让油流入机器内。

（8）铣长型轴类，伸出工作台超过1/2以上时，应该使用托架，避免单头翘起发生坠落事故。

（9）要经常清除机床周围的油污，以防行人走路滑跌伤人。

1.5.2.6 镗床操作

（1）工件上车前，应认真检查所有的螺丝、螺帽有无滑牙和烂牙的现象。

（2）工件在紧固时，要正确选用压板和垫块。

（3）开动快速手柄对刀时，应保持镗杆与对刀之间留有一定的距离，然后用手摇柄进刀。

（4）镗杆、镗头、溜板刀架必须紧固可靠，严防运转时飞出伤人。

（5）安装刀具时要夹牢，并注意紧固的螺丝，刀具不应超出搪刀回旋半径以外。

（6）机床开动后，操作人员应站在安全的位置，不准接触传动部位。严禁在转动处传递东西或拿工具等。

（7）机床导轨面及工作台上，禁止放置工具及其他东西。

（8）凡两人操作或多人在同一台机床上操作时，必须明确一人为主，密切配合。

1.5.2.7 磨床操作

（1）工件加工前，应根据工件的材料、硬度、粗精磨等情况，合理选择适用的砂轮。

（2）调换砂轮时，要按砂轮机安全操作规程进行。必须仔细检查砂轮的粒度和线速度是否符合要求，表面无裂缝，声音要清脆。

（3）安装砂轮时，须经平衡试验，开空车试验5～10min，确认无误方可使用。

（4）磨削时，先将纵向挡铁调整紧固好，使往复灵敏，人不准站在正面，应站在砂轮的侧面。

（5）进给时，砂轮应缓慢地进给，以防砂轮突然受力后破裂而发生事故。

（6）砂轮未退离工件时，不得中途停止运转。装卸工件、测量精度时均应停车，将砂轮退到安全位置。

（7）用金刚钻修整砂轮时，要用固定的托架。

（8）干磨的工件，不准突然转为湿磨，防止砂轮碎裂，湿磨工作冷却液中断时，要立即停磨。湿磨的机床要用冷却液冲，干磨的机床要开启吸尘器。

（9）无心磨床严禁磨削弯曲的工件。发现超过规格的大料时，要立即取出，不准用金属棒送料。

（10）平面磨床一次磨多件时，加工件要紧靠垫妥，防止工件倾斜飞出或砂轮爆裂伤人。

（11）外圆磨床使用两顶针加工工件时，应注意顶针是否良好，用卡盘加工的工件要夹紧。

（12）内圆磨床磨削内孔时，用塞规或仪表测量，应将砂轮退到安全位置上，待砂轮停转后才能进行。

（13）导轨磨床应装有除尘器，并充分利用水磨法，以防止粉尘飞扬影响车间环境。

（14）螺纹磨床应保持电气系统完好、干燥，防止冷却液浇到电器上发生触电事故。

（15）工具磨床在磨削各种刀具、花键、键槽、扁身等有断续表面工件时，不能使用自动进给，进刀时不宜过大。

（16）万能磨床应注意油压系统的压力，不得低于规定值，油缸内有空气时，可移动工作台于两端，排除空气，以防液压系统失灵造成事故。

（17）光学曲线磨床将工件磨好后，立即把光学镜头遮好，镜头玻璃面上有灰尘或油污，需要用软绒布揩拭，用汽油擦洗时，要注意防火。

（18）不是专门的端面砂轮，不准磨削较宽的平面，防止碎裂伤人。

（19）精密螺纹磨床要注意室内的温度和室内、外的温差。

1.5.2.8 摇臂钻床操作

（1）开机前检查：

1）工作前必须全面检查各部操作机构是否正常，将摇臂导轨用细棉纱擦拭干净并按润滑油牌号注油；

2）摇臂和主轴箱各部锁紧后，方能进行操作；

3）摇臂回转范围内不得有障碍物；

4）开钻前，钻床的工作台、工件、夹具、刃具，必须找正，紧固。

（2）运行操作：

1）正确选用主轴转速、进刀量，不得超载使用；

2）超出工作台进行钻孔，工件必须平稳；

3）机床在运转及自动进刀时，不许变换速度，若变速只能待主轴完全停止，才能进行；

4）装卸刃具及测量工件，必须在停机中进行，不许直接用手拿工件钻削；

5）工作中发现有不正常的响声，必须立即停车检查，排除故障。

（3）停机：工作完毕，关闭开关，取下工件，将钻床各部手柄回零位，断开空气开关或刀闸。

1.5.2.9 G7025A 型弓锯操作

（1）开车前的检查：

1）应加好各部润滑油；

2）检查水池水位和油池油位是否正常，各销子和螺栓是否紧固；

3）各部手柄是否在零位置。

（2）运行操作：

1）将油泵旋阀手柄指针调到上升位置；

2）装卡材料应根据材料直径大小来安装卡具，但不许超过锯弓最大行程，防止打断锯弓和锯条；

3）启动锯床时，运转正常后，可将泵开关操作手柄指针打到下降位置，待锯条和材料相距10～20mm时，迅速将指针打到慢速位置，使锯弓自动下降；

4）启动锯床，运转正常后，将泵开关操作手柄指针打到下降位置，待锯条和料相距10～20mm时，迅速将指针打到慢速位置，使锯弓自动下降。

（3）运行中的注意事项：

1）注意锯条是否正常锯切，不应发生锯条右、左偏斜、防止扯断锯条；

2）运行中发现问题立即停机处理。

（4）停车操作：

1）将手柄指针打到上升位置，再将压臂顶柱保险打到顶柱位置，此时可以自动停车；

2）关掉冷却水泵，卸下工件，打扫卫生。

1.5.2.10 B665型牛头刨床操作

（1）开机前的检查：

1）各部件是否紧固完好，运动部件是否灵活、可靠；

2）加好润滑油，然后慢车运行1～3min方可进行工作。

（2）运行操作：

1）工件必须卡紧，刨削前应先将刨刀升高，方可开车；

2）刨削前应调整好刨刀位置，避免吃刀过深；

3）牛头刨的操作人员，必须站在工作台的两侧，其最大行程内不许站人，严禁手、头接近刀具，在行程内检查工作；

4）刀架螺丝要随时紧固，以防刀具突然脱落，刨刀不宜伸出过长；

5）切削过程中发现工件松动或移位时，必须停车校正紧固，如遇停电应立即切断电源，退出刀架；

6）拆卸工件要切断电源，如工件较重，要有两人或天车拆装。

1.5.2.11 切管机操作

（1）开机前的检查：

1）检查锯片是否完好，有打缺、裂纹时应更换；

2）根据高压胶管规格，更换相应定位销轴和导向套。

（2）运行操作：

1）接通电源并启动电机；

2）将被切高压胶管穿入换好的导向套内，扳动刀形手把带动胶管向锯片内推进，则胶管被切断，滑板复位时，靠两根拉力弹簧拉回原位；

3）将切好的胶管其内孔插入定位销轴内，锯片旋转时，使在准备剥胶处割开一道缝，保证胶管剥胶时，产生良好的断胶效果。

（3）停机：工作完毕后，必须切断电源。

1.5.2.12 收工

工作完成后，检查、清理现场，材料、工件应及时入库，堆放要整齐稳妥，工具、材料要收拾好存放在规定的地方。

1.5.3 交接班

当面交接班，交班时进行检查、清理现场，保持现场整洁；公用工具要清洗干净如数交接；整理记录，填写交接班记录，要将本班存在的安全隐患如实地填写到交接班记录中，包括隐患部位、发现隐患的时间等。

1.5.4 操作注意事项

操作注意事项如下：

（1）车间作业场所严禁存放油、棉纱等易燃品。

（2）使用电钻、砂轮机等转动工具禁止戴手套，并执行相应的操作规程。

（3）严禁在设备运行状态下检修，严禁带电检修设备。

（4）注意加工工件抛洒的高温金属碎屑伤人和点燃附近物品，要及时降温、清理。

1.5.5 典型事故案例

案例 1

（1）事故经过：2002 年 3 月 13 日 15 时 27 分，某机械加工厂一车间车工徐某准备在 C630 车床上加工密封环，需要把四爪卡盘更换成三爪卡盘。由于卡盘比较重，就把尼龙绳套在卡盘的外圆上，利用天车吊住卡盘往车床的主轴上装配。徐某开着车床，让它以 12r/min 速度缓慢旋转，然后请一名工友帮助，两个人扶着卡盘，吊车吊着卡盘，努力让卡盘中心孔内螺纹对准车床主轴外螺纹。一旦对准，依靠螺纹配合原理，卡盘即可“自动”地被“配合”安装到主轴上。但是，不但安装没有如愿，而且徐某的大拇指被挤压在尼龙绳与卡盘外圆表面之间，卡盘转了近一圈，手才脱开。大拇指被严重压伤，送职工医院然后再转大医院，造成直接费用 3 万多元。

（2）事故原因：

1）两个人配合不协调，在没有把卡盘扶正、卡盘内孔中心线与主轴中心线不重叠情况下，违章强行对螺纹进行旋进，使两者“扭”成一体，导致卡盘被主轴带动一起旋转。

2）受伤者徐某当时两只手戴着手套违章操作，使尼龙绳压着手套，卡盘带着手套旋转了，手又无法从手套里抽出，以致被压伤。

3）没有人专门操作控制离合器，出现意外情况是，主轴没有能够及时停下来。

4）从根本上讲，是单位安全生产管理力度不够，三个人（包括天车工人）安全意识差；安全生产教育没有组织学习过类似的事故案例，出现违章操作时没有人制止或者提醒；甚至发生事故之后也没有人能够明确提出防范类似事故重复发生的具体措施。可见，企业安全文化建设需要花大力气。

（3）防范措施及教训：

1）主轴旋转必须有人控制，根据情况随时开或者停，不能让它处于“失控”状态；

2）既然已经有天车吊着卡盘，那么，扶的人就只能是一个人，以便于把卡盘扶正，使卡盘内孔中心线与主轴中心线重叠；而且，不能用劲推，要靠它们之间的“自愿”配合而实现装配；

3）在车床开始旋转时，操作者是不准戴手套作业的，以便保持手的敏感性；

4）从根本上考虑，要加强企业安全文化建设，形成人人重视安全生产、人人能够“知道危险、防范危险”、并且提醒他人防范危险的安全文化氛围。

案例2

（1）事故经过：某机械厂车工孙某正在加工一批轴类零件，因为零件比较脏，孙某戴着帆布手套进行操作。这批零件光洁度要求较高，为达到要求，孙某每加工完一件就要用砂布包裹轴件并用手握住砂布，采取左右推行的方法在转动中对轴件进行打磨。一次打磨中，只听孙某“哇!”的大叫一声，右手套被卡盘缠绞，孙某本能地把手往回抽，但两指被拽掉，手腕骨折。

（2）事故原因：因为怕脏孙某戴手套操作转动设备形成习惯性违章行为，在轴件转动中，又采用较危险的手握砂布包裹轴件的土办法打磨轴件。长时间多次打磨零件，反复熟练操作后便渐渐掉以轻心，一不留神，戴手套握砂布的手过于靠近转动的卡盘，造成伤害事故。

（3）防范措施：

1）严禁戴手套操作转动设备；

2）严禁转机中用手拿砂布包裹轴件的土办法打磨零件；

3）加强安全意识教育，教育职工在工作中自觉克服习惯性违章行为。

1.6　起重工岗位操作规程

1.6.1　上岗操作基本要求

上岗操作基本要求如下：

（1）持证上岗，经三级安全教育考试合格。

（2）劳保用品穿戴齐全、规范。

（3）严格执行交接班制度并做记录。

（4）不准酒后上岗和班中饮酒。

（5）不准疲劳上岗，工作过程要集中精力。

（6）具有独立操作能力。

1.6.2　岗位操作程序

1.6.2.1　准备及检查

（1）严格检查各种设备、工具、索具是否安全可靠，不准超负荷使用，麻绳不准用于机械传动；若发现达到报废标准的钢丝绳、链条、纱绳和麻绳等，应禁止使用，立即更换。

（2）根据吊运物件正确选用工具和吊重方法。如果使用吊车吊运，要与起重机司机密切配合，正确运用各种手势，及时发出信号。

（3）起重区域内应设置警戒线，悬挂明显的“警示牌”，严禁非工作人员通过。工作时应事先清理起吊地点及运行通道上的障碍物，招呼逗留人员避让。达到六级大风时，严禁进行露天起重吊装。

(4) 现场动力设备必须接地可靠，绝缘良好，移动式灯具电压要使用安全电压。

(5) 各种起重机具、钢丝绳、缆风绳、链条、卡环、吊钩等一律不准和电气线路相碰，其安全间距必须符合输电线路电压与允许距离的规定。

(6) 起重人员在易燃易爆有毒区域内作业，必须遵守有关规定，外围的缆风绳，受力锚点等应设专人巡回检查，风绳越过马路时，离地面不低于7m，而且设专人监护。

1.6.2.2 起重操作一般要求

(1) 吊运过程，自己也选择恰当的位置及跟随物件护送的线路。如有其他人员协助执行挂钩任务时，由起重工负责安全指挥和吊运；多人操作要有专人指挥，工作中要统一信号，交底清楚，严格按指挥工作。

(2) 工作中禁止用手直接校正已被重物张紧的绳子，如钢丝绳、链条等。吊运中发现捆缚松动或吊运工具发生异样、怪声，应立即指挥停车检查；绳索经过有棱角快口处应设衬垫，然后试吊离地面0.5m，经检查确认稳妥可靠后方能起吊。

(3) 翻转大型物件应事先放好旧轮胎或木板条垫物，操作人员应站在重物倾斜方向的对面，严禁面对倾斜方向而站立。

(4) 合理选用钢丝绳和链条，各分股间的夹角不应超过60°，尤其要重点注意专用吊运部件。起吊工作物时，应先检查捆缚是否牢固。

(5) 吊运物上如有油污，应将捆缚处的油污擦净，以防滑动。锐边棱角应用软物衬垫，防止割断吊绳。

(6) 捆缚后留出的不受负荷的绳头，必须绕在吊钩或吊物上，以防止吊物移动时挂住沿途人或物件。

(7) 起吊物件时，应将附在物件上的活动件固定或卸下，防止重心偏移或活动件滑下伤人。

(8) 吊运成批零星小物件时必须使用专用吊篮、吊斗等。同时吊运两件以上重物，要保持物件平稳，不使物体互相碰撞。

(9) 吊运开始时，挂钩退到安全位置，然后发出起吊信号，在正式起吊前，应进行试吊，当重物离地面1m左右时，应停车检查捆绑情况，确认无误后，再继续起吊。严禁以短距离吊运或其他理由，不执行停检。

(10) 在起重物就位固定前，不得离开工作岗位，不准在索具受力或吊物悬空的情况下中断工作。吊物悬空时，禁止在吊物或悬臂下停留或通过，在卷扬机、滑轮前及索引钢丝绳边不准站人。

(11) 禁止用人体质量来平衡吊运物体，不允许站在物体上同时吊运。

(12) 不同工具使用要求：

1) 使用起重扒杆定位要正确，封底要牢靠，不许在受力后产生扭、曲、沉、斜等现象；

2) 使用千斤顶时，底基要坚实，安放要平稳，顶盖与重物间应垫木块，缓速顶升，随顶随垫，多台顶升时，要动作一致；

3) 使用缆风绳时应不少于三根，固定位置要牢靠，不准系在电线杆、机电设备和管道支架等处；需固定在现场建筑构件上的，需经有关部门批准；缆风绳拉紧后与地面夹角应小于45°。

（13）不同物件吊运要求：

1）有四个吊环的方体箱，不准对角兜挂两点；

2）吊运重心接近或高于吊挂位置的物体，不准兜挂两点；

3）吊运形状对称物件的绳索长度应一致，形状复杂、重心不在中心的物体，绳索长度与绑挂位置要恰当，应进行试吊，保证起吊后不产生游摆位移或倾斜；单绳吊物必须采取防滑动措施，双绳吊挂张开角度不得大于120°；

4）吊运受压容器必须有专用槽斗或其他安全措施；

5）吊运化学危险品，要严格遵守国务院发布的《化学药品安全管理条例》有关规定；

6）吊运卧式滚动重物时，地面必须平整，枕木垫要硬，钢管要圆直，需要用手扳动钢管时，手指应放在管内，物件前后不准站人；

7）吊运管线过程中，吊运管线的高度至少比运行路线上遇到的物体及管堆高出0.5m，但不得从人头顶上通过；管线摆放及装车时应轻吊轻放，并在离地面10～15cm停住，检查制动、吊物，确认情况正常，方可继续操作。严禁管线超高摆放，超载装车；必要时，应在管材两端挂钩上系以拉绳起落，以免吊运管线过程中旋转摇摆。

（14）卸下吊运物体，要垫好垫木，不规则物体要加支撑，保持平稳，不得将物体压在电气线路和管道上面，或堵塞道路。物件堆放要整齐平稳。

（15）遇六级以上强风，不得进行露天起重作业。

1.6.2.3 倒链（葫芦、手拉葫芦）的操作

（1）倒链使用前应仔细检查吊钩、链条及轮轴是否有损伤、传动部分是否灵活；链条有断痕、裂纹、伸长或受严重腐蚀，应严禁使用。

（2）拴上重物后，先慢慢拉动链条，等起重链条受力后再检查一次，看齿轮啮合是否妥当，链条自锁装置是否起作用。确认各部分情况良好后，方可继续工作。

（3）倒链在使用中不得超过额定的起重量，在－10℃以下使用时，只能以额定起重量的1/2进行工作。

（4）手拉动链条时应先慢慢拉紧，均匀和缓，不得猛拉。不得在与链轮不同平面内进行拉动，以免造成跳链、卡环现象。使用倒链时，吃劲后需先行检查再行起吊，倒链拉不动时，不能硬拉，用力要均匀。

（5）如起吊构件质量不详时，只要一人可以拉动，就可继续工作。如一个人拉不动，应检查原因，不宜几人猛拉，以免发生事故。

（6）用倒链吊物如需暂时将重物悬空，应将接连封住。

（7）倒链在使用中，不得和化学介质、污物接触，要认真维护保养，不用时应挂在干燥的室内。倒链不用时齿轮部分应经常加油润滑，棘爪、棘轮和棘爪弹簧应经常检查，发现异常情况应予以更换，防止动作失灵导致重物自坠。

1.6.2.4 桅（扒）杆操作

（1）起重桅杆应有出厂合格证明书、性能使用说明书。自制桅杆应经过动、静负荷试验和严格的技术鉴定，合格后方可使用。

（2）各类桅杆只允许在规定的范围内使用，严禁超负荷。使用前应进行认真检查。桅

杆竖立、放倒、移动中所选用的机索具，必须满足安全系数的要求。

（3）木桅杆应选用笔直、坚实的落叶松圆木制成。有刀痕、锯痕、瘤节及被虫蛀、腐蚀的木桅杆严禁使用；两木所搭人字桅杆的交叉角应控制在30°左右，交叉处一定要捆扎牢固。两木搭底脚，离地面100mm左右处，绑小圆木或拴绳链，使其连成一体。管式桅杆应采用无缝钢管制作；管式桅杆接长时，需用角钢焊接加固。金属桅杆应有接地装置，雷雨时暂停使用。

（4）桅杆底脚和地面接触部分应在坚硬地面挖柱窝，垫木板或枕木；必要时在底脚处打入木楔，防止杆底滑动。

（5）独脚桅杆的缆风绳一般为4~8根。双木搭缆风绳2~4根。缆风绳固定处距桅杆距离不得小于桅杆高度的2倍。缆风绳与地面的夹角一般在30°~45°。应尽量保持每根缆风绳均匀受力，防止冲击载荷作用。

（6）桅杆上的转向滑车一般用开口滑车。开口滑车挂在桅杆脚部部位时，滑车钩头应朝下；开口滑车挂在桅杆顶部时，滑车钩头应朝外。

（7）独杆桁架式桅杆底座应制成弧形，保证载荷作用在基础的中心。其底座必须放在枕木垛上，并固定牢。

（8）桅杆的组装应根据图纸要求和说明书进行，桅杆的中心线偏差应小于长度的1%，但总偏差不准超过20mm。

（9）连接桅杆的螺栓应牢靠、紧固，不准有松动及不满扣现象。拧紧螺栓应对角进行。连接螺栓必须符合设计质量要求。

（10）三脚扒杆三条腿之间的距离应相等。腿与地面夹角一般不大于60°。

（11）桅杆放倒和竖立的过程相同，操作步骤相反。

1.6.2.5 收工

清理作业现场，收回吊运用具，做好维护保养，加强保管。

1.6.3 交接班

当面交接班，交班时进行检查、清理现场，保持现场整洁；公用工具要清洗干净如数交接；整理记录，填写交接班记录，要将本班存在的安全隐患如实地填写到交接班记录中，包括隐患部位、发现隐患的时间等。

1.6.4 操作注意事项

（1）在吊装作业起重中人员严格坚持“十不吊”：

1）指挥信号不明或违章指挥不吊；

2）超负荷或物体不明不吊；

3）斜拉重物不吊；

4）光线阴暗，能见度差，看不见重物不吊；

5）重物上面站人不吊；

6）重物埋在地下不吊；

7）重物紧固不牢，绳打结，绳不齐不吊；

8）棱角物体没有衬垫措施不吊；

9）杆基不牢或安全装置失灵不吊；

10）重物越过人头顶不吊，危险液体过满不吊。

（2）各种起重机具、钢丝绳、缆风绳、链条、卡环、吊钩等一律不准和电气线路相碰，其安全间距必须符合输电线路电压与允许距离的规定。

（3）吊装运输重型物件，需在路上停放，但不要堵塞交通；夜间要设置"红灯"示警。

（4）起重大型设备和物资，应了解其重心部位，做到平衡稳妥地拴接绳扣，防止个别绳扣因超负荷而脱钩。起重管材等物件时，要捆扎牢固，超长者要有安全措施。

（5）起重人员在易燃易爆有毒区域内作业，必须遵守有关规定，外围的缆风绳，受力锚点等应设专人巡回检查，风绳越过马路时，离地面不低于7m，而且设专人监护。

（6）遇六级以上强风，不得进行露天起重作业。

（7）井下工作结束后，应放下防风闸。

1.6.5 典型事故案例

案例1

（1）事故经过：2001年4月3日10时，W市王家口采石场的起重机倒塌，造成2人死亡，1人重伤，1人轻伤。当时，采石场使用桅杆式起重机吊直径2m左右、重6t左右的石料时，吊杆朝西南方向，吊杆角度约45°，当石料起升约2m高时，起重机慢慢朝西南方向倒塌，设备报废。

（2）事故原因：

1）直接原因是3号锚固定不牢违章起吊。在起吊过程中，3号锚受力突然破坏抽出，导致2号、4号风缆鼻断裂，5号锚抽出，1号风缆鼻单面断裂，起重机朝西南方倒塌。

2）起重机风缆鼻使用材质不符合设计要求，使用中碳钢，且焊接成型差，易产生裂纹。

（3）防范措施：

1）建立健全各项规章制度安全，严格按操作规程操作；

2）加强职工安全教育和进行上岗培训；

3）加强起重机械监督管理，对此类起重机实行制造安装许可，保证安全质量。

案例2

（1）事故经过：2005年10月12日早班，某矿开拓工程队在南翼行人下山上平台拆换绞车，当绞车被提升至平板车上方时，由于倒链链条使用日久锈蚀，突然崩断，倒链的钩头反弹，从顶板上掉落下来，砸到了正在托运链条的职工刘某手上，致使刘某右手拇指被砸骨折。

（2）事故原因：

1）施工人员未提前对使用倒链进行检查，在倒链链条锈蚀的情况下继续使用，是造成事故的直接原因；

2）受害人刘某在托运链条时，没能预想可能发生的伤害，安全意识差，是造成事故的间接原因。

（3）事故责任划分：

1）现场施工负责人，在施工前没有安排落实对倒链的安全性能进行详细检查，应对事故负直接责任；

2）刘某在托运链条时，没能采取预防措施，托运链条方法不当造成伤害，应负主要责任。

（4）防范措施：

1）在使用倒链前要进行全面细致的检查，必须在完好状态下使用，任何人都不准改变厂家的出厂状态使用；

2）使用倒链要合理选配，不准超载起吊，任何情况下不准使用单链起吊物体；

3）起吊点、起吊捆绑用具要牢固、可靠，较大物体起吊不要使用铁丝，应使用钢丝绳扣进行；

4）起吊重物时，人体任何部位不准在物体的下方，物体侧向移动的前方也不准有人，托顺链条人员要站在斜侧位，不准垂直于起吊用具之下，防止砸伤、挤伤；

5）对使用的倒链每年至少要检查一次，检修过的倒链要按规定进行动载性能试验和制动性能试验，符合要求后方可继续使用。

（5）事故教训：作为矿井，有大量的安装、拆除、搬迁工作，需要使用起吊工具作业，因此正确使用起吊用具是十分必要的，也是确保起吊安全的有效办法，所有施工人员要认真做好起吊的安全工作。

1.7 桥式（龙门起重机、永磁吊、电磁吊）司机岗位操作规程

1.7.1 上岗操作基本要求

上岗操作基本要求如下：

（1）持证上岗，经三级安全教育考试合格。

（2）劳保用品穿戴齐全、规范。

（3）严格执行交接班制度并做记录。

（4）不准酒后上岗和班中饮酒。

（5）不准疲劳上岗，工作过程要集中精力，具有独立工作能力。

（6）做好消防检查，保持现场整洁。

1.7.2 岗位操作程序

1.7.2.1 准备和检查

（1）开车前应认真检查机械设备、电气部分和防护保险装置的完整可靠性。

（2）检查控制器、制动器、限位器、电铃（喇叭）及紧急开关等主要附件是否完好、可靠；如发现失灵时，严禁吊运。

（3）必须认真观察工作场所情况，发现有安全隐患时，采取可靠的防范措施后方可作业。

（4）遇六级以上强风，不得进行露天起重作业。

1.7.2.2　起重操作

（1）听从起重指挥人员的正确吊运指挥，当有人发出紧急停车信号，应立即停止。

（2）操纵控制器时，应先从“零”位到第一挡，然后逐挡增、减速度。换向时必须先回到“零”位。

（3）操作中当接近上升限位器、大小车临近终端或与邻近行车相遇时，速度要缓慢。不能用倒车代替制动、限位代替停车、紧急开关代替普通开关。

（4）应在规定的安全通道、专用站台或扶梯上行走和上下。大车轨道两侧除停车检修外严禁通行，小车轨道上严禁行走。

（5）不准从一台行车跨越到另一台行车。

（6）停止作业时，不得将起重物件悬挂在空中停留；运行中，主副钩上下或吊物放落时应鸣铃警告；严禁吊物从人员上空越过和吊物上站人。

（7）用两台起重机同时起吊一个物件时，应按起重机额定载重量的80%合理分配，统一指挥，稳步吊运，严禁任何一台起重机超负荷吊运。

（8）在运行中，行车与行车之间要保持一定的距离，防止碰撞。

（9）检修行车应停靠在安全地点，切断电源，挂上“禁止合闸”的警告牌。必要时，还应在地面加设围栏禁区，并挂“禁止通行”的标志。

（10）重吨位物件起吊时，应先稍离地试吊，确认吊挂平稳，制动良好，然后升高，缓慢运行。不准同时操作三只控制手柄。

（11）行车运行时，严禁有人上下，不准在运行时进行检修保养工作。

（12）运行中遇到突然停电，必须将开关手柄放置到“零”位；起吊物件未放下或索具未脱钩，不准离开驾驶室；吊物下面要设禁区，禁止人员、车辆通行。

（13）运行中，由于突然故障而引起吊物下滑时，必须采取紧急措施，安全降落。

（14）露天行车遇有雷雨或六级以上大风时应停止工作，切断电源，车轮前后应塞止动铁鞋卡牢。

（15）夜间作业应有足够的照明。

（16）龙门吊行驶前，必须观察轨道上有无障碍物及行人动态；吊运高大物件妨碍视线时，两旁应有专人监视和指挥。

（17）电磁吊、永磁吊要经常对吊具、电气线路进行检查，发现问题要立即排除，保持完好。吸盘接近工作物时，要发出信号，警告地面人员离开。在吸吊钢板前，应有专人将钢板上污染物清除，保持吸盘与钢板接触面良好。吊运时要找准重心，保持平衡，防止磁盘滑动发生事故。

1.7.2.3　收工

工作完毕，行车应停在规定的位置，升起吊钩，小车开到轨道两端，并将控制手柄放置在“零”位，切断电源，关锁门窗。清理作业现场，收回吊运用具，做好维护保养，加强保管。

1.7.3　交接班

当面交接班，交班时进行检查、清理现场，保持现场整洁；公用工具要清洗干净如数交接；整理记录，填写交接班记录，要将本班存在的安全隐患如实地填写到交接班记录中，包括隐患部位、发现隐患的时间等。

1.7.4 操作注意事项

操作注意事项如下：

（1）在吊装作业起重中人员严格坚持“十不吊”。

（2）各种起重机具、钢丝绳、缆风绳、链条、卡环、吊钩等一律不准和电气线路相碰，其安全间距必须符合输电线路电压与允许距离的规定。

（3）不准同时操作三只控制手柄。

（4）起重大型设备和物资，应了解其重心部位，做到平衡稳妥地拴接绳扣，防止个别绳扣因超负荷而脱钩。起重管材等物件时，要捆扎牢固，超长者要有安全措施。

（5）起重人员在易燃易爆有毒区域内作业，必须遵守有关规定，外围的缆风绳、受力锚点等应设专人巡回检查，风绳越过马路时，离地面不低于7m，而且设专人监护。

（6）遇六级以上强风，不得进行露天起重作业。

（7）行车运行时，严禁有人上下，不准在运行时进行检修保养工作；大车轨道两侧除停车检修外严禁通行；小车轨道上严禁行走。

1.8 挂钩工岗位操作规程

1.8.1 上岗操作基本要求

上岗操作基本要求如下：

（1）持证上岗，经三级安全教育考试合格。

（2）劳保用品穿戴齐全、规范。

（3）严格执行交接班制度并做记录。

（4）不准酒后上岗和班中饮酒。

（5）不准疲劳上岗，工作过程要集中精力。

（6）具有独立操作能力。

1.8.2 岗位操作程序

1.8.2.1 准备及检查

（1）必须熟悉起吊工器具的基本性能和各种吊具索具的最大允许负荷、报废标准。熟练掌握指挥信号，并遵守行车工的“十不吊”。

（2）检查起吊工具要确保完好可靠，并要妥善保管，不准随地乱丢，不准超负荷使用。

1.8.2.2 起吊操作

（1）各种起重机具、钢丝绳、缆风绳、链条、卡环、吊钩等一律不准和电气线路相碰，其安全间距必须符合输电线路电压与允许距离的规定。

（2）起重大型设备和物资，应了解其重心部位，做到平衡稳妥地拴接绳扣，防止个别绳扣因超负荷而脱钩。起重管材等物件时，要捆扎牢固，超长者要有安全措施。

（3）起重人员在易燃易爆有毒区域内作业，必须遵守有关规定，外围的缆风绳，受力锚点等应设专人巡回检查，风绳越过马路时，离地面不低于7m，而且设专人监护。

(4) 起吊物件的指挥手势要清楚，信号要明确，不准戴手套指挥，起吊大型重吨位件时，必须先试吊，离地不高于0.5m，经检查，确认稳妥后，方可起吊运行。

(5) 起吊件必须捆缚牢固，棱角刃口部位应设衬垫，吊位应正确，起吊件翻身时要掌握重心，注意周围人员动向。

(6) 用两台行车同时起吊一物件时，应按额定载重量合理分配，统一指挥，步调一致。

(7) 不准在起吊件下面停留、行走或站立。

(8) 捆缚吊物选择绳索夹角要适当，不得大于120°，遇特殊起吊件时应用专用工具。

(9) 多人吊运重物，应有专人指挥，不得远距离或不引路指挥吊物运行。

(10) 吊运物件应按规定地点妥善堆放，不准将重物堆放在动力输送管线上面或安全通道上。

(11) 行车挂钩工统一手势（按“GB5082—1985”执行）：

1)“预备”（注意）——手背伸直置于头上方，五指自然伸开，手心朝前保持不动；

2)“要主钩”——单手自然握拳，置于头上，轻触头顶；

3)“要副钩”——一只手握拳，小臂向上不动，另一只手伸出，手心轻触前只手的肘关节；

4)“吊钩上升”——小臂向侧上方伸直，五指自然伸开；

5)“吊钩下降”——手臂伸向侧前下方，与身体夹角约为30°，五指自然伸开，以腕部为轴转动；

6)“吊钩水平移动”——小臂向侧上方伸直，五指并拢手心朝外，朝负载应运行的方向向下挥动到肩相平的位置；

7)“吊钩微微上升”——小臂伸向侧前上方，手心朝上高于肩部，以腕部旋为轴，重复向上伸动手掌；

8)“吊钩微微下降”——手臂伸向侧前下方，与身体的夹角约为30°，手心朝下，以腕部为轴重复向下摆动手势；

9)“吊钩水平微微移动”——小臂向侧上方自然伸出，五指并拢手心朝外，朝负载应运行的方向，重复做缓慢的水平移动；

10)“微动范围”——双小臂曲起，伸向一侧，五指伸直，手心相对，其间距与负载所要移动的距离接近；

11)“指示降落方位”——五指伸直，指出负载应降落的位置；

12)“停止”——小臂水平置于胸前，五指伸开，手心朝下，水平指向一侧；

13)“紧急停止”——两小臂水平置于胸前五指伸开，手心朝下，同时水平挥向两侧；

14)“工作结束”——双手五指伸开，在额前交叉。

1.8.2.3 收工

清理作业现场，收回吊运用具，做好维护保养，加强保管。

1.8.3 交接班

当面交接班，交班时进行检查、清理现场，保持现场整洁；公用工具要清洗干净如数交接；整理记录，填写交接班记录，要将本班存在的安全隐患如实地填写到交接班记录中，包括隐患部位、发现隐患的时间等。

1.8.4 操作注意事项

在吊装作业起重中人员严格坚持“十不吊”：

（1）指挥信号不明或乱指挥不吊；

（2）超负荷或物体不明不吊；

（3）斜拉重物不吊；

（4）光线阴暗，能见度差，看不见重物不吊；

（5）重物上面站人不吊；

（6）重物埋在地下不吊；

（7）重物紧固不牢，绳打结，绳不齐不吊；

（8）棱角物体没有衬垫措施不吊；

（9）安全装置失灵不吊；

（10）重物越过人头顶不吊，钢铁水过满不吊。

1.9 行车工岗位操作规程

1.9.1 上岗操作基本要求

上岗操作基本要求如下：

（1）持证上岗，经三级安全教育考试合格。

（2）劳保用品穿戴齐全、规范。

（3）严格执行交接班制度并做记录。

（4）不准酒后上岗和班中饮酒。

（5）不准疲劳上岗，工作过程要集中精力。

（6）具有独立操作能力。

1.9.2 岗位操作程序

1.9.2.1 准备及检查

（1）开车前应认真检查设备机械、电气部分和防护保险装置，确定完好可靠。

（2）检查钢丝绳使用状况，如不符合要求，按规定及时更换。

（3）检查设备是否润滑，确保油质、油位符合规定，润滑系统工作正常无泄漏。

1.9.2.2 行车操作

（1）必须听从挂钩起重人员指挥，但对其他人发出的紧急停车信号，都应立即停车。

（2）行车工必须在得到指挥信号后方能进行操作，行车启动时，应先鸣铃。

（3）操作控制手柄时，应先从“零”位转到第一挡，然后逐渐增减速度，换向时，必须先转回“零”位。

（4）钩起吊接近卷扬限位器、大小车临近终端或与邻近行车相遇时，速度要缓慢，不准用倒车代替制动、限位代停车、紧急开关代普通开关。

(5) 应在规定的安全走道、专用站台或扶梯上行走和上下，大车轨道两侧除检修外不准行走，小车轨道上严禁行走，不准从一台行车跨越到另一台行车。

(6) 工作停歇时，不得将起重物悬在空中停留。运行时，地面有人或落放吊件应鸣铃警告。严禁吊物在人头上越过，吊运物件离地不得过高。

(7) 检修行车应停靠在安全地点，切断电源挂上“禁止合闸”的警示牌，地面要设围栏，并挂“禁止通行”的标志。

(8) 重吨位物件起吊时，应先稍离地试吊，确认吊挂平稳，制动良好，然后升高，缓慢运行，不准同时操作三只控制手柄。

(9) 行车运行时，严禁有人上下，也不准在运行时进行检修和调整机件。

(10) 运行中发生突然停电，必须将开关手柄放置到“零”位，起吊件未放下或索具未脱钩，不准离开驾驶室。

(11) 夜间作业应有充足的照明。

(12) 行车工必须认真做到“十不吊”。

1.9.2.3 停车操作

工作完毕，行车应停在规定位置，升起吊钩，小车开到轨道两端，并将控制手柄放置“零”位，切断电源。

1.9.3 交接班

当面交接班，交班时进行检查、清理现场，保持现场整洁；公用工具要清洗干净如数交接；整理记录，填写交接班记录，要将本班存在的安全隐患如实地填写到交接班记录中，包括隐患部位、发现隐患的时间等。

1.9.4 操作注意事项

操作注意事项如下：

(1) 遵守“十不吊”：

1) 指挥信号不明或乱指挥不吊；

2) 超负荷或物体不明不吊；

3) 斜拉重物不吊；

4) 光线阴暗，能见度差，看不见重物不吊；

5) 重物上面站人不吊；

6) 重物埋在地下不吊；

7) 重物紧固不牢，绳打结，绳不齐不吊；

8) 棱角物体没有衬垫措施不吊；

9) 杆基不牢或安全装置失灵不吊；

10) 重物越过人头顶不吊，危险液体过满不吊。

(2) 运行中发生突然停电，必须将开关手柄放置到“零”位，行车工离开驾驶室必须将控制手柄打到“零”位，切断电源。

(3) 检修行车必须确认所有检修人员撤离到安全地点。

(4) 遇六级以上强风，不得进行露天起重作业。

1.10 仪表检修工岗位操作规程

1.10.1 上岗操作基本要求

上岗操作基本要求如下：

（1）持证上岗，经三级安全教育考试合格。

（2）劳保用品穿戴齐全、规范，女工发辫应塞入帽内。

（3）严格执行交接班制度并做记录。

（4）不准酒后上岗和班中饮酒。

（5）不准疲劳上岗，工作过程要集中精力。

（6）本岗位作业至少两人。

1.10.2 岗位操作程序

1.10.2.1 准备及检查

（1）工作前，应仔细检查电源、线路及开关是否完好，各种工具和设备工作正常，确认无误，方可操作。

（2）到现场检修时，应注意周围的工作环境，如有不安全因素要采取防范措施。

1.10.2.2 计量仪表检修

（1）仪器室内应保持干燥、清洁，并有专人负责管理。

（2）精密计量器具应避免碰击、振动以及温度的急剧变化。

（3）计量器具严防锈蚀。不准用手直接接触器具、量块、仪表研磨工作面和光学仪器镜头。

（4）使用万用表时，应正确选择测量方式及量程范围。使用示波器、电桥、电位计时，应严格按照程序正确操作。

（5）使用电烙铁时，要仔细检查绝缘是否良好，防止漏电；严禁将电烙铁直接放在桌上或易燃物品的附近，使用完毕后应切断电源。

（6）严禁用导线直接插在电源插座内取电 。

（7）仪器检验或使用完毕后，应放松紧固机械，松开弹簧及被检件，释放所有负荷。

（8）清洗计量器具所使用的航空汽油、乙醇等易燃物品，应有专人负责、妥善保管，存放在带锁的柜子里，储存量不宜太多。周围严禁吸烟及明火。

（9）在检修表面带有放射性物质的仪表时，应用研究采取必要的安全防护措施。仪表的表面不能直接对着人。已经修好或待修的仪表，应按规定妥善放置，不得堆放在工作台上。沾染有放射性物质的污物，应统一存放在专门的污物箱内，切不可任意乱丢。

1.10.2.3 热工仪表检修

（1）到现场检修时，应注意周围的工作环境，选择适当的工作位置，防止发生烫伤、轧伤等意外事故。

（2）各种电动工具的绝缘性能必须可靠，连线、插头必须完好。手电钻及照明行灯的电压不得超过36V。电烙铁要搁在绝缘体上，放置在安全的地点，防止烫伤他人或烧坏电线绝缘层。

（3）在检修热工仪表用有关电器设备时，必须首先切断电源，挂上“有人检修，严禁合闸”的警示牌。

（4）在进行热电偶清洗、退火及酸洗时，要按照酸洗衣的操作规程进行，以免被酸液灼伤。用热电偶检测溶液温度时，要进行预热烘干，测定后要等热电偶冷却后才能拆下。

（5）电阻温度计封蜡时，温度不可太高，以免起火燃烧。

（6）在电炉中存取物件时，应先切断电源。

（7）应随时揩清油槽旁的油污，防止电火花接触而引起燃烧。

（8）易燃易爆和有毒物品应指定专人负责保管，并置于通风良好、能防止过热的带锁的柜内，储存量不得超过允许值。

（9）修好的仪表和有关电气设备必须单独试验合格后才能安装，安装后应先检查线路是否正确，符合要求后方可通电。

1.10.2.4 收工

工作完成后，检查、清理现场，将材料、工件及时入库，堆放要整齐稳妥；工具、材料要收拾好存放在规定的地方。

1.10.3 交接班

当面交接班，交班时进行检查、清理现场，保持现场整洁；公用工具要清洗干净如数交接；整理记录，填写交接班记录，要将本班存在的安全隐患如实地填写到交接班记录中，包括隐患部位、发现隐患的时间等。

1.10.4 操作注意事项

操作注意事项如下：

（1）作业场所严禁存放油、棉纱等易燃品。

（2）清洗仪表设备时，周围严禁吸烟及明火，并配备灭火器材。

（3）使用有毒有害物品时，要保持通风良好，并采取防范措施。

（4）在有放射性物质的仪表附近工作，应采取防辐射措施。

1.11 喷漆工岗位操作规程

1.11.1 上岗操作基本要求

上岗操作基本要求如下：

（1）持证上岗，经三级安全教育考试合格。

（2）劳保用品穿戴齐全、规范，女工发辫应塞入帽内。

（3）严格执行交接班制度并做记录。

（4）不准酒后上岗和班中饮酒。

（5）不准疲劳上岗，工作过程要集中精力。

（6）具有独立操作能力。

1.11.2 岗位操作程序

1.11.2.1 准备及检查

（1）喷漆工作场地和库房严禁烟火，要配置足够的消防器材，检查其是否完好、是否在有效期内。

（2）保持工作环境的通风良好。

（3）检查使用的工器具是否完好，连接部位是否牢固可靠。

（4）检查使用的安全防护设施是否完好，确认作业环境无易燃、可燃物，无火源。

1.11.2.2 调、配漆操作

（1）调、配漆工场必须配有消防器材和防爆通风排气装置。电源开关插座应装置在室外。

（2）首先要加强室内通风，排除可燃有害气体；夏天要采取降温措施控制室内温度。

（3）调、配油漆工场只能存放当班的油漆和溶剂，并应密封保存，堆放整齐。

（4）调、配漆和搬运溶剂等易燃品时，一定要轻拿轻放，严防桶体摩擦产生火花和桶体撞击损坏后渗漏而引发事故。

（5）调漆时，不得使用产生火花的电动工具。

（6）废油漆等易燃品，必须集中存放，妥善处理，禁止乱放乱倒。

（7）禁止用汽油抹桌擦地。

（8）严禁无关人员入内。必要时须经有关领导同意，并办理登记手续。

（9）工作间无人时，应认真检查，确认无隐患后切断电源总开关，关锁门窗，才能离开。

1.11.2.3 普通喷漆操作

（1）高空作业应扎好安全带，防止滑动，工具、漆桶要稳妥放好；在容器内作业，必须采取有效通风措施。

（2）作业场所10m以内不准进行电焊，切割等明火作业。

（3）在带电设备和配电箱周围1m以内进行喷漆作业时，必须切断电源后再进行作业。

（4）打光清除毛刺时，要戴口罩和防护眼镜，要经常检查锤柄是否牢固，对面不准站人。手提式砂轮必须有防护罩，操作时要戴绝缘手套。

（5）各类油漆和其他有毒、易燃材料，不使用时应存放在专用库房内，不得和其他材料混放；挥发性油料应装入密封容器内，油漆房应阴凉通风。

（6）汽油和有机化学配料等易燃物品，只能领取当班的用量，用不完时，下班前退回库房，统一保管。

（7）空气压缩机要有人专管，开机时应遵守空压机安全操作规程，并经常检查、加油，不超压使用，工作完毕后应将气罐内余气放出，断开电源。

（8）严禁带火种人员进入作业场所。

1.11.2.4 高压喷漆操作

（1）喷漆场所应备有消防器材。电器和照明灯具等必须符合防爆安全要求，电源开关、插座应装置在室外，严禁明火、吸烟和拖拉临时电线或使用电钻等电动工具。

（2）操作前，应检查机具及安全防护装置是否完好灵敏。注意作业环境的安全。在作业区周围5～15m范围内，用“红、白、黄”三角旗警示标志圈出禁火区。

（3）密闭仓室作业时，必须用防爆风机加强通风排风。

（4）加工物件必须放置稳妥，摆放整齐。

（5）操作时要穿戴好防毒口罩或风帽等防护用品，喷漆时，应穿好防静电服装，不得将手机、打火机、对讲机等非防爆物品带入喷漆场所。喷枪、皮带要轻放，不得随地乱扔，皮带要放在固定点上。

（6）登高作业时，事先要检查脚手板、登高扶梯等的安全可靠，上下行动及作业要看清周围环境，防止滑跌踏空事故发生。

（7）使用的油漆和溶剂等易燃物品，只能领取当班的用量，妥善放置和看管，不得擅自离开岗位。用不完时，收工时要退回库房，统一保管，不准留放在作业场所。

（8）空气压缩机、去湿机要有专人管理，开机时应遵守岗位操作规程，并经常检查、加油；空压机不准超压使用，工作完毕，应将储气罐内的余气放出，切断电源。

（9）废料、揩布不得乱扔和留在作业现场，应带回集中放在铁桶内，定期处理。

（10）高压喷漆泵的接地或接零装置，必须保持良好。

（11）喷漆工作结束后，使用溶剂循环清洗泵体时，皮带的气压不得大于0.05MPa。将喷枪等工具清洗干净，放置固定地方，不得遗留在工作现场。作业时，高压喷枪头不准对着人体。

1.11.2.5 收工

工作完毕，应将空压机储气罐内的余气放出，停机、切断电源；废料、揩布不得乱扔和留在作业现场，应带回集中放在铁桶内，定期处理。清洗泵体，喷枪等工具，将其放置固定地方，不得遗留在工作现场。把剩余的油漆及其他物料、废棉纱等放到指定地点，用煤油或专用稀料洗手，不得用汽油和香蕉水洗手。

1.11.3 交接班

当面交接班，交班时进行检查、清理现场，保持现场整洁；公用工具要清洗干净如数交接；整理记录，填写交接班记录，要将本班存在的安全隐患如实地填写到交接班记录中，包括隐患部位、发现隐患的时间等。

1.11.4 操作注意事项

操作注意事项如下：

（1）作业场所严禁存放油、棉纱等易燃品。

（2）作业场所严禁动火。

（3）作业时要戴口罩，加强自身安全防范。

（4）喷头堵塞时，先泄压再进行清理。

1.12 氧焊、气割工岗位操作规程

1.12.1 上岗操作基本要求

上岗操作基本要求如下：

（1）持证上岗，经三级安全教育考试合格。

（2）劳保用品穿戴齐全、规范。

（3）严格执行交接班制度并做记录。

（4）不准酒后上岗和班中饮酒。

（5）不准疲劳上岗，工作过程要集中精力，具有独立工作能力。

（6）做好消防检查，保持现场整洁。

1.12.2 岗位操作程序

1.12.2.1 准备及检查

（1）检查工器具及消防器材配备是否齐全完备。

（2）乙炔发生器（乙炔气瓶）、氧气瓶、胶管接头、阀门的紧固件应紧固牢靠，不准有松动、破烂或漏气。氧气瓶及其附件、胶管、工具上禁止粘油。

（3）氧气瓶、乙炔管有漏气、老化、龟裂等，不得使用。管内应保持清洁，不得有杂物。

1.12.2.2 焊、割操作

（1）使用乙炔气瓶气焊（割）的操作：

1）将乙炔减压器与乙炔瓶阀、氧气减压器与氧气瓶阀、氧气软管与氧气减压器、乙炔软管与乙炔减压器、氧气和乙炔软管与焊（割）炬分别可靠连接；

2）分别开启乙炔瓶阀和氧气瓶阀；

3）对焊（割）炬点火，即可工作；

4）工作完毕后，依次关闭焊（割）炬、乙炔阀、氧气阀，再关闭乙炔瓶阀、氧气瓶阀，然后拆下氧气、乙炔软管，并检查清理场地，灭绝火种，方可离开。

（2）使用中压式乙炔发生器气焊（割）的操作步骤：

1）将氧气减压器与氧气瓶阀、氧气软管与氧气减压器、乙炔软管与乙炔发生器、氧气和乙炔软管与焊（割）炬分别连接可靠；

2）用清水冲洗乙炔发生器，清除灰浆和残渣；

3）将块度适当的电石装入电石篮内，且电石一次加入量不宜过多；

4）将电石篮放入乙炔发生器内，加入适量清水，并上盖旋紧严密；

5）开启氧气瓶阀；

6）对焊（割）炬点火，即可开始工作；

7）工作完毕后，依次关闭焊（割）炬、乙炔阀、氧气阀，再关闭氧气瓶，打开乙炔发生器排污阀，等排污完成后方可开盖并冲洗干净，最后检查清理场地，灭绝火种，方可离开。

（3）操作注意事项：

1）乙炔发生器（乙炔瓶）、氧气瓶周围10m范围内禁止烟火。乙炔发生器与氧气瓶之间的距离不得小于7m。

2）焊工使用的防护工作服，上衣不得掖入裤内，裤脚不得卷边，鞋口不得扎在裤脚外；不允许穿化纤布料工作服。

3）每根乙炔软管必须有回火设施，禁止使用浮桶式乙炔发生器。冲压乙炔发生器的发气室，发气压挤室和回火防止器中都应装有相应面积的泄压膜，且回火防止器应具有逆止阀装置。

4）检查设备、附件及管路是否漏气，可用肥皂水试验，周围不准有明火或吸烟。

5）使用中压乙炔发生器（工作压力最高为1.5MPa，使用时除需装回火防止器外，还要安装压力表和安全阀）时，压力要保持在额定值，安全阀要动作可靠，水要经常保持清洁，电石分解的灰浆要及时清除。

6）无论是在室内还是在室外使用氧气时，必须妥善安放，防止倾倒。氧气瓶一般应该直立放置，个别情况需卧置时，瓶颈要稍微高一些。乙炔瓶在工作时应直立放置，并应有防止倾倒的措施，防止丙酮流出，以免发生危险。在室外作业时，要把氧气瓶安装在凉棚内，避免阳光强烈照射。

7）氧气瓶、乙炔瓶上严禁沾染油脂。不允许用带有油脂的手套搬运氧气瓶、乙炔瓶。冬季使用，如瓶嘴冻结时，不许用火烤，只能用热水或蒸汽加热。

8）开氧气或乙炔阀门必须用手或扳手旋取瓶帽，禁止用铁锤等铁器敲击，防止产生火花。

9）旋开氧气瓶、乙炔瓶阀门不要太快，防止压力气流激增，造成瓶阀冲出等事故。

10）不要把氧气瓶、乙炔瓶内的气体全部用净，氧气瓶至少要剩0.05MPa氧气，乙炔瓶应剩0.1MPa的乙炔，并将气瓶阀关紧。

11）乙炔瓶表面温度不应超过40℃，温度过高会降低丙酮对乙炔的溶解度，造成瓶内乙炔压力急剧增高。

12）减压器与瓶阀连接必须可靠，严禁漏气，避免发生爆炸事故。

13）发生回火时，先关氧气阀，后关乙炔阀；乙炔管着火时，可采用弯折管的方法，将火熄灭。

14）对受压容器、密闭容器、各种油桶、管道及粘有可燃液体的工件，必须事先除掉有毒、有害、易燃、易爆物质，解除容器及管道的压力，消除容器密闭状态（敞开口、旋开盖），再进行工作；禁止在未经处理、盛装过化学液体或燃油的容器内焊接。

15）在焊接、切割密闭空心工作时，必须留有出气孔。在容器内焊接，外面必须设人监护，并有通风措施。禁止在已刷好油漆或喷过塑料的容器内焊接。

1.12.2.3 收工

工作结束，应及时关紧氧气阀和乙炔阀，不准将焊炬放在容器内或工作台下；应清洁乙炔发生器，检查清扫工作场地，灭绝火种，方可离开。

1.12.3 交接班

当面交接班，交班时进行检查、清理现场，保持现场整洁；公用工具要清洗干净如数交接；整理记录，填写交接班记录，要将本班存在的安全隐患如实地填写到交接班记录中，包括隐患部位、发现隐患的时间等。

1.12.4 操作注意事项

操作注意事项如下：

（1）在操作场地10m内，不应储存油类或其他易燃易爆物品（包括有易燃易爆气体产生的器皿管线）；若有此类物品而又必须在此操作时，应到消防部门办理动火票，采取临时性安全措施后方可进行操作。作业场地，应备有消防器材，有足够的照明和良好的通风。

（2）乙炔管堵塞时，严禁用氧气、压缩空气吹除。

（3）高处焊接时，除遵守《高空作业操作规程》中的有关规定外，还要有安全措施。地面有人监护。地下放的易燃、易爆物品必须移出10m以外。

（4）乙炔发生器零件和随机工具不得用纯铜件，以防铜与乙炔接触产生乙炔铜引起爆炸，可采用含铜在70%以下的铜合金。

（5）乙炔瓶不能遭受剧烈的震动和撞击，以免瓶内的多孔性填料下沉形成空洞，影响乙炔的存储。

（6）乙炔发生器电石要有适当的块度，电石一次加入量不宜过多，不可集中使用小块电石，更不许用碎末，以防发生猛烈反应，乙炔发生器内压力剧增引起爆炸。

1.12.5 典型事故案例

案例1

（1）事故经过：2007年4月22日下午14时，Z省某气体有限公司下属经销点驾驶员魏某和押运员杨某，送乙炔瓶至用户单位仓库卸货。在杨某采用开启瓶阀放气方法检查瓶内气体压力时，突遇距仓库门口不足3m的磨光机作业产生的火星，引燃放出的乙炔气，导致火焰喷出十余米外，将杨某身上、腰部、手臂化纤衣服着火燃烧；杨在急忙脱衣过程中，又伤及脸部和头发。经现场有关人员采用灭火器具扑救灭火，乙炔瓶未受损，但杨某经某武警医院急救并确诊，其上腰部、双手内臂、左脸部等多处受到浅2度或浅3度烧伤，送医院救治。

（2）事故原因：

1）事故直接原因：

①押运员杨某违规检查乙炔瓶，违规在用户单位仓库门口开启乙炔瓶阀排放乙炔气，且不使用减压器具和回火防止装置，又用力操作过猛，造成乙炔气急速大量外露，导致现场存在易燃气源；

②用户单位作业人员违规交叉作业，在工业气体仓库门口近距离进行磨光机作业，且无防护措施而产生飞溅火星，导致现场具备易燃气源的点火条件；

③杨某违章穿戴化纤工作服从事氧焊气割作业。

2）事故间接原因：

①某气体有限公司经销点严重失职。既未配置安全作业工器装备，又未配发员工劳动防护用品，纵容职工违反操作规程，缺乏对员工进行安全教育和上岗培训，使员工长期无证上岗，终因员工违规作业而酿成烧伤后果；

②事故发生后，当事人杨某对着火衣服处理不当，造成伤害进一步扩大；

③某用户单位生产现场安全管理不到位。工业气体仓库管理人员或生产主管人员缺乏日常安全检查，且存在劳动组织不合理现象（磨光机作业与仓库安全距离严重不足）。一方面，仓库门口缺少安全警示标志；另一方面，作业人员安全意识十分淡薄，对动火作业危险性认识不足。

（3）防范措施及教训：

1）气体经销单位应切实履行安全管理职责。对单位内部有关人员应加强上岗操作培训和安全教育，并经有关部门考核合格方可上岗。

2）气体经销单位应注重安全资金投入，配置安全作业装备，配发员工劳动防护用品，配备应急救援灭火器材等。

3）气体经销单位应强化安全技术措施。根据有关法规标准和工业气体安全技术说明书，严格执行操作规程，设置并维护有关安全设施及警示标志、标签，配齐气瓶安全附件，落实气瓶固定充装单位充装制度（即“一对一”充装制度）。

4）气体经销单位应负责向用户宣传工业气体安全使用知识，包括安全储存、搬运、使用及相关作业要求，发送工业气体安全技术说明书，加强与用气单位沟通，了解并掌握用户单位工业气体使用和相关安全技术措施落实状况。

5）工业气体气瓶装卸、运输、押运人员，应严格遵守有关安全卫生管理制度，认真执行气瓶安全技术操作规程，并按规定正确使用劳动防护用品，掌握工业气体气瓶事故应急救援处置技能。发生事故后，应立即抢救受伤人员，及时报告本单位负责人，并做好现场保护。

案例2

（1）事故经过：某矿机修焊工进入直径1m、高2m的锅炉内焊接钢板，未装排烟设备，而用氧气吹锅炉内烟气，使烟气消失。当焊工再次进入锅炉内焊接作业时，只听“轰”的一声，该焊工被烧伤，烧伤面积达88%，三度烧伤占60%，抢救7天无效死亡。

（2）事故原因：

1）严重违章用氧气作通风气源；

2）未设通风装置违章进入容器内焊接。

（3）防范措施：

1）进入容器内焊接应设通风装置；

2）通风气源应该是压缩空气。

1.13 电焊工岗位操作规程

1.13.1 上岗操作基本要求

上岗操作基本要求如下：

（1）持证上岗，经三级安全教育考试合格。

（2）劳保用品穿戴齐全、规范。

（3）严格执行交接班制度并做记录。

（4）不准酒后上岗和班中饮酒。

（5）不准疲劳上岗，工作过程要集中精力，具有独立工作能力。

（6）做好消防检查，保持现场整洁。

1.13.2 岗位操作程序

1.13.2.1 准备及检查

（1）电焊机一次电源线长度不得超过3m，超过3m要在距电焊机3m内的电源线上安装刀闸；线路跨越道路应架空或加保护盖板或套管保护。电焊机外壳必须有良好的接地，焊钳绝缘必须良好。

（2）电焊机的电源接线，应由电工操作，线缆要无破损。

（3）焊接电缆与焊接电源接线端子要保持良好接触。

（4）焊接场地禁止放易燃易爆物品，应备有完好齐全的消防器材，保证足够的照明和良好的通风。

1.13.2.2 焊接操作

（1）合上电源闸刀，即可工作。

（2）根据焊件材质，选择合适的焊条型号和大小。

（3）根据焊缝要求，选择适当的电流。

1.13.2.3 操作注意事项

（1）电焊机应安放在通风良好、干燥的地方。

（2）电焊机额定电压必须与网路电源相等，接线可靠。调节焊接电流时必须在空载下运行。

（3）要经常保持焊机清洁，定期用压缩空气排除灰尘。

（4）焊机应按额定功率正确使用，不能过载或长时间短路。

（5）雨天不准露天进行电焊。在潮湿地带工作时，应站在绝缘物品上，并穿好绝缘鞋。

（6）必须按规定穿戴好劳动保护用品，焊工使用的防护工作服，上衣不得掖入裤内，裤脚不得卷边，鞋口不得扎在裤脚外。

（7）禁止两台电焊机共用同一个电源开关。

（8）移动电焊机时，必须停机断电。焊接中突然停电，应立即切断电源。

（9）在人多的地方焊接时，应设挡光板。

（10）操作时，人体不要接触在钢板或其他导电物件上。

（11）电焊机空载电压和工作温度，不得超过该机允许规定。

（12）对压力容器、密封容器、各种油桶、管道及沾有可燃液体的工件，必须事先除掉有毒、有害、易燃、易爆物质，解除容器及管道的压力，消除容器密闭状态（敞开口、旋开盖），再进行工作。

（13）在焊接、切割密闭空心工件时，必须留有出气孔。在容器内焊接，外面必须设人监护，并有通风措施。禁止在已刷油漆或喷有塑料的容器内焊接。

（14）焊接有色金属工件时应通风排毒，必要时，操作者应戴过滤式防毒面具。

（15）高处焊接时，除遵守高空作业操作规程中有关安全规定外，还要有安全措施，地面设人监护；下面的易燃、易爆物品必须移出5m以外。

（16）电焊机接地（零）线、电源线及工作回线不可搭在易燃、易爆物品上，不得用管道及设备代替接地线或工作回线。电焊机绕组不得有焦化、脆化、破损等缺陷，其绝缘电阻不得小于1MΩ。

1.13.2.4 停机

工作结束停机时，必须停掉电焊机负荷后，方可切断电源。检查工作场地，灭绝火种，确认切断电源后，方可离开。

1.13.3 交接班

当面交接班，交班时进行检查、清理现场，保持现场整洁；公用工具要清洗干净如数交接；整理记录，填写交接班记录，要将本班存在的安全隐患如实地填写到交接班记录中，包括隐患部位、发现隐患的时间等。

1.13.4 操作注意事项

操作注意事项如下：

（1）在操作场地10m内，不应储存油类或其他易燃易爆物品（包括有易燃易爆气体产生的器皿管线）。临时工地若有此类物品，而又必须在此操作时，应到消防部门办理动火票，采取临时性安全措施后方可进行操作。作业场地，应备有消防器材，有足够的照明和良好的通风。

（2）工作前必须穿戴好防护用品。操作时（包括打渣）所有工作人员必须戴好防护眼镜或面罩。仰面焊接应扣紧衣领，扎紧袖口，戴好防火帽。

（3）在缺氧危险作业场所及有易燃、易爆挥发物、气体的环境，设备、容器应经事先置换、通风，并经监测合格。

（4）对压力容器、密封容器、爆料容器、管道等的焊接，必须事先泄压、敞开，置换、清洗、除掉有毒有害物质后再施焊。潮湿环境和容器内作业还应采取相应电气隔离或绝缘等措施，并设人监护。

（5）在焊接、切割密闭空心工件时，必须留有出气孔。在容器内焊接，外面必须设人监护，并有良好通风措施，照明电压应采取12V。禁止在已刷好油漆或喷涂过塑料的容器内焊接。

（6）电焊机接零（地）线及电焊工作回线都不准搭在易燃、易爆的物品上，也不准接在管道和机床设备上。工作回路线应绝缘良好，机壳接地必须符合安全规定。一次回路应独立或隔离。

（7）电焊机的屏护装置必须完善（包括一次侧、二次侧接线），电焊钳把与导线连接处不得裸露。

1.13.5 典型事故案例

案例1

（1）事故经过：2001年5月6日，S省某矿汽车修理厂，发生一起违反操作规程焊接油罐，致使油罐爆炸事故，造成1人被炸身亡，1人受伤。

5月6日16时左右，该矿汽车运输公司司机林某，开来一辆油罐车，要求修理。这辆油罐车从事成品油运输，还是一辆新车，跑了不到3个月，在运输过程中司机发现油罐的局部有些渗油，于是将油放空，并晾晒了一天后，来到汽车修理厂要求进行焊接补修。负责电焊工作的刘某，经查看后，认为现在进行焊接有危险。可林某不听劝阻，反复要求修理。刘某没有办法，就试着进行焊接。他拿起焊把刚焊了一下，立刻便一声巨响，油罐发生爆炸，强大的气流把一扇汽车门从路东抛到路西，刘某被炸出几米外，当场死亡，林某被炸伤。

（2）事故原因：造成这起事故的直接原因是焊工刘某违规操作，在油罐车未经彻底清洗、置换罐内油气，未作动火分析并且柴油浓度较高的情况下，冒险焊接，结果造成爆炸。造成事故的间接原因是企业在安全管理上不到位，对于能否焊接，缺乏有效的技术检验方法和防范措施。

（3）防范措施与教训：在焊工应遵守的操作规程中的规定：盛装过易燃、易爆气体（固体）的容器，未彻底清洗和处理的不能焊割。因此，对盛装过汽油、煤油、柴油、烧碱、硫黄、甲苯、酒精等易燃物质的容器，要动火焊补前，必须根据具体情况，先将设备的放散管、人孔、清扫孔等一切孔盖都打开。再把设备内部的可燃及有毒的介质彻底置换出来。在置换过程中，要不断取样分析，直到可燃有毒物质的含量符合安全要求为止。在这起事故中，油罐车既没有经过清洗，也没有进行检验分析，焊工刘某就匆匆忙忙作业，如果没有发生事故属于侥幸，发生事故则属于必然。

应采取的防范措施：一是加强规章制度建设，将有关规定进一步明确细致并且具体化，同时明确汽车修理程序，作业人员不能随意接活；二是需要进一步加强安全管理工作，采取一些科学方法、技术措施，能够对盛装过易燃易爆的容器进行检测分析，从而保证作业的安全。

案例2

（1）事故经过：2000年12月25日20点左右，H省L市某公司分店负责人王某（台商）为封闭一商厦装修时遗留的两个小方孔，安排王某（无焊工资质证）进行电焊作业，但未做任何安防交代。王某电焊过程中也没有采取防护措施，电焊火花从方孔溅入地下二层可燃物上，引燃绒布、海绵床垫等可燃物品。王某等人发现后，用室内消火栓的水枪从方孔向地下二层射水灭火，但没能扑灭。在此情况下，他们既不报警也不通知楼上人员便自行逃离，并订立攻守同盟。

正在商厦办公的商厦总经理李某及分店的部分员工见状迅速撤离，同样也未及时报警和通知四层娱乐城人员逃生。随后，火势迅速蔓延，产生大量有毒烟雾。有毒高温烟雾通过楼梯间迅速扩散到四层娱乐城。此时，东北角的楼梯被烟雾封堵，其余的三部楼梯被上锁的铁栅栏堵住，人员无法通行，仅有少数人逃到靠外墙的窗户处获救，娱乐城内309人因中毒窒息死亡。

（2）事故原因：

1）分店非法施工、施焊人员违章作业是事故发生的直接原因。着火的间接原因是D公司雇用的4名焊工没有受过安全技术培训，在无特种作业人员操作证的情况下进行违章作业。

2）没有采取任何防范措施，野蛮施工致使火红的焊渣溅落下引燃了地下二层家具商场的木制家具、沙发等易燃物品；在慌乱中用水龙头向下浇水自救火不成，几个人竟然未报警逃离现场，贻误了灭火和疏散的时机，致使309人中毒窒息死亡。

3）商厦消防安全管理混乱，对长期存在的重大火灾隐患拒不整改是事故发生的主要原因。

（3）对事故责任人的处理意见（略）。

（4）针对电焊作业的主要防范措施：

1）焊工应持证上岗；在焊接过程中要严格执行操作规程，注意防火；

2）易燃场所焊接应按操作规程采取妥善的防护措施；

3）要设专职安全员监护动火作业。

1.14 木工岗位操作规程

1.14.1 上岗操作基本要求

上岗操作基本要求如下：

（1）持证上岗，经三级安全教育考试合格。

（2）劳保用品穿戴齐全、规范。

（3）严格执行交接班制度并做记录。

（4）不准酒后上岗和班中饮酒。

（5）不准疲劳上岗，工作过程要集中精力，具有独立工作能力。

（6）做好消防检查，保持现场整洁。

1.14.2 岗位操作程序

1.14.2.1 准备及检查

（1）检查所用工具是否齐全完好。

（2）检查木料有无裂纹、节疤，有无钉子、铁丝等妨碍物。

（3）清除场地的锋利、尖硬物件。

（4）检查消防器材是否齐全、完好有效。

1.14.2.2 操作程序

（1）搬运木料：

1）用车子搬运木料，车况必须良好，装载不要过多、过高、过重，道路要畅通，人员要配合好，不准猛拉、猛推、猛跑；

2）木材堆放要整齐，不要堵塞通道或妨碍工作；

3）搬运长木料时，应注意前后左右、不要碰撞设备和人，转弯时要小心慢行；两人或多人抬料要同肩，放料时两人肩部动作要一致；

4）大木料应平放在地上，不准靠物或立着存放；

5）圆料放置要垫稳妥。

（2）木工加工：

1）锯木料前将锯条拉直拧紧具有一定的张力，不用时放松，以防折断；

2）锯木料时，应站稳，脚要把木料踏牢；

3）锯木料时手指不准靠近锯齿，不能用手指为锯条定位导向；

4）开始锯时，不可用力过猛；

5）锯料将近末端时慢慢锯掉，小心手足；

6）眼和锯口要保持一定距离，以免木屑飞入眼内，更不能用嘴吹，或对着人吹木屑；

7）拉大锯时，木料要固定牢靠，踏板要放稳，动作协调；

8）木屑、刨花、碎片要及时清理，道路要畅通无阻。

1.14.2.3 收工

工作结束停机时，必须关闭电动设备电源，将工具收拾好整齐放到指定的存放地点；各种物料分类整齐存放。检查工作场所无火源等隐患后，方可离开。

1.14.3 交接班

当面交接班，交班时进行检查、清理现场，保持现场整洁；公用工具要清洗干净如数交接；整理记录，填写交接班记录，要将本班存在的安全隐患如实地填写到交接班记录中，包括隐患部位、发现隐患的时间等。

1.14.4 操作注意事项

操作注意事项如下：

（1）工作场所禁止明火作业和吸烟，注意防火。

（2）工作过程工具不得随意乱放，用后放到指定地点。

1.15 铆工岗位操作规程

1.15.1 上岗操作基本要求

上岗操作基本要求如下：

（1）持证上岗，经三级安全教育考试合格。

（2）劳保用品穿戴齐全、规范。

（3）严格执行交接班制度并做记录。

（4）不准酒后上岗和班中饮酒。

（5）不准疲劳上岗，工作过程要集中精力，具有独立工作能力。

（6）做好消防检查，保持现场整洁。

1.15.2 岗位操作程序

1.15.2.1 准备及检查

（1）工作前仔细检查所使用的各种工具，大小锤、平锤等，无卷边、伤痕；锤把应坚韧，无裂纹，并应加楔铁，安装应牢固。

（2）对工作场所进行检查和确认，如有不安全因素要处理并采取防范措施。

1.15.2.2 操作程序

（1）各种承受锤击工具的顶部，严禁淬火。

（2）铲、剁、铆等工作不准对着人操作。

（3）使用风动工具，工作间断时，应立即关闭风门，将铲头取出。

（4）工作中使用钻床、砂轮机、压力机、剪板机、滚板机等有关工具和设备时，应先检查各部位是否良好，转动是否正常，并遵守所用设备的操作规程。

（5）用行车吊运翻转工作，在起重工带领下配合作业，并遵守有关起重工操作规程；

所用吊具必须事先认真检查，多人一起工作，必须有专人指挥，密切配合。

（6）登高作业，必须有坚固的脚手架或梯子，梯子必须装有防滑装置，跳板的搭设必须牢固，操作者必须扎好安全带，工具只能放在工具袋内。

（7）加热炉周围，不准放易燃物品，用完后一定要将炉火熄灭。

（8）冲、凿钢板时，不准用圆的物体（如铁管子、铁球棒等）做下面的垫铁，以免滚动将人摔伤。

（9）使用大锤时，应注意锤头甩落范围，打锤时要瞻前顾后，对面不准站人，防止抡锤时造成危险，不准戴手套。

（10）捻钉及捻缝时，必须戴好防护镜。

（11）装铆工件时，孔不对不准用手探试，必须用尖顶穿杆、找正，然后穿钉。

（12）打冲子时，冲子穿出的方向不准站人。

（13）远距离抛递热铆钉时，要注意四周有无交叉作业的其他工人，接铆钉的人要侧面接；为防止行人通过，应在工作现场周围设立围网和警示牌。

（14）连接压缩空气管（带）时要先把风门打开，将气管（带）内的杂物吹净后再接；发现堵塞，要用铁条清堵时，头部必须避开。

（15）压缩空气管（带）的布置要注意周边环境，防止气管（带）被损坏；压缩空气管（带）不准从轨道上通过。

1.15.2.3　收工

工作结束，工件要堆放整齐，边角料应放到指定地方，场地要及时清理保持整洁，关闭电动设备电源，将工具收拾好整齐放到指定的存放地点；检查工作场所无火源后，方可离开。

1.15.3　交接班

当面交接班，交班时进行检查、清理现场，保持现场整洁；公用工具要清洗干净如数交接；整理记录，填写交接班记录，要将本班存在的安全隐患如实地填写到交接班记录中，包括隐患部位、发现隐患的时间等。

1.15.4　操作注意事项

操作注意事项如下：

（1）打大锤不准戴手套，并注意周围人员的安全。

（2）工作过程中工具不得随意乱放，用后放到指定地点。

2 电 气

2.1 高压配电室值班电工岗位操作规程

2.1.1 上岗操作基本要求

上岗操作基本要求如下：

（1）持证上岗，经三级安全教育考试合格。

（2）劳保用品穿戴齐全、规范。

（3）严格执行值班巡视制度、倒闸操作制度、工作票制度、交接班制度、外来人员出入登记制度、安全用具及消防设备管理制度。

（4）不准酒后上岗和班中饮酒。

（5）不准疲劳上岗，工作过程要集中精力。

（6）本岗位操作至少需要两人。

（7）保持现场整洁。

2.1.2 岗位操作程序

2.1.2.1 准备及检查

（1）值班人员必须经过培训和现场实际操作实习，经考试合格，方可担任值班工作，值班人员必须熟悉和掌握本变电所的供电系统、运行方式和设备性能，熟悉和掌握电业安全规程的有关规定。

（2）对检修线路送电，值班员必须查明现场情况，如检修人员是否撤离、接地线是否拆除、常设遮栏是否恢复等。

（3）对各用电线路送电，值班员必须查明开关、线路等是否良好，是否有人工作。

（4）对双回并列运行或带电倒闸时，值班员必须查明是否定相，定相后有无变动，经查证无误后，方可按停送电制度进行送电操作。

2.1.2.2 停送电倒闸操作

（1）停送电操作程序：

1）停电操作，必须按照油开关、负荷侧隔离开关、母线侧隔离开关程序进行，送电操作程序与此相反，严禁带负荷拉、合隔离开关；

2）停主变时，应先拉负荷侧油开关、隔离开关，后拉电源侧的油开关、隔离开关，送电操作与此相反；

3）停进线一回或二回电源开关，事前必须先检查母线联络开关是否合好，联络开关合闸后，方可停一回电源。

（2）停送电操作制度：除紧急情况（事故处理）外，在一般情况下，停送电操作执行下列制度：

1）工作票制度：工作负责人必须办理工作票，变电值班员按工作票进行停送电操作，按工作票要求设置安全措施；

2）操作票制度：操作前值班员必须填写操作票，操作票包括下列内容：应拉合的开关刀闸名称、标号，检查开关刀闸位置，检查接地线的挂、拆，检查负荷分配，检查有无电压，按操作顺序，每操作一项做一个记号“√”，操作时先操作模拟图，后操作开关柜；

3）监护制度：高压设备操作，实行一人操作，一人监护制度；

4）复诵制度：

①值班员接受停送电命令时，要向发令人复诵一遍停送电线路名称、操作内容、安全措施等；

②操作时，监护人发令，操作人复诵，先操作模拟图，后操作开关柜，在发令人确证无误后方能操作。操作一项，在操作票相应栏上作记号“√”。

（3）值班注意事项：

1）值班员应经常巡视变配电设备的运行情况，发现异常情况及时报告有关负责人。在紧急情况下，可以先采取措施，然后报告；

2）值班员在巡视检查中，不得越过安全遮栏；

3）值班员与有关负责人在电话联系停送电时，双方都应报告姓名，并将电话内容、通话时间和双方姓名记在记录簿内，有录音电话的变电所必须使用录音电话录音；

4）操作中发现疑问，不准擅自更改工作票和操作票，必须向发令人报告，弄清楚后再进行操作；

5）对双回供电的线路，停送电时必须与用户联系，正常操作，先送备用回路，后停需停回路，保证用户不失电；

6）值班员必须严格执行停送电制度，非电力调度指定人员发布的停送电指令，值班员不得执行。按一次停、送电工作，停、送电联系由一人负责的原则进行；

7）停送电操作必须戴绝缘手套、穿绝缘靴站在绝缘台上工作。

2.1.2.3 值班巡视制度

（1）值班电工按规定进行培训合格后取得相应的操作证，必须熟悉供电系统和配电室各种设备的性能和操作方法，并具备在异常情况下采取安全措施的能力。

（2）高压设备符合下列条件者，可由单人值班：

1）室内高压设备的隔离室设有遮栏，遮栏的高度在1.7m以上，安装牢固并加锁；

2）室内高压开关的操纵机构用墙或金属板与该开关隔离，或装有远方操作机构。

（3）允许单独巡视高压设备及担任监护人员，必须具备相应的操作技术和持证专职电工，单人值班不得单独从事修理工作。

（4）值班电工要有高度的工作责任心，严格执行值班巡视制度、倒闸操作制度、工作票制度、交接班制度、安全用具消防设备管理制度和出入制度等各项制度规定。

（5）不论高压设备带电与否，值班人员不得单人移开或越过遮栏进行工作，若有必要移开遮拦时必须有监护人在场，并符合设备不停电时的安全规定，设备不停电时的安全距离必须在1m以上。

（6）雷雨天气需要巡视室外高压设备时，应穿绝缘鞋，并不得靠近避雷器与避雷针；雨天操作室外高压设备时，应穿绝缘靴，雷电时禁止进行倒闸操作。

（7）巡视检查架空线路、变台时，禁止随意攀登电杆、铁塔或变台，两人检查时，可以一人检查，一人监护，并注意安全距离；在雨、雪、雾天气巡视及检查接地故障时，必须穿绝缘靴，雷电天气不得接近避雷器。

（8）巡视配电装置，进出高压室，必须随手将门锁好。经常保持门窗完好，防止小动物进入。

（9）电气设备停电后，在未拉开刀闸和采取安全措施以前应视为有电，不得进入遮拦和触及设备，以防突然来电。

（10）施工和检修要停电时，值班人员应按照工作要求做好安全措施，包括停电、验电、装设临时接地线、装设遮拦和悬挂标志牌，会同作业负责人现场检查确认无电安全后、双方办理许可开工签证方可操作。

（11）停电时，必须切断各回路可来电的电源，不能只拉开油开关进行工作，而必须拉开刀闸，使回路至少有明显的断开点。

（12）用绝缘棒拉合高压刀闸或经传动机构拉合高压刀闸和油开关，都应戴绝缘手套。带电装卸熔断器时，应戴防护眼镜和绝缘手套，必要时使用绝缘夹钳，并站在绝缘垫上。

（13）验电时，必须使用经试验合格、在有效期内、符合该系统电压等级的验电器，在检修设备进行两侧分别验电，验电前应先在有电设备上试验证明验电器良好，高压设备验电时必须戴绝缘手套。

（14）当验明设备确已无电压后应立即将检修设备三相接地并相互短路，对可能送电至停电设备的各方面或可能产生感应电压的部分都要装设接地线，接地线应用多股软裸铜线，截面积不得少于25mm^2，接地线必须用专用的线夹固定导体上，严禁用缠绕的方法进行接地或短路。

（15）装设接地线时必须先接好地端，后接导体端，拆除时的顺序与此相反，装卸接地线都应使用绝缘棒或绝缘手套，装拆工作必须有两人进行，不许检修人员自己装拆和变动接地线，接地线应编号，固定位置做好记录，在交接时要交代清楚。

（16）检修作业时，凡一经合闸，即送电到工作地点的开关和刀闸、操作把手上都应悬挂“禁止合闸，有人工作”的警示牌。工作地点两旁和对面的带电设备遮拦上和禁止通行的过道上悬挂“止步、高压危险”的警示牌。

（17）发生人身触电和火灾事故时，值班人员应立即断开有关电器设备的电源迅速进行抢救，并报告领导及有关部门。

电器设备发生火灾时，应该用四氯化碳、二氧化碳灭火器或1211灭火器扑救。变压器着火时，只有在周围全部停电后才能用泡沫灭火器扑救。配电室门窗应加设网栏，防止鼠害。

（18）作业中发生疑问应立即停止作业，向有关人员问清楚后再作业。

（19）工作结束时，工作人员撤离，工作负责人向值班人员交代清楚，并共同检查，然后双方办理工作终结签证后，值班人员方可拆除安全措施，恢复送电。在未办理工作终结手续前，值班人员不准将施工设备合闸送电。

（20）进行设备检查巡视时，要严肃认真，并做好记录。

2.1.2.4 工作间断、转移和终结制度

（1）工作间断时，工作班人员应从工作现场撤出，所有安全措施保持不动，工作票仍由工作负责人执存。间断后继续工作，无须通过工作许可人。每日收工，应清扫工作地点，开放已封闭的通路，并将工作票交回值班员。次日复工时，应得到值班员许可，取回工作票，工作负责人必须事前重新认真检查安全措施是否符合工作票的要求后，方可工作。若无工作负责人或监护人带领，工作人员不得进入工作地点。

（2）在未办理工作票终结手续以前，值班员不准将施工设备合闸送电。在工作间断期间，若有紧急需要，值班员可在工作票未交回的情况下合闸送电，但应先将工作班全班人员已经离开工作地点的确切根据通知工作负责人，在得到他们可以送电的答复后方可执行，并应采取下列措施：

1）拆除临时遮栏、接地线和标示牌，恢复常设遮栏，换挂“止步，高压危险！”的标示牌；

2）必须在所有通路派专人守候，以便告知工作班人员“设备已经合闸送电，不得继续工作”，守候人员在工作票未交回以前，不得离开守候地点。

（3）检修工作结束前，若需将设备试加工作电压，可按下列条件进行：

1）全体工作人员撤离工作地点；

2）将该系统的所有工作票收回，拆除临时遮栏、接地线和标示牌，恢复常设遮栏；

3）应在工作负责人和值班员进行全面检查无误后，由值班员进行加压试验。

工作班若需继续工作时，要重新履行工作许可手续。

（4）在同一电气连接部分用同一工作票依次在几个工作地点转移工作时，全部安全措施由值班员在开工前一次做完，不需再办理转移手续，但工作负责人在转移工作地点时，应向工作人员交代带电范围、安全措施和注意事项。

（5）全部工作完毕后，工作班应清扫、整理现场。工作负责人应周密地检查，待全体工作人员撤离工作地点后，再向值班人员讲清所修项目、发现的问题、试验结果和存在问题等，并与值班人员共同检查设备状况，有无遗留物件，是否清洁等，然后在工作票上填明工作终结时间，经双方签名后，工作票方告终结。

（6）只有在同一停电系统的所有工作票结束，拆除所有接地线、临时遮栏和标示牌，恢复常设遮栏，并得到值班调度员或值班负责人的许可命令后，方可合闸送电。

（7）已结束的工作票，按月（季）装订成册，保存6个月。

2.1.3 交接班

当面交接班，交班时进行检查、清理现场，保持现场整洁；公用工具要清洗干净如数交接；整理记录，填写交接班记录，要将本班存在的安全隐患如实地填写到交接班记录中，包括隐患部位、发现隐患的时间等。

2.1.4 操作注意事项

操作注意事项如下：

（1）值班人员不得穿着短袖衣服，严禁穿高跟鞋。

（2）停送电操作过程中，联系停送电的电话旁边必须有人。

（3）杜绝约时停送电。

（4）倒闸操作中途不得进行交接班，本次倒闸操作完成、确认无误方可进行交接班。

2.1.5 典型事故案例

（1）事故经过：2004 年 3 月 14 日上午，S 省某 110kV 变电站站长康某安排 1 名主值在主控室值班，另外两人和自己一道进行室内外卫生清扫工作。中午时分，清扫工作将近结束，1 名值班员在 1 号主变渗油池做清扫工作，康某与另外 1 名值班员在 35kV 设备区做清扫工作。约 12 点 50 分，与康某一道做清扫工作的值班员返回值班室抄表。12 点 55 分，在 1 号主变底部做清扫工作的值班员听到 111 开关方向有很大的放电声，便向 111 开关方向跑去，发现 111 开关下方起火，随即呼叫主控室的主值出来灭火。主值手提干式灭火器，跑到 111 开关间隔后，发现康某趴在地上，身上衣服已着火。主值迅速灭火，并火速将康某送至就近医院，经抢救无效死亡。

经调查，111 开关 B 相三叉口下法兰和开关支架处有明显的放电痕迹，椭圆堵板有轻微油污痕迹。康某左耳、右手、胸部、右腿等处有明显烧伤放电痕迹。根据调查分析，初步认为事故原因是：康某在事故前发现 111 开关 B 相三叉口处有油污，便从 111 开关机构箱平台跨到 111 开关架构上，并穿越 C 相开关到 B 相开关处，抬起身体准备擦拭三叉口下部椭圆堵板处油污时发生触电。

（2）事故过程中违章现象的具体分析：

1）违反了在高压设备上工作操作规程和相关规定，该事故责任人康某在没采取任何防护措施的情况下，违章上了 110kV 带电设备，酿成惨祸。

2）工作负责人违反规程，没有认真履行其安全职责。作为工作负责人的康某不但没有督促工作人员遵守规程，反而带头违反规程，擅自去带电设备上工作，结果造成人身死亡事故。

3）没有认真执行工作监护制度。在该事故中，作为该站站长也是本次工作负责人的康某，当一起工作的值班员离开后，无人监护仍单独留在高压设备区内作业；同时还有 1 人无人监护在 1 号主变下工作，属于集体违章。

4）其他成员未认真履行其安全职责。在实际工作中，其他参与工作的值班员也没有意识到他人的违章和自己的违章。1 号主变下的值班员也是单人工作，先回值班室的值班员，也未意识到自己离开工作现场属于监护时离岗，而工作并未终止。

5）值班人员对电气设备不够熟悉。该事故的责任人康某，虽然受过专业教育，有 15 年工龄，先后担任副职、主值、副站长、站长，竟然还会违章爬上带电设备作业，可见，值班员安全意识、自我保护意识太差，是一起典型的麻痹大意、违章作业案例。

（3）事故原因：

1）康某违章作业是造成该事故的主要原因。康某作为基层管理者和运行人员，虽然工作热情很高，但安全意识淡薄，违反有关操作安全规定，导致事故的发生。

2）安全培训教育不力是导致该次事故的一个原因。该事故反映出安全学习、安全培训做得不够，安全意识教育不到位。虽然在 1998 年与 2000 年在该省发生过两起同类事故，但是没有引以为戒，同时也反映了日常的培训工作与实际脱节，没有起到应有的作用。

3）未严格执行监护制度是导致本次事故发生的又一原因。该事故暴露出工作期间多次出现无人监护的情况，说明该变电站遵章守纪的执行力度差，习惯性违章现象严重，反违章工作抓得不严不细。

4）该事故也反映出变电运行人员忽视安全，擅自在站内违章单人从事工作的现象普遍存在。近年来发生的3起类似人身触电伤亡事故暴露出部分班组长和管理人员安全意识淡薄，执行规章制度是“严以待人，宽以待己”。作为基层管理者，本应带头遵章守纪，事实恰恰相反，他们的安全意识差，执行有关安全规定随意性大，最终成为违章的牺牲品。

（4）防范措施及教训：

1）加强安全教育，特别防止班组长和老职工因有骄傲情绪导致安全警惕性低，提高其安全意识；

2）内部组织电业安全规程和操作规程学习考试，提高电工安全操作技能；

3）开展安全检查，制止、杜绝习惯性违章。

2.2 低压配电室值班电工岗位操作规程

2.2.1 上岗操作基本要求

上岗操作基本要求如下：

（1）持证上岗，经三级安全教育考试合格。

（2）劳保用品穿戴齐全、规范。

（3）严格执行值班巡视制度、倒闸操作制度、工作票制度、交接班制度、外来人员出入登记制度、安全用具及消防设备管理制度。

（4）不准酒后上岗和班中饮酒。

（5）不准疲劳上岗，工作过程要集中精力。

（6）本岗位操作至少需要两人。

（7）保持现场整洁。

2.2.2 岗位操作程序

2.2.2.1 准备及检查

（1）值班人员必须经过培训和现场实际操作实习，经考试合格，方可担任值班工作，值班人员必须熟悉和掌握本变电所的供电系统、运行方式和设备性能，熟悉和掌握电业安全规程的有关规定。

（2）对检修线路送电，值班员必须查明现场情况，如检修人员是否撤离，接地线是否拆除，常设遮栏是否恢复等。

（3）对各用电线路送电，值班员必须查明开关、线路等是否良好，是否有人工作。

（4）对双回并列运行或带电倒闸时，值班员必须查明是否定相，定相后有无变动，经查证无误后，方可按停送电制度进行送电操作。

2.2.2.2 运行操作及检查

（1）停送电操作：

1）低压配电室内停送电操作必须由持证值班电工按操作规程操作，操作完毕应在值班记录上作详细记录并向接班人交代清楚；

2）停电拉闸操作必须按照断路器（开关）—负荷侧隔离开关（刀闸）—母线侧隔离开关（刀闸）的顺序依次操作，送电时操作应按与停电操作相反的顺序进行，严防带负荷拉刀闸。

（2）在电气设备上工作，必须保证执行以下制度：

1）工作票制度；

2）工作许可证制度；

3）工作监护制度；

4）工作间断、转移和终结制度；

5）临时用电作业许可证制度。

（3）在部分停电或全部停电的电气设备上工作，必须完成下列措施：

1）停电；

2）验电；

3）装设接地线；

4）悬挂标示牌或装设遮栏。

（4）检修高压电动机和启动装置时应做好下列安全措施：

1）断开电源；

2）验收确无电后装上接地线；

3）在开关把手上悬挂“禁止合闸，有人工作”标示牌并装设安全遮栏，必要时应请监护人。

（5）值班巡视制度：低压配电室设专人24h值班，每两小时巡视各配电柜一次，并做记录。用电高峰期、风、雷、雨天气时应加强巡视，发现问题及时处理；不能解决的问题应及时报告主管。

（6）低压带电作业要求：

1）低压带电作业应设专人监护。

2）使用有绝缘柄的工具，其外裸的导电部位应采取绝缘措施，防止操作时相间或相对地短路。工作时，应穿绝缘鞋和全棉长袖工作服，并戴手套、安全帽和护目镜，站在干燥的绝缘物上进行。严禁使用锉刀、金属尺和带有金属物的毛刷、毛掸等工具。

3）高低压同杆架设，在低压带电线路上工作时，应先检查与高压线的距离，采取防止误碰带电高压设备的措施。在低压带电导线未采取绝缘措施时，工作人员不得穿越。在带电的低压配电装置上工作时，应采取防止相间短路和单相接地的绝缘隔离措施。

4）上杆前，应先分清相、零线，选好工作位置。断开导线时，应先断开相线，后断开零线。搭接导线时，顺序应相反。人体不得同时接触两根线头。

5）在下列情况下，禁止带电工作：

①阴雨天气；

②防爆、防火及潮湿场所；

③有接地故障的电气设备外壳上；

④在同杆多回路架设的线路上，下层未停电，检修上层线路；上层未停电且没有防止

误碰上层的安全措施检修下层线路。

（7）值班、操作注意事项：

1）非工作人员进入配电室，需经相关主管人员同意，且有工程部专业人员陪同，并在《特殊设备房来访进出登记表》上作好相关记录。

2）配电柜开关供电线路应设有明显标志，如分合闸指示卡、资料卡等；检修停电，必须悬挂标示牌。任何人不得随意移位或破坏标示牌。

3）配电室内禁止乱拉、乱接线路，供电线路严禁超载运行，如确有特殊原因，应由上级领导同意后方可根据实际情况短时供电，并应增加巡视的频率。

4）在配电室内进行任何整改或变动必须经主管领导签字同意方可进行，进行较大的变动时还需报告矿级领导批准后进行。

5）照明和通风设施良好，温度保持在40℃以下。

6）配电室气体灭火系统必须保持随时有效，并应配置手持气体灭火器放置于明显且易于取用的地方。

7）雷雨天气需要巡视室外电力设备时，应穿绝缘鞋，并不得靠近避雷器与避雷针；雨天操作室外电气设备时，应穿绝缘靴，雷电时禁止进行倒闸操作。

8）停电时，必须切断各回路可来电的电源，不能只拉开空气开关进行工作，而必须拉开刀闸，使回路至少有明显的断开点。

9）验电时必须使用试验合格、在有效期内、符合该系统电压等级的验电器，在检修设备进行两侧分别验电，验电前应先在有电设备上试验证明验电器良好，高压设备验电时必须戴绝缘手套。

10）装设接地线时必须先接好地端，后接导体端，拆除时的顺序与此相反，装卸接地线都应使用绝缘棒或绝缘手套，装拆工作必须有两人进行，不许检修人员自己装拆和变动接地线，接地线应编号，固定位置做好记录，在交接时要交代清楚。

11）发生人身触电和火灾事故时，值班人员应立即断开有关电器设备的电源迅速进行抢救，并报告领导及有关部门。

2.2.3 交接班

当面交接班，交班时进行检查、清理现场，保持现场整洁；公用工具要清洗干净如数交接；整理记录，填写交接班记录，要将本班存在的安全隐患如实地填写到交接班记录中，包括隐患部位、发现隐患的时间等。

2.2.4 操作注意事项

操作注意事项如下：

（1）值班人员不得穿着短袖衣服，严禁穿高跟鞋。

（2）严禁约时停、送电。

（3）停送电操作中途不得进行交接班，本次操作完成、确认无误方可进行交接班。

2.2.5 典型事故案例

（1）事故经过：2007年12月20日某矿机电互检，在检查井底车场小绞车BQD10-

80N 型启动器时，该队两名电工按照电工操作规程的要求逐步操作，停电、闭锁、挂牌后，验电时电笔指示灯不亮，然后使用放电线进行放电作业，突然产生一团火光，将上级馈电顶跳。

事故发生后机电科王某组织现场人员进行分析处理，发现该队电工所使用的电笔完好，验电时操作不当致使指示灯不亮；跳闸是由相间短路引起的，随后又对隔离开关进行了检查，发现隔离开关存在不完好现象，不能完全断开，该队电工在放电时，线鼻子横放两相短接造成相间短路。

（2）事故原因：

1）电工在没有停电的情况下，即放电并将线鼻子横放使两相短接是导致相间短路的直接原因；

2）隔离开关存在重大隐患，机电工日常检修不到位，没有能及时发现隐患问题，是造成事故的主要原因。

3）电工在验电时由于操作不当没能及时发现设备带电，是导致相间短路的间接原因。

（3）事故责任划分：

1）隔离开关不能完全断开，机电工日常检修不到位，没能及时发现问题，对事故负主要责任；

2）电工放电方法不对，对事故负主要责任；

3）电工在验电时由于操作不当没能及时发现设备带电，对事故负主要责任；

4）机电队长和班长现场安全管理不到位，没有安排好现场安全工作，对事故负重要领导责任；

5）队长负领导责任，书记负安全教育不到位责任。

（4）防范措施及教训：

1）加强对电气设备的日常检修与维护，并将重要部位检修到位。电器设备检修停电，必须经过验电确认。

2）积极开展隐患检查，发现隐患问题，要及时处理，把事故消灭在萌芽状态。

3）进一步加强职工的安全教育工作，增强职工的安全意识和技术水平，确保检修质量。

4）组织操作技能培训，提高电工操作技术水平，严格按规程操作。

5）此次事故影响副井提升近 40min，给生产带来严重影响。若造成人身伤亡事故，后果不堪设想。所以，必须加强对机电工业务、操作技能培训，增强责任心教育。

2.3 外线电工岗位操作规程

2.3.1 上岗操作基本要求

上岗操作基本要求如下：

（1）持证上岗，经三级安全教育考试合格。

（2）劳保用品穿戴齐全、规范，女工应将发辫塞入帽内。

（3）严格执行交接班制度并做记录。

（4）不准酒后上岗和班中饮酒。

（5）不准疲劳上岗，工作过程要集中精力。

（6）本岗位检修作业至少两人。

（7）保持现场整洁。

2.3.2 岗位操作程序

2.3.2.1 准备及检查

（1）由熟悉线路走向及对路况有经验的一名外线工担任领班和监护人。

（2）检查巡线所用的望远镜、手电、砍刀及作业所用脚扣、安全带、手钳等工器具是否齐备完好。

（3）外线检修作业时，提前联系好车辆，准备好所需材料、生活必需品。

（4）准备好通讯工具，与调度、变电站等部门确定联系方式。

（5）遇六级以上强风，不得进行高处作业。

2.3.2.2 外线作业

（1）线路巡视：

1）巡视工作应由有经验的人员担任。在夜间、暑天、大雾天进行事故巡线，必须由两人进行。

2）单人巡线时禁止上杆、塔。

3）巡线应由线路外侧进行，大风巡线应沿线上风侧前进，以免发生万一，触及断落的导线。事故巡线应始终认为线路带电，也应认为随时有送电的可能。

4）巡线人员发现导线断落地面或悬挂空中，应设法防止行人靠近断线地点8m以内，并迅速报告有关部门，等候处理。

（2）线路检修及维护：

1）线路停电检修要执行停电工作制。停电后，要在线路开关刀闸操作机构上悬挂“有人工作，禁止合闸”的标志牌。

2）工作负责人应负下列责任：

①工作开始前向工作人员宣读工作票；

②正确地、安全地组织工作；

③指导工作人员遵守规程，执行好安全措施。

3）工作负责人应由工作票书面指定的有实践经验的人担任。

4）在部分停电和邻近带电线路范围内工作，应设监护人，工作场地要有一名安全人员，负责安全工作。

5）在多路出线的工作地段检修，工作负责人应向检修人员指明带电和停电线路，安全员不准离开现场并做好监护工作，防止误登带电线路的电杆，一般的检修工作应互相之间做好监护。

6）在变压器台上低压侧进行电气测量时，要注意不触及带电部分，防止相间短路和工作人员触电。

7）测量带电线路的弛度、交叉跨越距离，严禁用皮尺、钢尺，可用测量仪器或抛挂绝缘绳的方法测量。

8）电杆、变压器，避雷器的接地电阻测量或解开及恢复接地引线时，应戴绝缘手套，否则严禁接触与断开接地线。

9）砍伐靠近带电线路的树木时不得登杆，树木和绳索不得接触导线。

10）上树砍剪树木，不应攀抓脆弱和枯死的树枝以及锯过或砍过的未断树木，人与导线保持安全距离，注意马蜂，并系好保险带。

11）树木倒落在导线上，应设法用绳索拉离导线离开方向，绳索应有足够长度，以免拉绳人被倒落的树木砸伤，若树枝接触高压带电导线时，严禁在线路未停电时进行处理。

12）砍剪的树木下面和倒树范围内不得有人逗留，应有专人监护，防止砸伤行人。

13）工作中遇有雷电来临或远方有雷鸣时，应立即停止工作。

2.3.2.3 杆上工作

（1）高处作业必须使用安全保险带（距坠落高度基准面2m及2m以上为高处），登杆前应检查工作是否完备合格，登杆是否牢固可靠，木杆腐烂严重者，应采取可靠措施方可登杆。

（2）新立电杆在基坑未填平夯实前不准登杆。

（3）保险带应系在电杆或牢固的物件上，不许系在横担端头上，系好保险带后，应检查扣环是否牢靠。

2.3.2.4 变压器台上工作

（1）在变压器台上、电容器台上工作，至少要有两人进行。并且必须对电容器、变压器放电。

（2）更换变压器或调整相位后，应检查电压和相位是否正确。

（3）拉合高、低压保险时，须使用绝缘用具，不许赤手摘挂高压保险。

（4）变压器台上的预防试验工作应有专人监护。

（5）在吊起或放落变压器前，必须检查配电变压器是否牢固。

2.3.2.5 立杆、撤杆操作

（1）立杆、撤杆要有专人指挥。立杆前现场负责人向全班组人员讲明起立方法、注意事项，明确分工，说明指挥信号，并检查工作人员熟悉工序的情况。工作中对指挥人员的命令有意见或发生了异常情况，应向指挥人提出，但操作必须服从指挥人员的命令。

（2）在居民区和交通道路上立、撤电杆，应设人看护。

（3）设立杆塔所设的地锚，根据不同地质条件及受力情况加以确定，利用树坑、石头代替地锚，必须经工作负责人检查后方可使用。

（4）起重杆塔应用安全可靠的起重设备，当杆塔离开地面时，起吊暂停并对各受力点进行检查，确无问题后方可继续起吊。起立60°后，应减缓速度，并注意各侧拉绳。

（5）使用抱杆立杆时，主牵引绳、尾绳、杆塔中心及抱杆顶应在一条直线上。抱杆应受力均匀，两侧拉绳应拉好，不能左右倾斜。

（6）杆塔起吊过程中，除指挥人员、指定人员外，其他人员一律撤离杆高1.2倍的距离以外。

（7）起吊杆塔用的拨杆，应受力均匀，不得左右倾斜。

（8）杆塔起立过程中，不准下坑找正，如要下坑，应暂停起立，工作人员必须站在起立电杆两侧，并有专人监护。

（9）在起立过程中不准攀登杆塔。杆塔下工作人员中应戴安全帽。

（10）吊车立、撤电杆时，钢丝绳应系在电杆适当的位置，防止电杆倾倒。

（11）在撤杆工作前，拆除杆上导线时，应先检查电杆根部，并采取防倒杆措施，在挖坑前先套好拉绳。

（12）已经立起的电杆只有在回土夯实后，方可撤去拉绳。

2.3.2.6 放线、撤线、紧线操作

（1）放线、撤线和紧线工作，均应设专人指挥。统一信号，并检查紧线工作是否良好。

（2）交叉跨越各种线路和通过线路、公路、河流等放、撤线时，应先取得主管部门同意，做好安全措施。

（3）放线要有专人领线，并时刻注意信号，放线用的滑轮转动应灵活，放线轴应有防止被拉跑的措施，并设专人看守，放线前要处理沿途妨碍物或采取相应措施。

（4）放线、紧线中遇有妨碍时，工作人员应站在导线受力转角外侧，并发出信号。

（5）放、紧、撤线过程中，跨越架应派专人看守，发生异常情况，应立即发出停止木杠工作的信号。

（6）放线质量要求：

1）放线前要处理沿途障碍，采取防止磨损导线的措施。

2）放线滑轮要灵活，并使用铁滑轮。

3）导线在同一截面处损伤要符合下列要求：

①单股损伤深度不大于直径的1/2；

②损伤面积为导线损伤处总面积的5%以下。

4）导线损伤有下列情况必须重接：

①钢芯断裂；

②在同一处磨损或断股的面积超过总面积的25%；

③打结、破股等已形成无法修复的永久变形。

（7）钢绞线七股断裂一股者，必须割断重接。

（8）紧线质量要求：

1）紧线工作前必须在杆基全部埋好，耐张杆拉线全部装设好后，并在横担上作好双面临时拉线时，方能进行。

2）紧线时导线应按当时温度下降10℃考虑。

3）弛度的误差在挂线后检查，应不超过规定范围，但其正误差最大值不大于500mm。

4）每根导线的弛度应力求一致，允许误差不大于下列标准：

①水平排列不大于200mm；

②三角排列者不大于300mm；

③排好的导线上不应有树枝杂草等物。

5）附件安装：

①绝缘子安装前应清除表面尘垢及附着物；

②悬垂绝缘子串的倾斜不应超过5°；

③铅包带每端露出10～30mm，铅包带缠绕方向应与导线线股方向一致；

④穿钉及弹簧销子的穿入方向的规定：悬垂绝缘子上的穿钉及销子，两边线一律向外穿，中相面向受电侧由左向右穿；耐张绝缘子串上的穿钉及销子一律向下穿；穿钉成水平时，开口销子的开口侧应向下。

（9）拉线质量要求。

1）U 形环的选用：

①拉线为 35 ~ 50mm^2 时，选用 ϕ16mm 的 U 形环；

②拉线为 70 ~ 100mm^2 时，选用 ϕ19mm 的 U 形环；

③拉线为 2 × 70mm^2 时或 150mm^2，选用 ϕ25mm 的 U 形环。

2）采用楔形线夹连接拉线，拉线两端在安装时应符合下列要求：

①楔形夹内壁应光滑，其楔板与拉线的接触应紧密，在正常受力情况下无滑动现象，安装时不得损伤拉线；

②拉线断头端用元丝绑扎 30mm，并露出线夹 200mm（上端）及 400mm（下端）；

③下楔形线夹螺杆露丝长度应不大于全部可调部分的 1/3，并应尽可能一次调整好且予以封固；

④拉线弯曲部分不应有松股及各股受力不均现象。

（10）爆破压接时，工作人员离开现场 30m 以外，在市区繁华地带不准爆破压接。

（11）跨接需停电的高压线时，停电后应验电、放电、挂接地线。

（12）跨越架必须牢固，新架线路横担长 3m，并与线路中心线一致，从带电线路下面拉线时，必须采取防止导线振动或通过牵引而引起拉线与带电导线接近进入危险范围内的措施。

（13）搭架用的绳索，一般用麻绳或棕绳，接近带电附近禁止使用铁线绑扎。

（14）跨越架与带电体间的最小距离：

电压等级	3 ~ 10kV
水平与垂直距离	1.0m
对地线距离	0.5m

（15）搭跨越架时，人身、工具、材料与带电体的安全距离：电压等级为 3 ~ 10kV，安全距离为 0.6m。

（16）跨越架与铁路、公路、通讯线路、低压线路的距离见表 4-2-1。

表 4-2-1 跨越架与铁路、公路、通讯线路、低压线路的距离

距离/m	铁路	公路	通讯线路	低压线路
水平	2.5	0.5	0.5	0.5
垂直	6	5.5	0.6	0.6

2.3.2.7 挂接地线操作

（1）线路经验电确认无电后，各工作班组应立即在工作地段两端挂接地线，若有感应电压反应到停电线路上时，应加挂接地线。

（2）用杆架放多层电力线路挂接地线时，应先挂低压后挂高压，先挂下层后挂上层。

（3）挂接地线时，应先挂接地端后接导线端，接地线连接可靠，拆地线时相反，装拆接地线时工作人员应戴绝缘工具、手套，人体不得触及导线。

（4）若杆塔无接地引下线时，可采用临时接地棒，接地棒在地面埋深不得小于0.6m。

（5）接地线应有接地和短路导线构成的成套接地线，成套接地线必须由多股铜线组成，其面积不小于25mm^2。

（6）带电作业有关操作规定按“电业安全规程”执行。

2.3.2.8 避雷器安装、运行与维护

（1）安装前的检查：

1）避雷器额定电压与线路电压是否相同；

2）底盘的瓷盘有无裂纹，瓷件表面是否有裂纹、破损和闪络痕迹及掉釉现象；如有破损，其破损面应在0.5cm^{2}以下，在不超过三处时可继续使用；

3）将避雷器向不同方向轻轻摇动，内部应无松动的响声；

4）检查瓷套与法兰连接处的胶合和密封情况是否良好。

（2）电气试验：

1）绝缘电阻，用2500V兆欧表测量绝缘电阻，与同类避雷器试验值进行比较，绝缘电阻值应未有明显变化；

2）工频击穿电压试验，FS型避雷器工频放电电压标准：额定电压为3kV、6kV、10kV时；新装和大修后的避雷器为9～11kV、16～19kV、27～30kV；运行中的避雷器为8～12kV、15～21kV、23～33kV；

3）FZ型避雷器一般可不做工频放电试验，但要做避雷器泄漏电流测量。

（3）安装要求：

1）避雷器应垂直安装，倾斜不得大于15°；安装位置应尽可能接近保护设备，避雷器与3～10kV设备的电气距离，一般不大于15m，易于检查巡视的带电部分距地面若低于3m，应设遮栏。

2）避雷器的引线与母线、导线的接头，截面积不得小于规定值：3～10kV铜引线截面积不小于16mm^2，铝引线截面积不小于25mm^2，35kV及以上按设计要求。并要求上下引线连接牢固，不得松动，各金属接触表面应清除氧化膜及油漆。

3）避雷器周围应有足够的空间，带电部分与邻相导线或金属构架的距离不得小于0.35m，底板对地不得小于2.5m，以免周围物体干扰避雷器的电位分布而降低间隙放电电压。

4）高压避雷器的拉线绝缘子串必须牢固，其弹簧应适当调整，确保伸缩自由，弹簧盒内的螺帽不得松动，应有防护装置；同相各拉紧绝缘子串的拉力应均匀。

5）均压环应水平安装，不得歪斜，三相中心孔应保持一致；全部回路（从母线、线路到接地引线）不能迂回，应尽量短而直。

6）对35kV及以上的避雷器，接地回路应装设放电记录器，而放电记录器应密封良好，安装位置应与避雷器一致，以便于观察。

7）对不可互换的多节基本元件组成的避雷器，应严格按出厂编号、顺序进行叠装，避免不同避雷器的各节元件相互混淆和同一避雷器的各节元件的位置颠倒、错乱。

8）避雷器底座对地绝缘应良好，接地引下线与被保护设备的金属外壳应可靠连接，并与总接地装置相连。

（4）避雷器运行：避雷器在运行中应与配电装置同时进行巡视检查，雷电活动后，应

增加特殊巡视。巡视检查项目如下：

1）瓷套是否完整；

2）导线与接地引线有无烧伤痕迹和断股现象；

3）水泥接合缝及涂刷的油漆是否完好；

4）10kV 避雷器上帽引线处密封是否严密，有无进水现象；

5）瓷套表面有无严重污秽；

6）动作记录器指示数有无变化，判断避雷器是否动作并做好记录。

（5）避雷器的运行管理：

1）避雷器投入运行时间，应根据当地雷电活动情况确定，一般在每年 3 月初到 10 月投入运行；

2）避雷器每年投入运行前，应进行检查试验，试验项目为：

①用 1000～2500V 兆欧表测量绝缘电阻，测量结果与前一次或同型号避雷器的试验值相比较，绝缘电阻值不应有显著变化；

②测量工频放电电压，对于 FS 型避雷器，额定电压为 3kV、6kV、10kV 时，其工频放电电压分别为 8～12kV、15～21kV、23～33kV；

③FZ 型避雷器一般不做工频放电试验，但应做避雷器的泄漏电流测量。

（6）避雷器运行中常见故障：

1）避雷器内部受潮。避雷器内部受潮的征象是绝缘电阻低于 2500MΩ，工频放电电压下降。内部受潮的原因可能为：

①顶部的紧固螺母松动，引起漏水或瓷套顶部密封用螺栓的垫圈未焊死，在密封垫圈老化开裂后，潮气和水分沿螺钉缝渗入内腔；

②底部密封试验的小孔未焊牢、堵死；

③瓷套破裂、有砂眼、裙边胶合处有裂缝等易于进入潮气及水分；

④橡胶垫圈使用日久，老化变脆而开裂，失去密封作用；

⑤底部压紧用的扇形铁片未塞紧，使底板松动，底部密封橡胶垫圈位置不正，造成空隙而渗入潮气；

⑥瓷套与法兰胶合处不平整或瓷套有裂纹。

2）避雷器运行中爆炸：避雷器运行中发生爆炸的事故是经常发生的，爆炸的原因可能由系统的原因引起，也可能为避雷器本身的原因引起：

①由于中性点不接地系统中发生单相接地，使非故障相对地电压升高到线电压，即使避雷器所承受的电压小于其工频放电电压，而在持续时间较长的过电压作用下，可能会引起爆炸。

②由于电力系统发生铁磁谐振过电压，使避雷器放电，从而烧坏其内部元件而引起爆炸。

③线路受雷击时，避雷器正常动作。由于本身火花间隙灭弧性能差，当间隙承受不住恢复电压而击穿时，使电弧重燃，工频续流将再度出现，重燃阀片烧坏电阻，引起避雷器爆炸；或由于避雷器阀片电阻不合格，残压虽然降低，但续流却增大，间隙不能灭弧而引起爆炸。

④由于避雷器密封垫圈与水泥接合处松动或有裂纹，密封不良而引起爆炸。

2.3.2.9 收工

工作完毕，检查工作区域设备、线路有无隐患，收回工器具并放到作业区域以外，清理现场，填写检修记录；核对作业人数，确保所有作业人员撤离工作区域后，报告工作负责人工作完成。

2.3.3 交接班

当面交接班，交班时进行检查、清理现场，保持现场整洁；公用工具要清洗干净如数交接；整理记录，填写交接班记录，要将本班存在的安全隐患如实地填写到交接班记录中，包括隐患部位、发现隐患的时间等。

2.3.4 操作注意事项

操作注意事项如下：

（1）线路检修必须严格履行工作票制度、工作许可证制度、工作监护制度和工作间断、转移和终结制度。

（2）登高作业，必须系安全带并遵守相关规程。

（3）多工种交叉作业、部分停电检修，需要制定单项安全措施。

（4）带电作业要制定单项安全措施报主管部门审批，并严格执行“带电作业规程”。

2.3.5 典型事故案例

（1）事故经过：2007年1月26日，H省某电业局高压检修所带电班职工王某（男，33岁）在110kV鄘牵Ⅰ线衡北支线停电检修作业中，误登平行带电的110kV三鄘线路35号杆，触电身亡。

因配合武广高速铁路的施工，该电业局计划1月24～27日，对110kV鄘牵Ⅰ线全线停电，由该电业局高压检修管理所进行110kV鄘牵Ⅰ线16号-1、16号-2和90号杆塔搬迁更换工作，同时对鄘牵Ⅰ线1号～118号杆及110kV鄘牵Ⅰ线衡北支线1号～44号杆登检及瓷瓶清扫工作。鄘牵Ⅰ线1号～118号杆及110kV鄘牵Ⅰ线衡北支线1号～44号杆工作分成三个大组进行，分别由高检所线路一、二和带电班负责，经分工，带电班工作组负责衡北支线1号～44号杆停电登杆检查工作。1月24日各工作班在挂好接地线，做好有关安全措施后开始工作。1月26日带电班的工作，又分成4个工作小组，其中工作负责人莫某和作业班成员王某一组负责鄘牵Ⅰ线衡北支线31号～33号杆登杆检查及瓷瓶清扫工作，大约在11：30，莫某和王某误走到与鄘牵Ⅰ线衡北支线平行的110kV带电三鄘线35号杆下（原杆号为：鄘牵Ⅱ衡北支线32号杆），在都未认真核对线路名称、杆牌的情况下，王某误登该带电的线路杆塔，造成触电，并起弧着火，安全带烧断从约23m高处坠落地面当即死亡。

（2）事故原因：

1）事故直接原因：

①工作监护人严重失职，严重违反了操作规程的规定。莫某是该小组的工作负责人（工作监护人），上杆前没有向王某交代安全事项，没有和王某共同核对线路杆号名称，完全没有履行监护人的职责。

②死者王某安全意识淡薄，自我防护意识差，上杆前未认真核对杆号与线路名称，违章上杆工作。

③运行电杆编号标志混乱。110kV 三鄗线为 3 年前由 110kV 鄗牵Ⅱ线衡北支线改编号形成，事故杆塔三鄗线 35 号杆上原“鄗牵Ⅱ线衡北支线 32 号”杆号标志未彻底清除，目前仍十分醒目，与“三鄗线 35 号”编号标志同时存在，且杆根附近生长较多低矮灌木杂草，影响杆号辨识。

2）事故间接原因：

①检修人员不熟悉检修现场。HY 局高检所带电班第四组工作人员不熟悉检修线路杆塔具体位置和进场路径，且工作前未进行现场勘察，工区也未安排运行人员带路，是导致工作人员走错杆位的间接原因。

②施工组织措施不完善。本次鄗牵Ⅰ线杆塔改造和线路登杆检修工作为该电业局春节前两大检修任务之一，公司管理层对工作的组织协调不力，管理不到位。工区主要管理人员忽视线路常规检修的工作组织和施工方案安排。

③现场安全管理措施的有效性和针对性不强。作业工作任务单不能有效覆盖每个工作组的多日连续工作，班组每日复工前安全交底不认真。班组作业指导书针对性不强，危险点分析过于笼统，缺少危险点特别是近距离平行带电线路的具体预防控制措施。工作组检修工艺卡与班组作业指导书脱节，只明确检修工艺质量控制要求，缺少对登杆前检查核对杆号的要求和步骤，对登杆检修全过程的作业行为未能有效控制。

④线路巡线小道及通道维护不到位，导致小道为杂草灌木掩盖，难以找到，且通行困难，给线路巡视及检修人员到达杆位带来很大不便。

（3）暴露问题：

1）干部和员工有明显的松懈麻痹情绪。该电业局在保持了 20 年无人身伤亡事故纪录、2006 年安全生产情况良好的情况下，干部和职工存在明显的松懈和麻痹情绪。省公司在“7·4”事故后出台的一系列安全工作规定和要求以及省公司 2007 年 1 月 6 日安全工作会议精神未能及时认真贯彻落实，对省公司“安全生产年”活动部署还没有传达到班组，还没有提出具体实施措施，安全生产管理松懈、粗放，大型工作组织措施不落实。

2）生产管理存在明显漏洞。线路杆号标志混乱，线路巡视通道和线路走廊清障不及时、不彻底，存在明显的管理违章和装置性违章。

3）现场标准化作业管理不认真。作业指导书实用性、可操作性不强，危险点分析和预防措施不足，不能有效控制多工作组作业时人员的工作行为；作业指导书培训不够，班组人员不能全面掌握作业程序和要求；作业指导书现场应用存在表面化、形式化现象，未能有效发挥保证作业安全、控制作业质量的作用。

4）班组基础管理薄弱。班组规章制度未能进行及时有效的梳理，班组安全活动流于形式；公司领导和工区领导不能经常参加基层班组安全活动，不了解班组和现场安全生产状况。

5）反违章工作未能有效落实。安全教育培训力度不够，效果不明显，一些员工安全意识仍然十分淡薄；在省公司反违章的高压态势下，行为性违章得到一定程度的遏制，但管理型、装置型违章仍然较多，违章问题仍比较突出，反违章活动组织和开展效果不明显。

6）现场勘察制度执行存在薄弱环节。本次工作现场较为复杂，有3条平行的110kV线路，分别为“110kV 鄗牵Ⅰ线”、“110kV 三鄗线”、“110kV 茶鄗线”，且距离都不远，容易发生误登杆塔，但开工前工作负责人和工作票签发人并未对现场进行认真勘察，以致没有提出针对性很强的防止误登杆塔的措施。

7）对《电业安全工作规程》等工作票制度理解有偏差。本次作业中多个班组共用一张工作票，而每个班组又再细分多个工作小组，导致部分工作小组实际处于无分工作任务单工作状态。

（4）防范措施：

1）对线路杆号标志混乱立即纠正；

2）加强电气作业管理，对多个班组参与的检修工作制定安全措施，明确工作负责人和保障措施；

3）组织职工安全意识教育和安全操作技能培训，采取讨论方式纠正职工对规程理解的偏差；

4）加强作业过程安全检查，制止违章发生。

2.4 内线检修电工岗位操作规程

2.4.1 上岗操作基本要求

上岗操作基本要求如下：

（1）持证上岗，经三级安全教育考试合格。

（2）劳保用品穿戴齐全、规范，女工应将发辫塞入帽内。

（3）严格执行交接班制度并做记录。

（4）不准酒后上岗和班中饮酒。

（5）不准疲劳上岗，工作过程要集中精力。

（6）本岗位作业至少需要两人。

（7）保持现场整洁。

2.4.2 岗位操作程序

2.4.2.1 准备及检查

（1）检查必须随身携带的验电笔和常用工具、材料、停电警示牌等是否齐备完好，并确定电工工具绝缘可靠。

（2）在检修、运输和移动机械设备前，要注意观察工作地点周围环境，确保人身、设备安全。

（3）确定有经验的一名电工担任监护人。

（4）遇六级以上强风，不得进行高处作业。

2.4.2.2 检修作业要求

（1）在电气设备上工作，需要办理停电手续并执行以下制度：

1）工作票制度；

2）工作许可证制度；

3）工作监护制度；

4）工作间断、转移和终结制度；

5）临时用电作业许可证制度。

（2）在部分停电或全部停电的电气设备上工作，必须完成下列措施：

1）停电；

2）验电；

3）装设接地线；

4）悬挂标示牌或装设遮栏。

（3）低压带电作业要求：

1）低压带电作业应设专人监护。

2）使用有绝缘柄的工具，其外裸的导电部位应采取绝缘措施，防止操作时相间或相对地短路。工作时，应穿绝缘鞋和全棉长袖工作服，并戴手套、安全帽和护目镜，站在干燥的绝缘物上进行。严禁使用锉刀、金属尺和带有金属物的毛刷、毛掸等工具。

3）高低压同杆架设，在低压带电线路上工作时，应先检查与高压线的距离，采取防止误碰带电高压设备的措施。在低压带电导线未采取绝缘措施时，工作人员不得穿越；在带电的低压配电装置上工作时，应采取防止相间短路和单相接地的绝缘隔离措施。

4）上杆前，应先分清相、零线，选好工作位置。断开导线时，应先断开相线，后断开零线；搭接导线时，顺序应相反。人体不得同时接触两根线头。

5）在下列情况下，禁止带电工作：

①阴雨天气；

②防爆、防火及潮湿场所；

③有接地故障的电气设备外壳上；

④在同杆多回路架设的线路上，下层未停电，检修上层线路；上层未停电且没有防止误碰上层的安全措施检修下层线路。

2.4.2.3 电动机检修

（1）在现场检修电机时，必须切断电源，取下熔断器，应挂“有人工作，禁止合闸”警示牌。可能导电的导线头应用绝缘材料包扎好。

（2）电机起吊只准拴挂在起吊环上，起吊装置应牢固可靠，吊运时，应防止损伤电机绝缘、防爆面及附件。

（3）电机转子放置、搬动时，应有防止滚动及碰撞的安全措施。

（4）外壳无可靠支撑面的电机（如机车牵引电机），必须垫稳后方可分解或装配。

（5）抽出或装入较大的电机转子时，必须用加长管托住，禁止硬拖。

（6）组装发现电机卡住时，只能做微量起落、消除，不得进行锤击。

（7）在组装直流电机定子主极、辅极及辅助绕组时，需用专用绳索吊装，不得损伤绝缘，紧固磁极不得将手伸进空隙内。

（8）嵌线作业的安全规定：

1）线槽内不得进入杂物。

2）轴与嵌线架要垂直，线嵌到1/3时，应用方木顶住偏长正面，转子不准竖放在地面。

3）直流电机转子竖立起吊时，应检查吊环及轴头螺纹，保证良好。转子竖放在回转座上时，必须稳妥。

4）要防止线头扎眼扎手。

5）嵌线作业时，应随时检查顶尖牢固情况，不得将脚伸到工作台下面。

6）绑扎钢丝绳及调整拉力时人不要面对钢丝绳。

7）焊接整流子时，烙铁温度不得太高，防止松香起火。

8）嵌线工作完毕，应将电机垫稳并覆盖好，防止杂物进入电机内部。

（9）电机转子动平衡校验的安全规定：

1）必须按动平衡机的操作说明书操作。

2）被校验的转子应事先清扫干净。安装时，转子与平衡机滚动轮不得撞击，转子与万向联轴器未固定好，不得开车。

3）附加的平衡块必须固定牢固。

4）校验或调试中出现异响、异味或异状时，应立即停校处理。

5）应经常检查电测箱的干燥剂，失效时应立即更换；在长期停用中，应对电测箱定期预热30min。

6）工作完毕，应将平衡机用防尘罩罩好。

（10）浸漆的安全规定：

1）浸漆场地应有消防器材，禁止吸烟及明火；

2）浸漆时，应戴口罩、手套，防止油漆、溶剂接触皮肤；

3）浸漆场所应有通风设备；

4）要轻拿轻放工件，以免油漆溅入眼内；

5）浸漆场地禁止拉临时电线，应使用防爆照明灯。油漆和溶剂应放在指定位置，加盖密封保管。

（11）电机干燥的安全规定：

1）绕组浸漆后，必须滴漆或甩漆1h后方可进入干燥箱；

2）电机置于干燥室预热或干燥时，要放稳垫牢，不得重叠放置；

3）干燥过程中，应经常监视温度变化，发生冒烟或火花，应立即停电处理。

（12）喷漆作业的安全规定：

1）禁止用氧气喷漆，喷漆场所禁止烟火，非喷漆人员不得在作业场地逗留；

2）在容器内进行喷漆作业时，应及时出外换气，容器外设人监护。

（13）检修后的电机必须经过电气试验合格后，方可投入运行。

2.4.2.4 变压器检修

（1）修理的一般规定和要求：

1）变压器的安全气道堵塞或油枕冒油时必须进行修理；

2）瓷套管严重放电、损伤时，必须进行修理；

3）变压器运行中内部噪声增高，音响不均或有劈啪声，应进行检修；

4）在正常负荷和冷却条件下，油温不正常或不断上升时，必须进行检查修理；

5）变压器严重漏油，油枕内油面经常发现低于最低油位时，必须进行修理；

6）变压器更换线圈或绝缘后，必须进行干燥处理；

7）变压器不更换线圈或绝缘时，在相对湿度为75%以下的空气中停留时间不超过

8h，可不进行干燥处理；

8）变压器在修理中若自身的温度比周围空气温度高出5℃以上时，在空气中停留时间可适当延长，修理时，变压器在空气中停留时间超过规定时间或空气温度较规定时间值高，应对绝缘进行是否受潮的鉴定；

9）变压器进行解体修理时，应作拆卸记录，绘制原样草图，草图记录应包括绕向、线圈尺寸、出头位置、线圈连接、绝缘距离、分接头位置与编号、引线连接长度以及铁芯各级片数、位置等，必要时在零件上作出标记，以避免混装或错装。

（2）一般修理：

1）变压器油泥的清洗：

①油箱和铁芯上的油泥，可用铲刀刮除，再用不易落绒的布或纱擦干净，然后用变压器油冲洗；

②线圈上的油泥，要用手轻轻抹去，对绝缘已脆弱的线圈要十分小心不要损伤绝缘；

③全部芯子清洗油泥后，再用干净的变压器油流冲洗一遍，用过的油必须经过处理才可使用，变压器油垢不可用碱水冲洗。

2）变压器漏洞修理：

①变压器若因焊缝壳体漏洞，必须吊芯，将油放净，然后按焊接容器的规定进行焊补，不得马虎；

②变压器若因密封垫漏油时必须查明原因，采取措施处理，切不可盲目紧固夹持件，以免损坏其他部件。

3）分接开关修理：

①触头表面不应有灼迹和疤痕，损坏严重时必须更换；

②触头的接触压力必须调整平衡，保持触头表面光洁；

③修理时应将触头表面的污垢、分解物和拉化膜等洗净；

④分接开关的手柄位置与触头的接触应准确一致。

（3）铁芯的修理：

1）若矽钢片表面漆膜已坏或局部损坏时，必须进行涂补或将原残漆去除，另外喷刷新漆膜；

2）修理时发现矽钢片已坏，更换新的矽钢片；

3）叠装铁芯时，每叠一级打齐一级，打齐时要垫黄铜或木块，不准用铁锤直接敲打，以免弯曲或卷曲；叠装完一级后，要测一下叠加厚度和两条对角线的差，以免铁芯叠成平行四边形；

4）变压器在修理时，必须按要求牢固接地；

5）铁芯绑扎系用玻璃带，一般中小型变压器的绑扎厚度为2mm（16层）；

6）铁芯柱绑好后，送入烘炉中进行烘干，炉温可控制在102～105℃，干燥8～12h，出炉后要晾干，等玻璃胶带硬化后方可拆下铁芯柱上的临时夹具。

（4）线圈的绕制：

1）重绕制变压器时，应注意使新线圈导线直径三相要一致；

2）线圈的绕向必须保证正确无误，否则不能组装；

3）变压器修理线圈重绕时，应保持原来线圈的换位方式（完全换位、分组换位和均布换位）；

4）层间绝缘应保持原来水平，不得随意减少和改变绝缘材料；

5）线圈绕制后需送入烘炉进行干燥处理，其温度不得高于110℃，不得低于100℃；一般要求绝缘电阻值连续6h保持稳定时，干燥工作可以结束；

6）线圈干燥后，浸漆前在室中保留时间不超过12h；

7）浸漆时，线圈温度在70～80℃间，浸入漆面后10min以上，待漆面不再翻起泡沫为止，取出线圈后，滴尽余漆（约30min），使线圈各处不存有漆泡和漆瘤为止，再放在干净地方晾干1h；

8）烘干入炉的温度为60℃，70～80℃预热3h后，再升高到110～120℃烘干，一般约20h，以漆完全干透为止。

（5）绝缘油的处理：

1）当绝缘油酸值超过规定时，应送专门机构处理。

2）当绝缘下降和有杂质时，采用压力过滤法处理：

①滤油前应将全部设备和管道冲洗干净。滤油纸应为中性，使用前放在80℃烘箱内干燥24h；

②压力滤油机铁滤框间一般放置2～3张滤油纸，过滤时平均每小时更换一次滤油纸，更换后的滤油纸应烘干后再用。一般消耗定额约为1桶油用1kg滤纸；

③压滤机工作压力为0.4～0.5MPa，当超过0.6MPa时，应检查是否堵塞或滤纸是否饱和；

④滤油过程中，应每小时取样进行击穿强度试验，直到合格。

2.4.2.5 收工

（1）工作完毕，检查工作区域设备、线路有无隐患，收回工器具并放到作业区域以外，清理现场；核对作业人数，确保所有作业人员撤离工作区域后，报告工作负责人工作完成。

（2）对检修过的电气设备应建立检修质量卡片，将检修人员、设备编号、绝缘电阻和存在的问题记录下来。

（3）检修过的电气设备在正常运行条件下，投入运行后发生的电气故障，检修人应负主要责任。

（4）检修和未检修的电气设备要分放整齐，保持设备库存室和工作室的整洁。

2.4.3 交接班

当面交接班，交班时进行检查、清理现场，保持现场整洁；公用工具要清洗干净如数交接；整理记录，填写交接班记录，要将本班存在的安全隐患如实地填写到交接班记录中，包括隐患部位、发现隐患的时间等。

2.4.4 操作注意事项

操作注意事项如下：

（1）检修人员在电气设备上检修，不得穿着短袖衣服，严禁穿高跟鞋。

（2）杜绝约时停送电。

（3）登高作业，必须系安全带并遵守相关规程。

（4）多工种交叉作业、部分停电检修，需要制定单项安全措施。

2.4.5 典型事故案例

（1）事故经过：2001 年 12 月 29 日，是某矿安排的停产检修时间，根据检修计划安排，在 29 日上午由供电车间负责对中央变电所的 3、4 段 6kV 高压母线进行检修，主要工作任务是对 3、4 段母线和操作机构进行清扫、检查、紧固和加油。早晨 8 时左右，供电车间技术员王某和班长董某、李某、王某、郑某五名同志到达工作现场，在学习安全措施并签字后，与各采掘变电所联系，把运行负载切换到 1、2 段母线上，对各分路开关进行停电、验电、挂接地线和警示牌，然后与地面变电所联系停掉下井 3、4 路进线电源，对进线进行验电、放电。此时，300 号联络柜内 2、3 段母联刀闸处于分闸状态，技术员王某在该开关柜前门悬挂了“有电，此柜不能检修”的警示牌，在开关柜后门又用粉笔写下了同样的警示语，在做完各项准备工作后开始检修，李某擅自去了 300 号联络柜后门，在对开关柜进行清理时，左手不慎触到联络刀闸 2 段端的静触点，6kV 的高电压将其击倒，后经抢救无效死亡。

（2）事故原因：

1）直接原因：事故人李某违章作业，检修设备不看前门悬挂了“有电，此柜不能检修”的警示牌，也未确认设备是否停电，即擅自打开不允许检修的带电联络柜进行清理，不慎触到带电的静触点上。

2）主要原因：

①现场安全管理不到位。当工人违章打开不准检修的开关柜进行检修时，现场管理人员未及时制止；

②安全教育工作不得力。职工自主保护意识不强、互保意识差；

③现场管理混乱，措施落实不到位。未按照检修措施的要求，对不准检修的 300 号开关柜的柜门上锁；

④特殊工种职工安全培训欠账多，事故人李某从事电工作业已多年，但未进行复训。

（3）防范措施：

1）认真吸取事故教训，进一步严格现场管理。在检修期间切实发挥现场负责人的把关作用，及时制止违章作业行为；

2）全面加强技术管理工作，安全技术措施的编制要全面，并且在现场要严格落实；

3）加大安全宣传教育力度，增强职工的自保、互保意识；

4）加大对特殊工种作业人员的培训，确保特殊工种作业人员持证上岗，并及时进行复训；

5）迅速开展反“三违”、反事故活动，增强现场管理力度和职工自主保安意识，尽快扭转被动的安全生产局面。

2.5 高压电气调试电工岗位操作规程

2.5.1 上岗操作基本要求

上岗操作基本要求如下：

(1) 持证上岗，经三级安全教育考试合格。

(2) 劳保用品穿戴齐全、规范，女工应将发辫塞入帽内。

(3) 严格执行交接班制度并做记录。

(4) 不准酒后上岗和班中饮酒。

(5) 不准疲劳上岗，工作过程要集中精力。

(6) 本岗位作业至少需要两人。

(7) 保持现场整洁。

2.5.2 岗位操作程序

2.5.2.1 准备和检查工作

(1) 电气设备调试，需要具备电业管理部门批准的从业资质。

(2) 检查携带工器具、仪表是否齐备完好。

(3) 在电气设备上工作，办理停电手续，执行以下制度：

1) 工作票制度；

2) 工作许可证制度；

3) 工作监护制度；

4) 工作间断、转移和终结制度；

5) 临时用电作业许可证制度。

(4) 在部分停电或全部停电的线路及电气设备上工作，必须完成下列措施，并制定单项安全措施：

1) 停电；

2) 验电；

3) 装设接地线；

4) 悬挂标示牌或装设遮栏。

(5) 遇六级以上强风，不得进行高处作业。

2.5.2.2 调试作业

(1) 电气试验工作必须两人以上进行，其中一人监护，以防发生事故便于抢救，其监护人由工作负责人指定。

(2) 所有试验人员必须懂得试验仪器、仪表和被试设备的一般性能和试验接线。

(3) 试验人员进行高压试验时，应穿绝缘靴、戴绝缘手套。

(4) 试验前，工作负责人确定被试电气设备已断电源，搭接临时接地线，试验工作标志牌应正确挂上，遮栏位置应适合试验工作的要求或派人看守。同时，应详细检查或询问清楚被试的同一电气设备（或线路）上下应无其他人员进行工作。

(5) 按试验要求接好线后，必须经第二人检查，确保正确无误。

(6) 试验接线如在高压室外，如走廊、过道、楼梯、空地等处，不论是否安装遮栏，均应派人看守，以防他人接近或穿越。

(7) 在施加试验电气以前，参与试验的全体人员应遵照工作负责人的指示，转移到安全地带。

(8) 合闸施压由专人进行，合闸之前，由升压人员向所有参加试验的工作人员发出升压警告，最后合闸升压。

(9) 试验结束后由专人断开试验电源，宣布电源已断，再拆除一切接线，如用直流电源作完试验后，在宣布已断开前，应先将被试验设备放电数次。

2.5.2.3 收工

(1) 工作完毕，检查工作区域设备、线路有无隐患，收回工器具并放到作业区域以外，清理现场；核对作业人数，确保所有作业人员撤离工作区域后，报告工作负责人工作完成。

(2) 对调试过的电气设备应填写调试记录，对试验不合格的设备将设备编号、存在的问题记录下来，及时反馈到用户。

2.5.3 交接班

当面交接班，交班时进行检查、清理现场，保持现场整洁；公用工具要清洗干净如数交接；整理记录，填写交接班记录，要将本班存在的安全隐患如实地填写到交接班记录中，包括隐患部位、发现隐患的时间等。

2.5.4 操作注意事项

操作注意事项如下：

(1) 对电气设备、线路上调试，不得穿着短袖衣服，严禁穿高跟鞋。

(2) 杜绝约时停送电。

(3) 登高作业，必须系安全带并遵守相关规程。

(4) 多工种交叉作业、部分停电检修，需要制定单项安全措施。

(5) 设备、线路升压调试完成后，要对其进行放电。

2.5.5 典型事故案例

(1) 事故经过：某公司调试人员对某大容量用户10kV配电室开关柜进行电气试验，在对编号为1GP高压柜进行试验时，将PT计量小车拉出后进行试验，根据试验数据对比，确认合格，然后将PT计量小车的二次线插头插入插座，推入该小车，关上开关柜柜门，检查无误后，拉开接地刀闸后，可以送电。工作票负责人检查后，确认工作完成，安全措施拆除，工作人员撤离现场，该工作票负责人到变电站结束线路第一种工作票后，送电。送电2h后，变电站故障跳闸，通知工作票负责人对当天的工作进行全面检查。当打开该高压进线柜PT小车柜门后，看到PT小车C相铜排烧坏，二次线已烧毁，该PT小车报废，C相铜排部分毁坏需更换。

(2) 事故原因：

1) 当工作人员抽出PT小车对故障点进行了分析后，发现该PT小车二次线卡入了轨道中，非常靠近铜排，安全距离不足125mm，因此，经过2h后，直接造成该起短路事故，说明调试人员、工作负责人检查确认精力不集中，责任心差，未能发现隐患；

2) 该KYN高压开关柜的设计缺陷也是造成该起事故的原因之一，由于在柜体设计时，未有效地将二次线与小车分合过程中行进的轨道隔离开，在多次操作后形成了偏差，一次母线金属隔离挡板的设计不合理，留下安全隐患；

3）各级人员安全意识差，责任落实不到位，也是造成该起事故的主要原因。例如：调试人员完成试验装回小车时未认真检查，工作负责人未认真监护工作全过程，而且在工作完成后，检查验收不彻底。

（3）整改措施：将原有金属挡板拆除，更换为环氧树脂绝缘挡板，减小挡板口的尺寸，更换PT小车及插座。将进线柜带PT改为进线柜和PT柜分开设计两台，从而在设计上保证设备安全。

（4）防范措施：

1）对事故进行认真的反思，寻找发生事故的根源，制订出防止事故发生的可行性措施。通过学习吸取经验教训，举一反三，警钟长鸣，真正提高安全意识，增强工作责任心，做到“四不放过”，即事故原因不查清不放过，整改措施未落实不放过，责任人员未处理不放过，有关人员未受到教育不放过。

2）抓好全员培训工作。组织员工认真学习安全规程和操作规程，提高管理人员、生产人员的安全工作技能和业务综合素质，工作时集中精力，发现问题并及时消除，确保安全。

3）制定完备详细的安全组织措施和技术措施。开工前进行全面安全技术交底，交代好作业过程中存在的危险点、危险源及安全措施。工程管理人员和安全监察人员加强对工程施工的动态检查，及时发现和督促安全措施的实施。工作负责人严格监护作业人员，在工程结束后，还应细致、全面地检查工程的质量，努力落实各种安全措施，力争将影响安全的一切潜在因素消灭在萌芽状态，保证电气设备安全稳定运行和人身安全。

2.6　仪表电工岗位操作规程

2.6.1　上岗操作基本要求

上岗操作基本要求如下：

（1）持证上岗，经三级安全教育考试合格。

（2）劳保用品穿戴齐全、规范，女工应将发辫塞入帽内。

（3）严格执行交接班制度并做记录。

（4）不准酒后上岗和班中饮酒。

（5）不准疲劳上岗，工作过程要集中精力。

（6）本岗位作业至少需要两人。

（7）保持现场整洁。

2.6.2　岗位操作程序

2.6.2.1　准备和检查工作

（1）明确检测任务，准备好检测器材和工具并确认齐备完好。

（2）整理好环境卫生，工作现场应整洁。

（3）检查工作场所绝缘地板铺设位置是否正确，有无破损，有无导体，是否起到防护作用。

2.6.2.2　仪表检查操作

（1）检查仪器仪表接线是否正确，有无松动，接地是否良好。

（2）检查仪器仪表工作是否正常，方可进入工作状态，否则应立刻报修。

（3）进入工作状态时，严禁用手触摸电源进口接线端，应视任何接线端带电。

（4）在进行绝缘和耐压操作前，检测防护鞋和绝缘手套应无破损和受潮，穿戴好后，方可进行工作。

（5）随时关注仪器仪表的电压、电流指示，当超压超流时，应立刻切断电源，停止工作，向有关领导报告。在故障没有排除前，操作者应进行监护，不得恢复工作。

（6）在进行高低温老化试验工作时，认真观察温度的变化，当发现超温时，应及时将温度调整在工作范围内，若调整失控应立即切断电源停止工作，及时报修。

2.6.2.3 仪表装配

（1）每班须仔细检查所使用的各种仪器并校验设备状态是否良好，无差错后，方允许开始工作。

（2）工艺过程中能产生灰尘或其他有毒害物质的工序，在工作时必须开动通风除尘设备，通风除尘设备失效时不准工作，严禁在工作时吸烟或饮食。

（3）使用挥发性有毒物质的溶液及易燃品时，须打开通风装置并严禁明火。操作人员不得擅自离开工作岗位。严格执行有关有毒、易燃、易爆物的领用、保管和存放制度。

（4）调试仪表所使用的试压及真空泵等设备，在操作时应注意观察汞指示，防止汞被抽出。耐压调试场地需有防护隔板，以防试压时发生意外。

（5）电器设备的电压应符合要求。如设备在使用中发生故障，应先切断电源，再通知检修。非专业人员不得任意触动。

（6）装、接过程中如需使用机械设备，焊接设备及风动、电动工具等，应遵守有关设备的安全操作规程。

（7）电炉、烘箱及其他加热设备周围，严禁堆放易燃易爆物品。

（8）使用电动工具应遵守有关电动工具安全操作规程。电器设备的电源外壳需接地或者有严格的绝缘措施。严禁用导线不加插头直接插入插座。

（9）离开工作岗位时，需切断电源及其他有关的能源。

2.6.2.4 仪表维修

（1）仪表工应熟知所操作和使用的仪表，以及有关的电气和有毒液、气体的安全知识。

（2）各种仪表，要按照其使用说明、性能进行合理使用、维护，并根据有关规定送上一级计量机关校验。

（3）在使用电位差计时，蓄电量要足。成套使用时，注意接线之间良好绝缘，以及测量交流电压时，线不可接错。

（4）使用直流稳压器要预热30min，其负荷电流最大不能超过150mA，最小不能低于50mA。

（5）使用的电动工具、电气设备的外壳接地应有严格的绝缘措施。严禁用导线不加插头直接插入插座。

（6）不准在仪表室周围安放对仪表灵敏产生干扰的设备、线路和管道等。

（7）保持工作场地清洁，空气流通。

2.6.2.5　收工

（1）将各仪器手柄旋钮置于停机位置。

（2）切断电源。

（3）进行日常维护保养。

2.6.3　交接班

当面交接班，交班时进行检查、清理现场，保持现场整洁；公用工具要清洗干净如数交接；整理记录，填写交接班记录，要将本班存在的安全隐患如实地填写到交接班记录中，包括隐患部位、发现隐患的时间等。

2.6.4　操作注意事项

操作注意事项如下：

（1）对电气设备、线路上装配、更换、检修仪表要办理停电手续。

（2）登高作业，必须系安全带并遵守相关规程。

（3）进入配电室、控制室、计量间巡查仪表时至少两人同行，履行出入登记手续，并要严格遵守电业安全规程，不得移开遮栏，不得用手和身体任何部位接触设备和线路。

（4）检查工作场所绝缘地板铺设位置是否正确，是否无破损、无导体，是否起到防护作用。

3 井下机电

3.1 井下机修工岗位操作规程

3.1.1 上岗操作基本要求

上岗操作基本要求：

（1）持证上岗，经三级安全教育考试合格。

（2）劳保用品穿戴齐全、规范。

（3）严格执行交接班制度并做记录。

（4）不准酒后上岗和班中饮酒。

（5）不准疲劳上岗，工作过程要集中精力。

（6）本岗位工作不得少于两人。

3.1.2 岗位操作程序

3.1.2.1 准备和检查工作

（1）井下机修工必须具备一定的钳工、管工及液压设备操作、维护基础知识，还应进行过专门的岗位技能培训，经考试合格。

（2）必须熟知自己的职责范围，熟练掌握所维修设备的技术性能、完好标准、检修工艺和检修质量标准，并熟悉井下作业环境和作业要求。

（3）下井前，要由工作负责人向有关人员讲清工作内容、步骤、人员分工和操作注意事项。

（4）根据当日工作的需要认真检查所带工具是否齐备完好，材料、备件充足，并与所检修和维修设备需要的材料备件型号相符，备好专用停电牌；所有维修工具、起吊设施、绳索等应符合安全要求。

3.1.2.2 作业要求

（1）井下作业，随时检查、清理顶帮浮石和掉块，预防冒顶、塌方危险；吊挂支撑物应牢固，在吊、运物件时，应随时注意检查顶板支护安全情况，检查周围有无其他不安全因素，禁止在不安全的情况下工作。

（2）在斜巷进行维修作业时，上部车场各出口处，应设警示标志。

（3）在倾角大于15°的地点检修和维修时，下方不得有人同时作业；如因特殊需要平行作业时，应制定严密的安全防护措施。

（4）维修工在进行检修工作时，不得少于两人，在维修时应与岗位操作工配合好。

（5）需要在井下进行电、气焊作业时，保证工作地点通风良好，履行动火票审批手续，制定相应的安全措施。

(6) 对所维修的电动设备要停电、闭锁并挂“有人工作，严禁送电”标志牌，并与相关设备的工作人员联系，必要时也需对相关设备停电、闭锁并挂停电牌。

(7) 维修工进入现场后，要与所维修设备及相关设备的岗位操作工联系。

(8) 井下作业，必须确保照明充足、通风良好。

(9) 不得进入爆破范围作业，听从爆破警戒人员指挥。

(10) 及时清理维修现场，确保无妨碍工作的杂物。

3.1.2.3 检修操作

(1) 维修工对所负责的设备维护检查的项目包括：

1) 检查各部紧固件是否齐全、紧固；

2) 润滑系统的油嘴、油路是否畅通，接头及密封处是否漏油，油质、油量是否符合规定；

3) 转动部位的防护罩或防护栏是否齐全、可靠；

4) 机械（或液压）安全保护装置是否可靠；

5) 各焊件有无变形、开焊和裂纹；

6) 机械传动中的齿轮、链轮、链条、刮板、托辊、钢丝绳等部件磨损（或变形）有无超限，运转是否正常；

7) 减速箱、轴承温升是否正常；

8) 液压系统中的连接件、油管、液压阀、千斤顶等是否无渗漏、无变形；

9) 相关设备的搭接关系是否合适，附属设备是否齐全完好；

10) 液力耦合器的液质、液量、易熔塞、防焊片是否符合规定；

11) 输送带接头是否可靠并符合要求，有无撕裂、扯边；

12) 各项保护是否齐全可靠，倾斜井巷中使用的带式输送机应检查防逆转装置和制动装置；

13) 发现问题及时处理或及时向当班领导汇报。

(2) 在打开机盖、油箱进行拆检、换件或换油等检修工作时，必须注意遮盖好，严防落入矿岩、粉尘、淋水或其他异物等。注意保护设备的防爆结合面，以免受损伤。注意保护好拆的零部件，应放在清洁安全的地方，防止损坏、丢失或落入机器内。

(3) 处理刮板输送机漂链时，应使本机停机。调整中部槽平直度时，严禁用脚蹬、手扳或用撬棍别在正在运行中的刮板链。

(4) 刮板输送机进行缩短、延长中部槽作业时，链头应固定，应采用卡链器，并在机尾处装保护罩。

(5) 处理刮板输送机机头或机尾故障，紧链、接链后启动试机前，人员必须离开机头、机尾，严禁在机头、机尾上部伸头察看。

(6) 处理输送带跑偏时，应停机调整上、下托辊的前后位置或调整中间架的悬挂位置，严禁用手脚直接拽蹬运行中的输送带。

(7) 检修输送带时，工作人员严禁站在机头、尾架、传动滚筒及输送带等运输部位的上方工作；如因处理事故必须站在上述部位工作时，要派专人停机、停电、闭锁、挂停电牌后方可作业。

(8) 在更换输送带和做输送带接头等时，应远离转动部位5m以外作业；如确需点动开机并拉动输送带时，严禁站在转动部位上方和在任何部位直接用手拉或用脚蹬踩输送带。

（9）试机前必须与岗位工联系并通知周围相关人员撤离后，方可送电；试机由岗位工操作。

3.1.2.4 收工

（1）检修结束后，认真清理检修现场，检查清点工具及剩余材料、备品配件，特别是运转部位不得有异物。

（2）维修工应会同岗位工对维修部位进行检查验收；并对检修部位、内容、结果及遗留问题做好检修记录。

3.1.3 交接班

当面交接班，交班时进行检查、清理现场，保持现场整洁；公用工具要如数交接；整理记录，填写交接班记录，要将本班存在的安全隐患如实地填写到交接班记录中，包括隐患部位、发现隐患的时间等。

3.1.4 操作注意事项

操作注意事项如下：

（1）多工种交叉作业，要制定单项安全措施。

（2）停、送电必须由值班电工操作。

（3）熟悉井下不同区域作业情况（如采场爆破区、矿石运输区、漏斗放矿区等），确保自身安全。

（4）确保井下工作地点照明充足，通风良好。

3.1.5 典型事故案例

案例 1

（1）事故经过：2006 年 7 月 9 日早班，某矿 21103 工作面检修人员张某、韩某、李某进行回收皮带工作。各项工作准备就绪，组长张某开绞车拉皮带机尾，李某、韩某负责看护皮带机尾，以免拉坏设备，此时李某的矿灯因故不亮了，李某没有因为灯“瞎”而停止工作，反而选择了继续工作。在皮带机尾拉运的过程中，李某借巷道余光看到供液高压胶管接头卡在拉转载机用的铁柱内，便去用手拽，此时高压胶管已经被拉紧受力，其被拉出后迅速收缩，李某未看清胶管上的 U 形卡随胶管飞出，U 形卡将李某手掌刮伤。

（2）事故原因：

1）李某矿灯损坏，造成光线视觉不好，违章继续工作是造成事故的直接原因；

2）李某“瞎灯”继续工作，安全思想意识差；组长张某对李某“瞎灯”工作没有制止；职工韩某互保联保监护不到位，是造成事故的间接原因。

（3）事故责任划分：

1）李某“瞎灯”违章继续工作，负直接责任；

2）组长张某及职工韩某监护不到位，负主要责任；

3）队长、书记对职工管理教育不够，使职工安全意识淡薄，负管理教育责任；

4）矿灯房明知李某矿灯存在问题而不给予及时维修或更换，负主要责任。

（4）防范措施及教训：

1）加强职工安全意识的教育，杜绝职工的违章作业，搞好互保联保。

2）加强矿灯的维护检修，确保矿灯正常使用。

3）井下作业，确保照明充足，正确使用矿灯，杜绝“瞎灯”作业。

4）此事故是因“瞎灯”视觉不好造成的，伤害程度并不很严重，可大家是否想到，因为“瞎灯”会导致更严重的伤害事故呢？井下矿工常把矿灯比喻是矿工的眼睛，在井下没有矿灯会寸步难行，所以矿灯房要加强矿灯的维护、检修，为矿工服务好；使用矿灯人员要像爱护自己的眼睛一样爱护矿灯，出现“瞎灯”要停止作业，及时更换矿灯，防止类似事故发生。

案例2

（1）事故经过：2009年8月7日上午10点，某矿机修队安排姜某小组，负责更换井下水仓一段腐蚀钢管，并提示佩戴好安全帽。10点20分管工姜某、屈某、张某和牛某到达作业现场，发现更换钢管必须进行仰焊，无法佩戴安全帽，姜某检查作业现场发现有一处工字钢梁容易碰到头部，并提醒牛某注意。10点35分焊工牛某焊接作业结束，在检查其他焊接部位时，由于空间狭窄，牛某不慎头部碰到工字钢梁上，造成头部受伤。

（2）事故原因：

1）施工人员不按规定佩戴安全帽，违章作业；且发现安全隐患未采取可靠措施，是造成事故的主要原因；

2）牛某施焊时因仰焊无法佩戴安全帽，但仰焊结束后却未及时佩戴好安全帽，说明自我保护安全意识差；

3）机修队安全管理和安全思想教育不到位。

（3）防范措施：

1）作业现场必须佩戴好劳动保护用品，严禁违章作业；

2）加强安全确认，对危险隐患因素及时排除；

3）加强对员工安全教育，提高自我保护意识。

3.2 井下水泵维修工岗位操作规程

3.2.1 上岗操作基本要求

上岗操作基本要求如下：

（1）持证上岗，经三级安全教育考试合格。

（2）劳保用品穿戴齐全、规范。

（3）严格执行交接班制度并做好记录。

（4）不准酒后上岗和班中饮酒。

（5）不准疲劳上岗，工作过程要集中精力。

（6）本岗位井下作业至少两人。

3.2.2 岗位操作程序

3.2.2.1 准备及检查

（1）入井检修前检查携带的工器具、材料是否齐备完好。

（2）所有维修工具、起吊设施、绳索等是否符合安全要求。

（3）熟悉检修作业环境，确认帮顶无掉块和塌方、冒落危险，确保现场安全。

（4）维修工进入现场后，要与所维修设备及相关设备的岗位操作工联系。

（5）井下作业，必须确认照明充足、通风良好。

（6）不得进入爆破范围，听从爆破警戒人员指挥。

3.2.2.2 检修作业

（1）吊挂支撑物应牢固，在吊、运物件时，应随时注意检查顶板支护安全情况，检查周围有无其他不安全因素，禁止在不安全的情况下工作。

（2）检修前必须先停机切断电源，并悬挂“有人工作，不准送电”标志牌。

（3）凡从事井下机修、安装使用氧焊、电焊时，需办理动火票，经主管矿长批准后，由安全部门派专人进行测定，确定措施完备后方可进行作业，作业必须严格执行焊工操作规程。

（4）按照检修、安装任务书项目进行。

（5）文明装、拆机具，严禁用重物猛击物件，保证机件的完整无损。

（6）做好自保及互保，落实安全措施，谨防伤人。

（7）检修完毕后，详细检查，确保检修质量。

（8）经检查无问题后，再由专人联系送电，进行试运转，确保运转正常。

（9）试运转无问题后方可收拾工具，清理现场。

（10）所有工作完成后，报告单位值班人员。

3.2.2.3 收工

（1）检修完毕，清理现场废弃物，材料备件、工具整理归位。

（2）认真填写所检修水泵的部位及更换的零件。

3.2.3 交接班

当面交接班，交班时进行检查、清理现场，保持现场整洁；公用工具要如数交接；整理记录，填写交接班记录，要将本班存在的安全隐患如实地填写到交接班记录中，包括隐患部位、发现隐患的时间等。每项维修作业完成后上井后填写维修记录台账。

3.2.4 操作注意事项

操作注意事项如下：

（1）多工种交叉作业，要制定单项安全措施。

（2）停、送电必须由值班电工操作。

（3）熟悉井下不同区域作业情况（如采场爆破区、矿石运输区、漏斗放矿区等），确保自身安全。

（4）确保井下工作地点照明充足，通风良好。

3.2.5 典型事故案例

（1）事故经过：2006年3月2日，某矿井泵房进行水泵维修，由王某、何某负责。因施工环境处于地下，光线不足，何某请求分场配合拉临时照明。电工赵某扛来一捆灯线准备接电源，这时有人喊赵某，赵某便离开一会儿，让何某等他回来。何某等不及，在赵某没有回来时便将配电箱开关拉下，把线接到220V开关刀闸上。何某高喊王某可以拖线了，王某手握灯把线拖进泵房时，忽然触电摔倒在地，经抢救无效死亡。

（2）事故原因：王某脚穿已湿的布鞋，手握绝缘层有剥离漏电的灯把线，违章拖电线触电，这是事故发生的直接原因。何某不懂电气，在无人监护的情况下违章私自将线头接在220V开关上（没有使用安全电压），这是事故发生的重要原因。

（3）防范措施：

1）非电工人员严禁进行接线等电气作业；地下等潮湿的地方，照明安全电压应在12V以下；

2）正确穿戴劳保用品；

3）对井下非电工人员进行培训教育，提高防触电安全意识。

3.3 井下机电（低压）维修工岗位操作规程

3.3.1 上岗操作基本要求

上岗操作基本要求如下：

（1）持证上岗，经三级安全教育考试合格。

（2）劳保用品穿戴齐全、规范。

（3）严格执行交接班制度并做记录。

（4）不准酒后上岗和班中饮酒。

（5）不准疲劳上岗，工作过程要集中精力。

（6）本岗位作业不少于两人。

3.3.2 岗位操作程序

3.3.2.1 准备和检查

（1）检查携带的工具、材料是否齐备完好，并保持电工工具绝缘可靠。特别注意随身携带合格的验电笔和常用工具、材料、停电警示牌。

（2）在检修、运输和移动机械设备前，要注意观察工作地点周围环境和顶板支护情况，保证人身和设备安全，严禁空顶作业。需要用棚梁起吊和用棚腿拉移设备时，应检查和加固支架，防止倒棚伤人和损坏设备。

（3）排除有威胁人身安全的机械故障或按规程规定需要监护的工作时，不得少于两人。

（4）维修工进入现场后，要与所维修设备及相关设备的岗位操作工联系。

（5）井下作业，必须确保照明充足、通风良好。

（6）不得进入爆破范围，听从爆破警戒人员指挥。

3.3.2.2 维修作业

（1）所有电气设备、电缆和电线，不论电压高低，在检修、检查或搬移前，必须首先切断设备的电源，严禁带电作业，带电搬迁和约时送电。

（2）按停电顺序停电，打开电气设备的门（或盖），经目视检查正常后，再用与电源电压相符的验电笔对各可能带电或漏电部分进行验电，检验无电后，方可进行对地放电操作。

（3）电气设备停电检修检查时，必须将开关闭锁，挂上“有人工作，禁止送电”的警示牌，无人值班的地方必须派专人看管好停电的开关，以防他人送电。环形供电和双路供电的设备必须切断所有相关电源，防止反送电。

（4）对低压电气设备中接进电源的部分进行操作检查时，应断开上一级的开关，并对本台电气设备电源部分进行验电，确认无电后方可进行操作。

（5）电气设备停电后，开始工作前，必须用与供电电压相符的测电笔进行测试，确认无电压后进行放电，放电完毕后，开始工作。

（6）采掘工作面开关的停送电，必须执行“谁停电、谁送电”的制度，不准他人送电。

（7）一台总开关向多台设备和多点供电时，停电检修完毕，需要送电时，必须与所供范围内的其他工作人员联系好，确认所供范围内，无其他人员工作时，方准送电。

（8）检修、检查高压电气设备时，必须执行工作票制度，通知机动科停电、验电、放电、装设接地极。

（9）检修中或检修完后需要试机时，应保证设备上无人工作，先进行点动试机，确认安全正常后，方可正式试机或投入正常运行。

（10）测试设备和电缆的绝缘电阻后，必须将导体放电，测试仪表及其挡位应与被测电器相适应。

（11）在工作地点交接班，接班人员需要了解前一班机电设备运行情况、设备故障的处理情况、设备维护情况、有无遗留问题和停送电等方面的情况。

（12）接班后对维护地点内机电设备的运行状况、缆线吊挂及各种保护装置和设施等进行巡检，并做好记录。

（13）巡检中发现漏电保护、报警装置和带式输送机的安全保护装置失灵、设备失电或漏电，采掘和运输设备、液压泵站不能正常工作、信号不响、电缆损伤等问题时，要及时处理，处理不了的问题，必须停止运行，并向领导汇报。防焊性能遭受破坏的电气设备，必须立即处理或更换。

（14）安装与拆卸设备时，应注意设备的安装与电缆的敷设应在顶板无淋水和底板无积水的地方，不应妨碍人员进行，距轨道和钢丝绳应有足够的距离，并符合规程规定。

（15）对使用中的防爆电气设备的防爆性能每月至少检查一次，设备外部至少每天检查一次。检查防爆面，不得损伤或沾污防爆面，检修完毕后必须涂上防锈油，以防止防爆面锈蚀。

（16）采区维修设备需要拆开机盖时要有防护措施，防止矿岩掉入机器内部，拆卸的零件要存放到干净的地方。

（17）拆装机器时应使用合格的工具或专用工具，按照一般修理钳工的要求进行，不得硬拆硬装，以保证机器性能和人身安全。

（18）在检修开关时，不准任意改动原设备上的端子相序和标记，所更换的保护组件必须是经过测试确认为合格的。在检修有电气连锁的开关时，必须切断被连锁的连锁开关，实行机械闭锁。装盖前必须检查防爆腔内有无遗留的线头、零部件、工具、材料等。

（19）开关停电时，要记清开关把手的方向，以防所控制的设备倒转。

（20）采掘工作面电缆、照明信号线、管路应按《矿山安全规程》规定悬挂整齐。使用中的电缆不准有鸡爪子、羊尾巴、明接头。加强对采掘设备移动电缆的防护和检查，避免受到挤压、撞击和炮崩，发现损伤后应及时处理。

（21）各种电气和机械保护装置必须定期检查维修，按安全规程及有关规定要求进行调整、整定，不准擅自甩掉不用。

（22）电气安全保护装置的维护与检修应遵守以下规定：

1）不准任意调整电气保护装置的整定值。

2）每班开始作业前，必须对低压检漏装置进行一次跳闸试验，对综合保护装置进行一次跳闸试验，严禁甩掉漏电保护或综合保护运行。

3）移动变电站低压检漏装置的试验按有关规定执行。补偿调节装置经一次整定后，不能任意改动。用于检测高压屏蔽电缆监视性能的急停按钮应每天试验一次。

4）在采区内做过流保护整定试验时，应与探水员一起进行。

（23）油浸电气的绝缘油应定期检查，保持规定的油质油量，不符合标准的绝缘油必须及时处理或更换。

（24）井下供电系统发生故障，必须查明原因，找出故障点，排除故障后方可送电。禁止强行送电或用强送电的方法查找故障。

（25）发生电气设备和电缆着火时，必须及时切断就近电源，使用电气灭火器材灭火，不准用水灭火，并及时向调度室汇报。

（26）发生人身触电事故时，必须立即切断电源或使触电者迅速脱离带电体。然后就地进行人工呼吸，同时向调度室汇报。触电者未完全恢复，医生未到达之前不得中断抢救。

3.3.2.3　收工

工作完成后，清点工具、仪器、仪表、材料，填写检修记录。

3.3.3　交接班

当面交接班，现场交接班，将本班维修情况、遗留问题、事故处理情况向接班人交代清楚；公用工具要如数交接；对本班未处理完的事故、隐患等事宜交接清楚，填写交接班记录后，方可离岗。

3.3.4　操作注意事项

操作注意事项如下：

（1）多工种交叉作业时，要制定单项安全措施。

（2）停、送电必须由值班电工操作。

（3）熟悉井下不同区域作业情况（如采场爆破区、矿石运输区、漏斗放矿区等），确保自身安全。

（4）确保井下工作地点照明充足，通风良好。

3.3.5 典型事故案例

（1）事故经过：2000年3月16日，某矿井下检修班职工刁某带领张某检修电焊机。电焊机修后进行通电试验良好，并将电焊机开关断开。刁某安排工作组成员张某拆除电焊机二次线，自己拆除电焊机一次线。约11时15分，刁某蹲着身子拆除电焊机电源线中间接头，在拆完一相后，拆除第二相的过程中意外触电，经抢救无效死亡。

（2）事故原因：

1）刁某参加工作10余年，一直从事电气作业并获得高级维修电工资格证书；在本次作业中刁某安全意识淡薄，在拆除电焊机电源线中间接头时，未检查确认电焊机的电源是否断开，在电源线带电无绝缘防护的情况下违章作业，导致触电。刁某低级违章作业是此次事故的直接原因。

2）工作组成员张某在工作中未能有效地进行安全监督、提醒，未及时制止刁某的违章行为，是此次事故的原因之一。

3）刁某在工作中不执行规章制度，疏忽大意，凭经验、凭资历违章作业。

4）该矿领导对“安全第一，预防为主”的安全生产方针认识不足，存在轻安全重生产的思想，负有直接管理责任。

（3）防范措施：

1）采取有力措施，加强对现场工作人员执行规章制度的监督、落实，杜绝违章行为的发生；工作班成员要互相监督，严格执行操作规程。

2）完善设备停送电制度，制定设备停送电检查卡。

3）加强职工的岗位技能培训和安全知识培训，提高职工的业务素质和安全意识，让职工切实从思想上认识作业性违章的危害性。

4）各级管理人员要冷静下来，深刻反省自己的工作，真正找出自己工作中的不足之处，在今后的工作中要以身作则，靠前指挥，坚决杜绝安全事故的发生，确保矿井安全生产。

3.4 回采面值班电工岗位操作规程

3.4.1 上岗操作基本要求

上岗操作基本要求如下：

（1）持证上岗，经三级安全教育考试合格。

（2）劳保用品穿戴齐全、规范。

（3）严格执行交接班制度并做记录。

（4）不准酒后上岗和班中饮酒。

（5）不准疲劳上岗，工作过程要集中精力。

（6）本岗位至少两人工作。

3.4.2 岗位操作程序

3.4.2.1 准备和检查

（1）值班人员必须经过培训和现场实际操作实习，经考试合格，方可担任值班工作，值班人员必须熟悉和掌握本变电所的供电系统、运行方式和设备性能，熟悉和掌握电业安全规程的有关规定。

（2）对检修线路送电，值班员必须查明现场情况，如检修人员是否撤离、接地线是否拆除、常设遮栏是否恢复等。

（3）对各用电线路送电，值班员必须查明开关、线路等是否良好，是否有人工作。

（4）对双回并列运行或带电倒闸时，值班员必须查明是否定相，定相后有无变动，经查证无误后，方可按停送电制度进行送电操作。

（5）熟悉检修作业环境，确认帮顶无掉块和塌方、冒落危险，确保现场安全。

（6）井下作业，必须确保照明充足、通风良好。

（7）不得进入爆破范围，听从爆破警戒人员指挥。

3.4.2.2 巡视和要求

（1）根据接班接收的情况全面检查电器设备的各种保护是否齐全完好、可靠，确认无误方可供电。

（2）值班电工要监护指导各设备岗位工操作，启动设备发现违章立即制止。

（3）设备全部启动正式生产后，值班电工要巡回检查各设备运转情况，发现异常立即处理，确保生产的正常进行。

（4）井下不准带电检修电器设备，也不准带电搬迁电器设备（包括电缆），必须带电搬迁时要制定措施，并经有关部门批准方可搬迁。

（5）检修供电设备、电器设备，停送电要实行挂牌留名和专人看守的规定。

（6）所有电器设备严禁明火操作，使用普通仪表检测时，必须制定安全措施，并经总工程师批准。

（7）确保井下电器设备的短路保护、接地保护、漏电保护完好，严禁甩掉不用。

（8）验收所检修电气设备要符合井下机电设备完好标准，不准带病工作。

（9）工作中严格执行电业安全规程及井下工作有关规定。

3.4.3 交接班

当面交接班，交班时进行检查、清理现场，保持现场整洁；公用工具要如数交接；整理记录，填写交接班记录，要将本班存在的安全隐患如实地填写到交接班记录中，包括隐患部位、发现隐患的时间等。

3.4.4 操作注意事项

操作注意事项如下：

（1）值班人员不得穿着短袖衣服，严禁穿高跟鞋。

（2）杜绝约时停送电。

（3）停送电操作中途不得进行交接班，本次操作完成、确认无误方可进行交接班。

（4）熟悉井下不同区域作业情况（如采场爆破区、矿石运输区、漏斗放矿区等），确保自身安全。

（5）确保井下工作地点照明充足，通风良好。

3.4.5 典型事故案例

（1）事故经过：2007年2月18日早班，某矿井下2701回采面由张某负责开2704皮带。11点半左右，电工赵某到皮带说需要停电接一台潜水泵电源，张某说："你和工作面联系好没有？"赵某说："已经和跟班队长说过。"接着赵某就把350开关打至零位，并挂上停电牌，安排张某说："必须我来送电，任何人都不让送电。"安排完毕，赵某就去工作面接电源了。大约1h后，李某到皮带头说："里边的水泵电源已经接好，需要送电。"张某说："必须赵某亲自送电才行。"这时，李某很生气地说："就是电工让我来通知你送电的。"张某说："那不行，就是队长来了也不行。"李某非要自己送电不可，张某坚决不让。此时，在皮带更换液力耦合器的机电跟班队长看到此情景制止了李某的这一违章行为，这是一起触电险肇事故。

（2）事故原因：

1）电工赵某因停送电路途远，为图省事违章安排其他人员送电，是造成事故的直接原因。

2）职工李某安全意识淡薄，没有拒绝电工的违章指挥，且自己意图违章送电，是造成事故的直接原因。

（3）事故责任划分：

1）电工赵某图省事，安排并非电工的李某送电，对事故负直接责任；

2）李某并非电工，强行送电，对事故负主要责任；

3）跟班队长现场管理不到位，不能很好地执行停送电制度和操作规程，对事故负重要责任；

4）队长负主要领导责任，书记负安全教育不到位责任。

（4）防范措施及教训：

1）必须加强职工的安全培训，增强职工安全意识。在现场机电设备检修过程中，必须严格执行停送电制度，停电闭锁，并且悬挂"有人作业，禁止送电"的停电牌，还必须做到，谁停电谁送电，防止发生误操作事故。

2）安全事故往往是由一些细节和小事引发的，所以我们每个人要牢固树立"安全第一，预防为主"的思想，加强安全责任制的落实，时刻做好互保联保工作，确保工作安全。

3.5 井下高压维修电工岗位操作规程

3.5.1 上岗操作基本要求

上岗操作基本要求如下：

（1）持证上岗，经三级安全教育考试合格。

（2）劳保用品穿戴齐全、规范，女工应将发辫塞入帽内。

(3) 严格执行交接班制度并做记录。

(4) 不准酒后上岗和班中饮酒。

(5) 本岗位作业至少两人，不准疲劳上岗，工作过程要集中精力。

(6) 保持现场整洁。

3.5.2 岗位操作程序

3.5.2.1 准备和检查

(1) 采掘维修电工必须熟悉维修范围内的供电系统、设备分布、设备性能及电缆与设备的运行状况。

(2) 准备好材料、配件、工具、测试仪表及工作中应用的其他用具并检查其是否完好可靠。

(3) 办理计划中的停电审批单、高压停电工作票，与通风部门联系安排风量测试事项。

(4) 采掘维修电工必须清楚矿井及采掘巷道布置、工作地点的安全状况，确认帮顶无掉块和塌方、冒落危险，并熟悉出现事故的停电顺序和人员撤离路线。

(5) 维修工进入现场后，要与所维修设备及相关设备的岗位操作工联系。

(6) 井下作业，必须确保照明充足、通风良好。

(7) 不得进入爆破范围，听从爆破警戒人员指挥。

(8) 在工作地点交接班，弄清上一班遗留的问题，安排本班工作计划。

3.5.2.2 操作及要求

(1) 接班后对维护地区内电气设备的运行状况、电缆吊挂及保护设施进行巡检，并做好记录。

(2) 巡检中发现设备失爆、保护失灵等问题时，要及时进行处理，对处理不了的问题，必须停止运行，并向值班领导汇报。

(3) 在采掘区内检查电气设备时要注意下列事项：

1) 打开低压电气设备的门（或盖）目视检查，使用电工仪表测试，用导体对地放电；

2) 检查高压设备时，必须执行工作票制度，切断前一级开关电源后再进行工作。

(4) 从事检修工作时，必须执行停送电制度，检修电气设备时必须切断前一级开关电源，实行机械闭锁，并挂“有人工作，严禁送电”警示牌。送电时，指定专人送电，不得盲目送电，有两组以上人员在同一供电系统上工作时，要分别挂停电专用牌，要互相联系无误后，方可送电。严禁约定时间送电。

(5) 电气设备开盖检查前必须用与电源电压等级相符合的验电笔验电，确认无电压后进行放电，放电完毕后工作。

(6) 电气设备检修应在支护良好、周围通风、照明良好的情况下进行。电气作业应不少于两人，1 人监护，1 人工作。

(7) 在检修开关时，不准任意改动原设备上的端子位序和标记，要保护好隔爆面，所更换的保护组件必须经公司测试组测试。在检修有电气连锁的开关时，必须切断被连锁开关中的隔离开关，实行机械闭锁，悬挂“有人工作，禁止送电”标志牌。装盖前必须检查防爆腔内有无遗留的线头、零部件、工具、材料等。

(8) 井下供电系统发生故障后，必须查明原因，找出故障点，排出故障后方可送电，禁止强行送电或用强送电的方法查找故障。

(9) 局部通风机自动检测报警断电装置与掘进电源必须实行连锁，严禁任意停止局扇运转，局部通风机及其供电系统需要停电时，必须经公司相关领导批准，采取相应措施后方可停电、停局扇。

(10) 发生电气火灾及异常火灾时，必须切断就近电源，用灭火器材灭火，并向调度汇报，按调度指令切断有关的其他电源。

(11) 采区胶带输送机的低速、跑偏、烟雾报警、料位及温度等保护装置发生故障时应立即进行处理，严禁甩掉保护装置运行。

(12) 电气安全保护装置的维护与检修：

1) 不准任意调整电气保护装置的整定值；

2) 采区供电系统的检漏装置必须按规定试验，严禁甩掉漏电保护运行；

3) 移动变电站低压检漏装置的试验按有关规定执行，补偿调节装置经一次整定后，不能任意改动。用于检测高压屏蔽电缆监视性能的急停按钮应每天试验一次；

4) 在采区内做过流保护整定试验时，应与瓦检员一起进行。

(13) 在采掘区内使用普通型仪表进行测量时，应严格执行下列规定：

1) 测试仪表由专人携带和保管；

2) 测量时，1 人操作，1 人监护；

3) 测试设备和电缆的绝缘电阻后，必须将导体放电；

4) 测试电子元件设备的绝缘电阻时，应拔下电子插件。

(14) 安装与拆卸时应注意下列事项：

1) 设备的安装与电缆敷设应安设在顶板和底板无积水的地方，应不妨碍人员通行，距轨道和钢丝绳应有足够的距离，并符合规程规定；

2) 直接向采矿机供电的电缆，必须使用电缆夹，无法上电缆夹的电缆放在专用的电缆车上；

3) 耙斗机、装岩（矿）机及电钻的负荷电缆，禁止使用接线盒连接。其他电缆的连接按有关规定执行；

4) 用人力敷设电缆时，应将电缆顺直，在巷道拐弯处不能过紧，人员应在电缆侧搬运；

5) 工作面与顺槽拐弯处的电缆要吊挂牢固，禁止在三角区吊挂电缆，工作面的电缆及开关的更换，必须满足设计要求；

6) 搬运电气设备时，要绑扎牢固，禁止超宽超高，要听从负责人指挥，防止碰人和损坏设备；

7) 严禁带电搬运设备。

3.5.2.3 收尾工作

清点工具、仪器、仪表、材料，填写检修记录。

3.5.3 交接班

交班时检查、清理现场，保持现场整洁；公用工具要如数交接；现场交接班并填写记录，将本班维修情况、事故处理情况、遗留的问题向接班人交接清楚；对本班未处理完的隐患和停送电情况，要重点交接，交接清楚后方可离岗。

3.5.4 操作注意事项

操作注意事项如下：

（1）值班人员不得穿着短袖衣服，严禁穿高跟鞋。

（2）停送电操作过程中，联系停送电的电话旁边必须有人。

（3）杜绝约时停送电。

（4）倒闸操作中途不得进行交接班，本次倒闸操作完成、确认无误方可进行交接班。

3.5.5 典型事故案例

案例1

（1）事故经过：2001年8月8日夜班，某矿采区值班人员21时召开班前会，学习了矿有关文件，并结合文件精神强调了劳动纪律，下达了严禁坐皮带和加强火药雷管管理的规定，结合工作面上的具体情况，强调了安全生产的重要性。3时20分，值班人员接井下电话，汇报高压维修工颜某在7702上中巷处理设备开关时触电，情况严重，正在抢救。4时30分抢救人员将颜某抬出，中途与前来抢救的医生相遇，医生又进行了就地抢救，经抢救无效死亡。

（2）事故原因：

1）颜某违章带电作业是造成事故的直接原因。颜某身为维修电工，违章带电作业，导致触电身亡。

2）矿井机电管理制度落实不严格是造成事故的主要原因。安全生产管理工作薄弱，对职工安全教育不够，特殊岗位工种用人不严格，矿井安全监督检查不够，未给职工创造出一个自觉遵章守纪的氛围。

3）区队安全管理不到位，是造成事故的重要原因。区队对重要岗位工种缺乏约束机制，特殊岗位人员任用制度混乱，对职工安全教育不力，职工业务素质和安全意识较差，自主保安意识淡薄。

4）有关业务科室对业务指导不到位，是造成事故的重要原因。

（3）防范措施：

1）加强领导，统一思想，吸取教训，紧急行动，查找不足，整顿作风，坚决遏止各类事故的再次发生。

2）按照分门别类、分步实施的原则，立即对电工、维修工、电钳工、绞车司机、放炮员等特殊工种和专业人员重新进行集中培训，全面整顿，严格考核，确保培训质量，对考核不合格者，坚决不允许上岗。

3）按照标准化标准和操作规程要求，认真排查机电、运输、一通三防、火工放炮、防治水等方面作业存在的违章行为，不断规范机电秩序，逐项检查和落实整改，确保实现安全生产。

4）加强现场安全监督检查。各级安监部门和专群安监员，加强矿井各项安全制度的落实情况，并严格按照规定，加强对薄弱环节、薄弱时间的监督检查。

案例 2

（1）事故经过：2007 年 4 月 10 日早班，某矿采矿工程队安排井下南七二皮带巷出渣，跟班队长刘某安排耙岩机司机王某去配电室送电。此时，电工张某正在检修风机，将开关把手打至零位，并在半圆木上写有“禁止送电”警示。王某没有注意半圆木上的字就擅自送电。风机启动将电工张某弄伤，险些造成人员伤亡事故。

（2）事故原因：

1）职工王某安全意识淡薄，违章送电，是造成事故的直接原因；

2）电工张某安全意识淡薄，没有按照安全规程要求停电闭锁挂牌，没设置专人监护，是造成事故的间接原因；

3）跟班队长刘某违章指挥，让不是电工的王某去停送电，是造成事故的间接原因。

（3）事故责任划分：

1）职工王某安全意识淡薄，自己不是电工，不具备送电身份要求，且没有注意到半圆木上写有“禁止送电”的警示，违章送电，对事故负直接责任；

2）电工张某检修风机时，没有设专人看护停电开关，也没有专用的停电牌，对事故负主要责任；

3）跟班队长违章指挥，现场安全管理不到位，对事故负主要领导责任；

4）队长负领导责任，书记负安全教育不到位责任。

（4）防范措施及教训：

1）依照规程作业，检修电气设备或机械设备时必须停电，并闭锁。

2）要使用专用的停电牌，或有专人现场监护，中途不准离开现场。

3）今后工作中严格执行停送电制度，必须执行好停电、闭锁、挂牌制度，确保安全。

4）严格执行谁停电、谁送电的原则。在没有搞清停电原因时，不准擅自送电。

5）通过这次事故，使我们懂得了在井下无论干什么活都得看清，熟悉现场情况，特别是电器设备停送电。停电要挂标志牌，严格执行谁停电谁送电制度。还有就是，不能擅自停送电，必须由电工进行操作。

4 供　水

4.1　井用潜水泵岗位操作规程

4.1.1　上岗操作基本要求

上岗操作基本要求如下：

(1) 持证上岗，经三级安全教育考试合格。

(2) 劳保用品穿戴齐全、规范。

(3) 严格执行交接班制度并做记录。

(4) 不准酒后上岗和班中饮酒。

(5) 不准疲劳上岗，工作过程中要集中精力。

(6) 保持现场整洁。

4.1.2　岗位操作程序

4.1.2.1　准备及检查工作

(1) 检查各部螺栓是否齐全、有无松动，主轴窜动量是否符合规定，外壳有无裂纹。

(2) 检查润滑油的油量是否符合要求，油量是否适当，油位是否符合规定，油环转动是否灵活可靠。

(3) 填料松紧是否适当，真空表和压力表的旋钮要关闭，指针在零位。

(4) 检查吸水管路是否正常，底阀没入吸水井深度是否符合要求。

(5) 检查闸阀开闭是否灵活，开泵前要将闸阀全部关闭，以降低启动电流。

(6) 检查电源电压是否正常，接线是否良好，电缆、电气开关柜是否完好、电流是否正常。

(7) 盘车2~3转，检查水泵转动部分是否正常。

(8) 检查保护：漏电保护是否正常，防护罩是否完好。

4.1.2.2　启动

(1) 新泵和检修后第一次使用的水泵，操作前应对潜水泵进行试转向，方法是：

1) 如果流量扬程偏小，可让泵在闭闸状态下，通过调换三相电源接头的任意两相，改变旋转方向，旋转方向不同，压力表读数也不同，压力高的方向为正确的旋转方向；

2) 也可以在阀门打开的情况下，从流量的大小来判别旋转方向，流量较大的方向为正确的旋转方向。

(2) 采用有底阀排水时，应先打开放水阀向水泵内部灌水，并打开放气阀，直到放气阀不冒气、完全冒水为止，再关闭放水阀及放气阀。

（3）采用喷射泵无底阀排水时，应先打开阀门，注意观察真空表的指示，直至喷射泵射流中没有气泡为止，再关闭阀门。

（4）采用正压排水时，应先打开进水管的阀门。

（5）关闭水泵排水管上的闸阀，使水泵在轻负荷下启动。

（6）按下启动按钮，启动电动机。

（7）待电动机转速达到正常状态时，慢慢将水泵排水管上的闸阀全部打开，同时注意观察真空表、压力表、电压表、电流表的指示是否正常，若一切正常表明启动完毕。若根据声音及仪表指示判断水泵没有上水则应停止电动机运行，重新启动。

4.1.2.3 运行和检查

（1）随时观察水泵、电机的振动和噪声情况。

（2）检查轴承润滑情况，油量是否适合，油环转动是否灵活。检查各部轴承的温度，滑动轴承不得超过65℃，滚动轴承不得超过75℃，电动机温度不得超过铭牌规定值。

（3）随时观察电源电压、工作电流是否正常；经常注意电压、电流的变化，当电流超过正常电流，电压超过±5%左右时，应停车检查原因，并进行处理。

（4）检查各部螺栓及防松装置是否完整齐全，有无松动；注意各部声响及振动情况，检查有无由于汽蚀现象而产生的噪声；检查盘根箱密封情况，盘根箱温度是否正常。

（5）经常观察压力表、真空表的指示变化情况及吸水井水位变化情况，检查底阀埋入水面的深度，水泵不得在泵内无水情况下运行，不得在汽蚀情况下运行，不得在闸阀闭死情况下长期运行。

（6）随时观察检查电器设备的完好性，电泵长期使用时，冷态绝缘电阻应不低于5MΩ，在接近工作温度时，定子绕组的热态绝缘电阻应不低于0.5MΩ。

（7）水泵应该在允许工作范围内（0.75~1.2倍额定流量）运行；因为在这种条件下，水泵效率较高、经济、可靠、轴向力适中。

（8）如果发生下列情况，必须立即停机：

1）工作电流超过额定电流10%时；

2）电源电压过高或过低时（超过±5%）；

3）电机绝缘电阻低于0.5MΩ时；

4）电泵出水严重不均，甚至间断出水时；

5）机组有明显的振动和噪声时。

（9）QJ潜水电泵连续停机时间不得超过14天，否则，水中的杂质会沉淀在轴承和叶轮间隙内，甚至会堵住水泵转轴；若停机时间超过14天，应至少每14天开动一次，运转5min，以保证机组可以随时开机使用。

4.1.2.4 停车

（1）正常停机：

1）慢慢关闭出水闸阀；

2）按下停止按钮，停止电动机运行；

3）正压排水室，应关闭进水管上的阀门；

4）将电动机及启动设备的手轮、手柄恢复到停车位置；

5）长时期停运应放掉泵内存水；每隔一定时期应将电动机空运，以防受潮；空运前应将联轴器分开，使电动机单独运转；

6）临时抽水作业应将水泵搬出水面；

7）打扫水泵房卫生，整理记录。

（2）紧急停机：按下停止按钮，将开关把手扳到零位。

4.1.3 交接班

当面交接班，交班时进行检查、清理现场，保持现场整洁；公用工具要如数交接；整理记录，填写交接班记录，要将本班存在的安全隐患如实地填写到交接班记录中，包括隐患部位、发现隐患的时间等。

4.1.4 操作注意事项

操作注意事项如下：

（1）停、送电时，由两人停、送电，一人作业、一人监护。

（2）到地下作业时，要提前30min进行通风，保证照明充足。

（3）吊装潜水泵时，要有专人负责吊运，不必要的人禁止在作业区内停留。

4.2 多级加压泵岗位操作规程

4.2.1 上岗操作基本要求

上岗操作基本要求如下：

（1）持证上岗，经三级安全教育考试合格。

（2）劳保用品穿戴齐全、规范。

（3）严格执行交接班制度并做记录。

（4）不准酒后上岗和班中饮酒。

（5）不准疲劳上岗，工作过程中要集中精力。

（6）本岗位工作不得少于两人。

4.2.2 岗位操作程序

4.2.2.1 准备及检查工作

（1）检查各部螺栓是否紧固不松动。

（2）检查联轴器间隙是否符合规定，防护罩是否可靠。

（3）检查轴承润滑油油质、油量是否符合规定，油环转动是否平稳、灵活，检查润滑系统的油泵、管路是否完好。

（4）吸水管道是否正常，吸水高度是否符合规定。

（5）接地系统是否符合规定。

（6）电控设备各开关把手是否在停车位置。

（7）电源电压是否在额定电压的±5%范围内。

4.2.2.2 启动准备

（1）启动倒闸门：按照待开水泵在管道上连接的位置，选择阻力最小的水流方向，开

(关) 管道上有关分水阀门 (水泵出水口阀门关闭不动)。

(2) 启动润滑油泵,对于需要强迫润滑的泵组 (如 DS 型) 应先启动润滑油泵,保证电动机、水泵各轴承润滑正常。

(3) 盘车 2~3 转,泵组转动灵活,无卡阻现象。

(4) 对检查发现的问题必须及时处理或向当班领导汇报,待处理完毕符合要求后,方可动用该水泵。

4.2.2.3 启动

(1) 灌水:采用无底阀排水泵时,应先开动真空泵或射流泵,将泵体、吸水管抽真空后再停真空或射流泵。

(2) 启动水泵电动机。

1) 启动高压电气设备前,必须戴好绝缘手套,穿绝缘靴,站在绝缘胶垫上操作;

2) 鼠笼型电动机直接启动时,合上电源开关,待电流达到正常时,打开水泵出水口阀门。

(3) 操作阀门:水泵启动后缓缓打开出水阀门,然后打开压力表止压阀,待指针稳定后,打开真空表止压阀。

(4) 排水设备投入正常运行 (其他类型按说明书进行操作)。

4.2.2.4 运行及检查

(1) 工作泵和备用泵应交替运行,对于不经常运行的水泵应每隔 10 天空转 2~3h,以防潮湿。

(2) 井筒与水泵之间的斜巷内 (安全出口) 必须保持畅通,不得堆放杂乱脏物。

(3) 司机应定期检查防水门,关闭程度是否符合规定要求。

(4) 泵组运行中出现下列情况之一时,应紧急停机:

1) 泵组异常振动或有故障性异响;

2) 水泵不吸水;

3) 泵体漏水或闸阀、法兰滋水;

4) 启动时间过长,电流指针不返回;

5) 电动机冒烟、冒火;

6) 电源断电;

7) 电流值明显超限;

8) 其他紧急故障。

4.2.2.5 巡回检查

(1) 巡回检查的时间一般每两小时一次。

(2) 巡回检查的内容为:

1) 各紧固件及防松装置应齐全,无松动;

2) 各发热部位的温度不超限 (滑动轴承不大于 65℃,滚动轴承不大于 75℃),润滑油泵站系统工作应正常;

3) 盘根松紧应适度,不进气,滴水不成线;

4) 电动机和水泵无异状、异响或异振;

5）电流不超过规定值，电压波动不超过额定电压值的 ±5%；

6）真空表指示应正常；

7）吸水井积泥面距笼头底面距离不小于0.5m。

（3）巡回检查中发现的问题及处理经过，应填入运行日志。

（4）认真填写泵组开停的时间、日期、累计的运行时间。

4.2.2.6 日常维护内容

（1）轴承润滑：

1）滑动轴承每运行2000～2500h换油一次，滚动轴承大修时换油，运行中不必换油；

2）油质应符合规定，禁止不同牌号的油混杂使用；

3）运行中要及时加油，经常保持所需油位。

（2）更换盘根：

1）盘根磨损、老化后应及时更换；

2）新盘根的安装要求：接口互错120°，接口两端间隙越小越好，盘根盖压紧到最大限度后，拧回0.5～2.5扣，至盘根刚有水滴出时为止；

3）更换盘根应在停泵时进行，但松紧可在开泵后做调整。

（3）定期清刷笼头罩，清除吸水井杂物。

（4）排水泵轮换运行，保证备用水泵随时可投入使用。

4.2.2.7 停机

（1）主排水泵的正常停机：

1）关闭压力表和真空表止压阀，缓缓关闭水泵的出水阀门；

2）切断电动机的电源，电动机停止运行。

（2）紧急停机按以下程序进行：

1）断开水泵控制磁力启动器，电动机停止运行；

2）关闭水泵出水阀门；

3）上报主管领导，并做好记录。

4.2.3 交接班

当面交接班，交班时进行检查、清理现场，保持现场整洁；公用工具要如数交接；整理记录，填写交接班记录，要将本班存在的安全隐患如实地填写到交接班记录中，包括隐患部位、发现隐患的时间等。

4.2.4 操作注意事项

操作注意事项如下：

（1）司机接班后不得睡觉，不得做与操作无关的事情。

（2）司机不得随意变更保护装置的整定值。

（3）操作高压电器时：

1）一人操作，一人监护；

2）操作者应戴绝缘手套，穿绝缘靴或站在绝缘台上；

3）电器、电动机必须接地良好。

(4) 电压表、电流表失灵的情况下，高压电器、电动机不得投入运行。

(5) 在处理事故期间，司机应严守岗位，不得离开泵房。

(6) 水泵运行过程中，司机应经常巡检，观察水位情况，防止水排干时，水泵空转，避免由水泵长期空转造成损坏水泵的重大事故。

(7) 开泵期间或清扫环境卫生时注意避免水星溅到电机内部，造成恶性电气事故。

5 供 气

5.1 空压机岗位操作规程

5.1.1 上岗操作基本要求

上岗操作基本要求如下：

（1）持证上岗，经三级安全教育考试合格。

（2）劳保用品穿戴齐全、规范。

（3）严格执行交接班制度并做记录。

（4）不准酒后上岗和班中饮酒。

（5）不准疲劳上岗，工作过程要集中精力。

（6）本岗位操作至少需要两人。

5.1.2 岗位操作程序

5.1.2.1 准备及检查

（1）严格执行外来人员出入登记制度；机房内不准放置易燃易爆物品。

（2）检查防护装置及安全附件是否完好齐全。

（3）保持油池中润滑油在标尺范围内，并检查注油器内的油量不应低于刻度线值。油尺及注油器所用润滑油的牌号应符合产品说明书的规定。

（4）检查各运动部位是否灵活，各连接部位是否紧固，润滑系统是否正常，电机及电器控制设备是否安全可靠。

（5）检查排气管路是否畅通。

（6）接通水源，打开各进水阀，使冷却水畅通。

（7）长期停用后首次启动前，必须盘车检查，注意有无撞击、卡住或响声异常等现象。新装机械必须按说明书规定进行试车。

5.1.2.2 启动

打开各级油水分离器排气阀，按下启动按钮，必须在无载荷状态下启动。待空载运转情况正常后，再由低压向高压逐个关闭各级排气阀，逐步使空气压缩机进入负荷运转。

5.1.2.3 运行中检查

（1）经常注意各种仪表读数，并随时予以调整，确保润滑油压力、各级排气压力、温度在额定工况范围内。

（2）机内油温不得超过60℃。

（3）冷却水流量应均匀，不得有间歇性流动或冒气泡现象。冷却水温度应低于40℃。

（4）工作中还应检查下列情况：电动机温度是否正常，各电表读数是否在规定的范围内；各机件运行声音是否正常；吸气阀盖是否发热；阀的声音是否正常；各种安全防护设备是否可靠。

（5）每工作2h，需将油水分离器、中间冷却器、后冷却器内的油水排放一次，储气罐内油水每班排放一次。

（6）空气压缩机在运转中发现下列情况时，应立即停车，查明原因，并予以排除：

1）润滑油中断或冷却水中断；

2）水温突然升高或下降；

3）排气压力突然升高，安全阀失灵；

4）负荷突然超出正常值；

5）机械响声异常；

6）电动机或电器设备等出现异常。

（7）机器在运转中或设备有压力的情况下，不得进行任何修理工作。

（8）用柴油清洗过的机件必须无负荷运转10min，才能投入正常工作。

（9）以电动机为动力的空气压缩机，其电动机部分的操作须遵照电动机的有关规定执行。以内燃机为动力的空气压缩机，其动力部分的操作须遵照内燃机的有关规定执行。

（10）空气压缩机停车10日以上时，应向各摩擦面注以充分的润滑油。停车一个月以上作长期封存时，除放出各处油水，拆除所有进、排气阀并吹干净外，还应擦净汽缸镜面、活塞顶面、曲轴表面以及所有非配合表面，并进行油封，油封后用盖盖好，以防潮气、灰尘进入。

（11）移动式空气压缩机在每次拖行前，应仔细检查走行装置是否完好、紧固。拖行速度一般不超过20km/h。

（12）空压机所设贮气罐及安全阀、压力表等安全附件必须按照有关规定，定期校验与检验。

（13）空气压缩机的空气滤清器须经常清洗，保持畅通，以减少不必要的动力损失。

（14）空气压缩机若用于喷砂除锈等灰尘较大的工作时，应使机械与喷砂场地保持一定距离，并应采取相应的防尘措施。

5.1.2.4 停车

（1）正常停车：正常停车时应先打开各级油水分离器排气阀，卸去负荷，然后关闭发动机。停车后关闭冷却水进水阀门。冬季低温时须放净汽缸套、各级冷却器、油水分离器以及贮风筒内的存水，以免发生冻裂事故。

（2）紧急停车：如因电源中断停车时，应使电动机恢复启动前的位置，以防恢复供电时，启动控制器无动作而造成事故。

5.1.3 交接班

当面交接班，交班时进行检查、清理现场，保持现场整洁；公用工具要清洗干净如数交接；整理记录，填写交接班记录，要将本班存在的安全隐患如实地填写到交接班记录中，包括隐患部位、发现隐患的时间等。

5.1.4　操作注意事项

操作注意事项如下：

（1）空压机属于高压、易燃易爆设备，应加强防范意识，严禁烟火。

（2）严禁无关人员进入空压机房，外来人员进入空压机房必须登记和他人陪同。

（3）安全阀按规定进行检验。

（4）管道、阀门等受压部件检修后应用肥皂水进行密封检验，合格后方可投入运行。

5.1.5　典型事故案例

案例1

（1）事故经过：1990年12月28日9时50分，H省某银矿空气压缩机油气分离储气箱发生爆炸，死亡4人，重伤2人，直接经济损失296800元，间接经济损失28000元。由于调试现场在野外，除空气压缩机损坏外，没有其他损坏。

该储气箱是由某压缩机厂制造的，1989年8月出厂。出厂时材质方面无资料，也没有进行必要的出厂检验，例如：射线检测、水压试验和气密试验。

该储气箱直径为750mm，长为1500mm，厚为6mm。所有焊缝均为手工电弧焊，环向焊缝为单面无垫板对接焊。

1990年10月28日，区长组织空压机手对空压机进行检查调试，确认无问题后启动空负荷运转，未发现异常，即将进气手柄拨至负荷位置，运转1min后，储气箱就发生爆炸。爆炸后，靠近操作侧一端装有滤油装置的封头环焊缝全部断开，封头飞出100多米远，筒体向另一侧飞出5～6m远，撞到石头上严重变形破裂。检查焊缝时发现在丁字焊缝处损坏，周长2250mm的环焊缝上只有两处焊透，分别为180mm和50mm，其余焊缝均未被焊透，焊接金属熔深厚度仅为3～4mm，且存在气孔、夹渣等缺陷。

此外，在压缩机调试时操作人员对安全阀、压力表等安全附件进行了检查，均齐全、灵敏、有效。

（2）事故原因：

1）造成这起爆炸事故的直接原因是该压缩机厂制造的油气分离储气箱产品质量低劣，不符合国家的有关标准要求。调试人员操作前准备工作、检查工作不到位，因此，在设备调试时即发生设备爆炸事故。

2）压力容器设备在投入使用前，应按国家有关规定，办理使用登记手续。在技术资料不全的情况下，应先核实设备质量状况，在情况不明时，不能违章盲目进行调试，使存在的事故隐患没能被及时发现。

3）设备调试现场没有依据有关规定做好安全防护工作，设备周围工人太多，导致较大的伤亡。

（3）事故责任分析：

1）事故主要责任者，即提供劣质设备的单位，要赔偿事故造成的直接经济损失，并由司法部门依法追究其刑事责任；

2）事故的间接责任者，即该银矿应认真分析造成事故的主客观原因，吸取事故教训，牢固树立安全生产思想，制订出加强设备调试、启动前的准备和检查工作的措施，积极做好安全生产工作；

3）按国家有关规定，对事故发生单位进行经济处罚。

（4）防范措施：

1）压力容器制造厂，必须遵守国家的有关规定，注重产品安全质量，特别是机械设备附属的压力容器，其产品质量也应满足相应国家标准的要求，以保证使用的安全；

2）压力容器使用单位，在压力容器投入使用前，应按国家有关规定，到劳动部门办理注册登记手续，在领取了压力容器使用证之后，再投入使用，以便及时发现事故隐患，采取措施避免事故发生；

3）使用单位应严格执行安全生产规章制度，启动前应做好充分的准备工作和详细的检查工作，压力容器在资料不全、情况不明时，进行检查、检测确认，决不盲目调试使用。

案例 2

（1）事故经过：1988 年 8 月 4 日，S 省某矿空分工段按计划于上午停车检修膨胀机。8 时 50 分，空分工段长电话请示厂调度室，同意停车。但因生产还需要用空气，因此，重新把空压机开起来。9 时 10 分，听到空压机安全阀起跳放空声，同时听到空压机电机的运转声音不正常，随即 2 号油水分离器发生爆炸。1 名工人被爆破的分离器击中，当场死亡，另 1 名工人右上臂被爆炸飞出物击伤。事故发生后经现场勘察，发现 2 号油水分离器西侧两封头间筒体纵向撕裂，空压机一段 Dg10 排气阀接近全开（差 1/3 圈），二段、三段 Dg10 排气阀处于全关位置，1 号油水分离器 Dg10 排污阀全开，2 号油水分离器（爆炸）Dg10 阀门接近全关（差 1/4 圈），油水分离器前送尿素系统空气管上 Dg10 阀门开度为 1/8 圈，2 号油水分离器出口管通向 1 号、2 号纯化器的阀门处于全关位置，分馏塔中液氧尚未排放。事故发生后对空压机三段安全阀进行起跳试验，压力为 5.7MPa 时开始泄漏，5.9MPa 时起跳。检查发现 1 号油水分离器底部瓷环间积满大量铁锈、油污和其他杂物，造成排污不畅通。爆炸后对被爆裂的 2 号油水分离器进行测量，最薄处 3.8mm，最厚处 7.9mm（此系爆炸后数据，爆炸前比此数据可能稍厚些）。

（2）事故原因：

1）造成这次事故的直接原因是操作不当，判断失误，违章运行造成超压。因为生产还需用压缩空气，这时，由于空压机压力已卸净，需重新开起空压机，并利用 1 段、2 段、3 段排气阀进行升压调节，当压力升至 1.96MPa 时，操作工违章离开了现场。事故发生后检查发现，2 段、3 段排气阀全关，此时空压机只向系统提供压力为 1.96MPa、流量仅为 $16m^3/h$ 的压缩空气，能够排气泄压的仅有 1 段排气阀和 1 号油水分离器排污阀（经检查 1 号分离器底部堵塞，造成排污不畅通）。但空压机铭牌的产气量为 $300m^3/h$，在上述阀门开关情况下，不能使压力稳定在 1.96MPa 而会发生超压。由于操作工判断有误，以为压力已经稳定在 1.96MPa，当其离开现场后，压力仍继续上升，导致超压、安全阀起跳、空压机电机超负荷运行，直至 2 号油水分离器爆炸。

2）造成这次爆炸事故的主要原因是压力容器运行巡检的马虎，没及时检查出壁厚减薄隐患。该设备规格为 $\phi320mm \times 10mm$，材质为 A3，最高工作压力为 5.39MPa，1971 年投入使用，至事故发生时已使用了 17 年。爆炸后发现其内部腐蚀严重，最薄处仅为 3.8mm，设备状况差。操作人员对排污阀长时间不通视而不见，更加剧了设备底部的腐蚀，爆炸后的设备内部腐蚀情况也充分说明了这一点。

（3）防范措施：

1）空压机属于易燃易爆危险设备，必须严格按规程操作；

2）压力容器应按规范定期检测，正确维护使用设备，有异常时及时消除缺陷；

3）空压机在开动情况下，操作人员不得离岗。

5.2 4L-20/8 型空气压缩机岗位操作规程

5.2.1 上岗操作基本要求

上岗操作基本要求如下：

（1）持证上岗，经三级安全教育考试合格。

（2）劳保用品穿戴齐全、规范。

（3）严格执行交接班制度并做记录。

（4）不准酒后上岗和班中饮酒。

（5）不准疲劳上岗，工作过程要集中精力。

（6）本岗位操作至少需要两人。

5.2.2 岗位操作程序

5.2.2.1 开车前的检查与准备

（1）检查机器各部位是否完好，各部位螺丝有无松动。

（2）检查油路、水路是否正常，油位是否合格，冷却水压力是否在规定范围内。

（3）检查启动控制设备是否灵活可靠。

（4）检查各仪表、信号指示是否正常，保护装置是否良好。

（5）盘车 1 ~ 2 圈，检查有无卡阻现象，观察轴承和皮带传动系统的工作情况。

5.2.2.2 启动

（1）开启冷却水，观察水量是否充足。

（2）关闭减压阀，使空气压缩机处于无负荷状态下启动。

（3）转动注油器向汽缸注油（无油润滑除外）。

（4）按下启动按钮，使电动机空载启动。

5.2.2.3 运行及检查

（1）空载运转正常后，慢慢打开减压阀，使空压机投入负荷运转。

（2）注意检查电动机及机械部分的响声、振动情况，发现不正常现象应立即停车检查。

（3）注意检查各仪表指示。观察电压表、电流表、油压表、压力表、温度计等是否正常，正常情况下一级缸压力为 0.18 ~ 0.22MPa，二级缸压力不超过 0.88MPa，油压应在 0.15 ~ 0.25MPa 之间。

（4）轴承温度不超过 75℃，汽缸排气温度单缸不超过 190℃，双缸不超过 160℃，冷却出水温度不得超过40℃，曲轴箱温度不超过60℃，电动机温度不超过允许值。

(5) 润滑油、冷却水不得中断或不足。

(6) 中间冷却器、油水分离器及风包中的存油、存水每班至少放一次。

(7) 经常检查机器各部有无漏风漏水现象。

(8) 运行中如发现以下情况应停机处理：

1) 安全保护装置自动动作，引起停车；

2) 某部位温度超限；

3) 突然发生机械振动、有异响；

4) 电动机有异常声音或异常气味；

5) 压风机严重漏水漏风；

6) 冷却水中断或压力不足，润滑油中断或压力不足；

7) 其他紧急故障。

(9) 遇冷却水中断，停车后应立即关闭进水阀门，待汽缸自然冷却后再供水。

(10) 禁止在下列情况下使设备运行：

1) 安全保护装置失灵；

2) 设备有故障或故障未处理完毕。

5.2.2.4 停车

(1) 关闭减压阀，空压机进入空载运转。

(2) 按下停止按钮，停止空压机运转。

(3) 断开开关隔离刀闸。

(4) 待汽缸温度下降后，关闭冷却水进水闸门。

(5) 放出汽缸内存留的压缩空气。

(6) 停机后不能立即关闭冷却水，应将机器温度降到启动前温度后，再关闭冷却水。

5.2.3 交接班

当面交接班，交班时进行检查、清理现场，保持现场整洁；公用工具要清洗干净如数交接；整理记录，填写交接班记录，要将本班存在的安全隐患如实地填写到交接班记录中，包括隐患部位、发现隐患的时间等。

5.2.4 操作注意事项

操作注意事项如下：

(1) 空压机属于高压、易燃易爆设备，应加强防范意识，严禁烟火。

(2) 严禁无关人员进入空压机房，外来人员进入空压机房必须登记和他人陪同。

(3) 安全阀按规定进行检验。

(4) 管道、阀门等受压部件检修后应用肥皂水进行密封检验，合格后方可投入运行。

5.3 VF-9/7-KB 型空气压缩机岗位操作规程

5.3.1 上岗操作基本要求

上岗操作基本要求如下：

（1）持证上岗，经三级安全教育考试合格。

（2）劳保用品穿戴齐全、规范。

（3）严格执行交接班制度并做记录。

（4）不准酒后上岗和班中饮酒。

（5）不准疲劳上岗，工作过程要集中精力。

（6）本岗位操作至少需要两人。

5.3.2 岗位操作程序

5.3.2.1 开车前的检查与准备

（1）检查机器各部是否完好，各部螺丝有无松动。

（2）检查油位、油路是否正常，油质是否合格。

（3）检查仪表指示是否正常，保护装置是否良好。

（4）检查中间冷却器是否完好。

（5）检查开关是否完好，防爆装置是否失效。

（6）盘车是否灵活，有无卡阻现象。

5.3.2.2 启动

合上开关把手，按下启动按钮，电机逐渐达到正常转速。

5.3.2.3 运行及检查

（1）观察电动机转向是否与旋向标牌一致，油压是否在规定范围内，声音是否正常，仪表指示是否正确，有无漏气、漏油现象。

（2）注意检查电动机及机械部分的响声、振动情况，发现不正常现象应立即停车检查。

（3）注意检查各仪表指示，油压表、压力表、温度计等是否正常，正常情况下一级缸压力为0.16～0.2MPa，二级缸压力不超过0.75MPa，油压应在0.1～0.3MPa之间。

（4）轴承温度不超过75℃，排气温度不超过160℃，曲轴箱油温不超过60℃，电动机温度不超过允许值。

（5）润滑油不得中断或不足，中间冷却器散热应良好。

（6）中间冷却器、储气罐中的存油、存水每班至少要排放一次。

（7）经常检查机器各部有无漏气、漏油现象。

（8）运行中如发现以下情况应停机处理：

1）安全保护装置自动动作，引起停车；

2）某部位温度超限；

3）突然发生机械振动、有异响；

4）电动机有异常声音或异常气味；

5）压风机严重漏气、漏油；

6）润滑油中断或压力不足；

7）其他紧急故障。

（9）禁止在下列情况下运行设备：

1）安全保护装置失灵；

2）设备有故障或故障未处理完毕。

5.3.2.4 停车

（1）正常停车：

1）按下停止按钮，空压机停止运转；

2）放空储气罐，然后切断电源（将开关把手打在零位并闭锁）。

（2）紧急停车：

1）启动时油压表不显示压力，正常运转时油压不能稳定在0.1～0.3MPa之间，油温超过60℃；

2）曲轴箱、汽缸、汽缸头内或其他部位有异常响声；

3）气压自动调节系统失灵；

4）安全阀失灵；

5）电机电流或温升超过允许值；

6）连接松动、漏气、漏油。

5.3.3 交接班

当面交接班，交接班时进行检查、清理现场，保持现场整洁；公用工具要清洗干净如数交接；整理记录，填写交接班记录，要将本班存在的安全隐患如实地填写到交接班记录中，包括隐患部位、发现隐患的时间等。

5.3.4 操作注意事项

操作注意事项如下：

（1）空压机属于高压、易燃易爆设备，应加强防范意识，严禁烟火。

（2）严禁无关人员进入空压机房，外来人员进入空压机房必须登记和他人陪同。

（3）安全阀按规定进行检验。

（4）管道、阀门等受压部件检修后应用肥皂水进行密封检验，合格后方可投入运行。

5.3.5 典型事故案例

（1）事故经过：2002年11月，某公司空分0号5L空压机组Ⅱ段冷却器发生燃爆事故，机组型号为5L-16/50。事故未造成大损失，但很典型。

1）岗位操作过程。当班操作人员在空分岗位控制室突然听到现场0号空压机有很大的排气声，认为是安全阀动作，当即冲至现场寻找故障点，发现Ⅰ、Ⅱ段冷却水出口阀有大量气体排出，且Ⅱ段冷却器气体进口处及测温点处烧红。操作人员立即紧急停车，关闭纯化器进气阀，打开Ⅲ段放空阀，并开动1号机组保证生产。与此同时，操作人员打开洗手池水龙头，发现无水，并有大量气体喷出，怀疑外部已停冷却水。经查，外部并未停水。机组停车泄压后，Ⅲ段放空管口处还有大量的冷却水排出，证实外部的确未停水。关闭0号空压机Ⅱ段冷却器进水阀及机台进水总阀。半小时后恢复空分运行。从当天的岗位运行记录看，设备运行的各项指标未见异常。

2）空压机及Ⅱ段冷却器解体检查情况：

①冷却器芯子处有大量的油污和积炭；

②冷却器壳体压缩空气进口管处有大片烧红的痕迹；

③冷却器壳体和导流罩内壁严重积炭，用榔头敲击导流罩外壁，有大量的块状积炭脱落；

④冷却器芯子靠进气口处有4根约20cm长的铜列管被熔化（紫铜的熔点为1083℃），另5根铜列管有不同程度的挤扁弯曲变形；

⑤空压机Ⅱ段气流通道内壁也有不同程度的积炭现象；

⑥打开空压机Ⅲ段阀盖，有大量冷却水溢出。

3）润滑油消耗情况。该机组注油器采用13号空压机油，曲轴箱采用N68机械油，与其他机组相比油耗明显增加。

4）环境空气污染情况。据分析，空气环境中含有微量乙炔。

5）积炭成分分析。除含有碳之外，积炭中还含有较多的铜和其他杂质。

6）冷却器制造质量情况。该冷却器属压力容器，1997年随机购进。最高工作温度：180℃；最高工作压力：壳1.47MPa，管0.9MPa；介质：空气、水；主体材质：16MnR，符合压力容器制造规范。

（2）事故原因：

据现场勘察并结合有关资料和案例分析，造成此次事故的主要原因为操作、维护不规范，包括不在规定工况下运行、未按规定周期排放油水、排放油水方法不当、润滑油过量等，详细情况如下：

1）该机组长期在高温下违规运行，造成Ⅱ段积炭严重，冷却效果下降。该空压机组Ⅱ段冷却器运行温度长期超过规定范围，运行温度一直保持在150～160℃，而规定的运行温度为125～135℃，当空压机排气温度达140℃以上时便产生积炭。在高温高压下，润滑油氧化、热分解和蒸发，产生了以低分子碳氢化合物为主的可燃性油气，在触及灼热的积炭后发生爆燃。

2）违规加大润滑油量，未按规定周期和正确方法排放油水，加剧了积炭沉积。从0号空压机润滑记录统计知：曲轴箱所用N68机械油消耗高，经调查并无外泄，说明过量使用润滑油；而排放油水方法不对，排放周期超过规定时间，使多余的润滑油被带进压缩空气中，进入Ⅱ段冷却器形成积炭，而积炭又造成冷却不良，活塞铜金属磨损加剧。高温铜金属微粒遇到润滑油氧化、热分解而生成的乙炔时，在机械微粒的冲击下产生爆燃。

3）环境空气含有的微量乙炔被吸入机组中，高温铜金属粒子与乙炔生成乙炔铜，乙炔铜极不稳定，也会发生燃烧爆炸。

综上所述，多种因素导致Ⅱ段冷却器爆燃，放出大量的热，继而使铜管局部熔化，造成气路与水路相通，高压气体（气体走壳程，Ⅱ段正常排气压力为1.00～1.35MPa）顺着冷却水通道大量排出，阻断了冷却水路，造成恶性循环，酿成这起事故。但根本原因还在于积炭和高油耗。

（3）防范措施：

1）加强对职工的岗位技能培训，严格执行操作规程，加大Ⅱ段冷却器冷却水量，使其在规定温度工况下运行；调节润滑油注入量使其符合规定；加强操作巡回检查，使用正确方法、定时排放油水，防止油污和油雾聚集。

2）结合机组的大、中、小修，定期检查和清除积炭。加强维护保养，提高检修质量，严格按有关作业指导程序操作及检修，尽可能降低油耗。

3）高温高压压缩机应选用含灰分较少的高品质润滑油，以减少积炭的生成。

4）定期调校安全阀，确保安全装置灵敏可靠；健全机组超温、超压及低水压报警装置。

5.4 螺杆式空气压缩机岗位操作规程

5.4.1 上岗操作基本要求

上岗操作基本要求如下：

（1）持证上岗，经三级安全教育考试合格。

（2）劳保用品穿戴齐全、规范。

（3）严格执行交接班制度并做记录。

（4）不准酒后上岗和班中饮酒。

（5）不准疲劳上岗，工作过程要集中精力。

（6）本岗位操作至少需要两人。

5.4.2 岗位操作程序

5.4.2.1 启动前的准备工作

（1）检查空压机各零件部分是否完好，各保护装置、仪表、阀门、管路及接头是否有损坏或松动。

（2）略微打开油气桶底部的排水阀，排出润滑油下部积存的冷凝水和污物，见到有油流出即关上，以防润滑油过早乳化变质。

（3）检查油气桶油位是否在油位计两条刻度线之间，不足时应补充。注意加油前确认系统内无压力（油位以停机十分钟后观察为准，在运转中油位较停机时稍低）。

（4）新机第一次开机或停用较长时间又开机时，应先拆下空气过滤器盖，从进气口加入0.5L左右润滑油，以防启动时机内缺油而烧损。

（5）确认系统内无压力。

（6）打开排气阀门。

5.4.2.2 启动

（1）合上开关把手。

（2）点动，检查电动机转向是否正确，有加装换相保护装置的除外。

（3）确认手动阀处于“卸载”状态，按下“启动”按钮即正式运转。

5.4.2.3 运行及检查

（1）启动数秒后，将手动阀拨至“加载”位置，压力逐渐上升至额定压力，而润滑油压力应低于排气压力0.25MPa左右。

（2）观察运转是否平稳，声音是否正常，空气对流是否畅通，仪表读数是否正常，是否有泄漏情况。

（3）经常观察各仪表是否正常。

（4）经常倾听空压机各运转部位运转声音是否正常。

（5）经常检查机油有无渗漏现象。

（6）在运转中如从油位计上看不到油位，应立即停机，10min后再观察油位，如不足，待系统内无压力时再补充。

（7）经常保持空压机外表及周围场所干净，严禁在空压机上放置任何物件，如工具、抹布、衣物、手套等。

（8）当出现下列情况之一时，应紧急停机：

1）出现异常声响或振动时；

2）排气压力超过安全阀设定压力而安全阀未打开；

3）排气温度超过100℃时未自动停机；

4）周围发生紧急情况时。

5.4.2.4 停机

（1）正常停机：先将手动阀拨至“卸载”位置，将空压机卸载，大约10s后，再按下“停止”按钮，电机停止运转，开关把手打至零位。

（2）紧急停机：紧急停机时，无需先卸载，可直接按下“停止”钮。

5.4.3 交接班

当面交接班，交班时进行检查、清理现场，保持现场整洁；公用工具要清洗干净如数交接；整理记录，填写交接班记录，要将本班存在的安全隐患如实地填写到交接班记录中，包括隐患部位、发现隐患的时间等。

5.4.4 操作注意事项

操作注意事项如下：

（1）空压机属于高压、易燃易爆设备，应加强防范意识，严禁烟火。

（2）严禁无关人员进入空压机房，外来人员进入空压机房必须登记和他人陪同。

（3）安全阀按规定进行检验。

（4）管道、阀门等受压部件检修后应用肥皂水进行密封检验，合格后方可投入运行。

5.5 柴油压风机岗位操作规程

5.5.1 上岗操作基本要求

上岗操作基本要求如下：

（1）持证上岗，经三级安全教育考试合格。

（2）劳保用品穿戴齐全、规范。

（3）严格执行交接班制度并做记录。

（4）不准酒后上岗和班中饮酒。

（5）不准疲劳上岗，工作过程中要集中精力。

（6）本岗位作业不少于两人。

5.5.2 岗位操作程序

5.5.2.1 准备和检查工作

(1) 检查各紧固部位有无松动，状态是否良好。

(2) 严禁压缩机油被其他规格油代用或不同规格油混用。打开加油螺塞，加足本机规定使用规格的润滑油，油位线至油标1/2~2/3处（或规定范围）。

(3) 用手盘动主机扇2~3转，看是否转动灵活自如，查听有无障碍感或异常声响。

(4) 清理机器附近一切障碍。

(5) 检查柴油机机油、冷却水液位是否在规定范围。

(6) 开机前打开空压机输气闸阀，使空压机空载启动。

(7) 在0℃以下环境工作时，应将润滑油加热至0℃以上方可开机，以防润滑油凝结造成事故。

(8) 柴油机启动按柴油机使用说明书执行。

5.5.2.2 启动

上述各点均正常无误后，将闸阀拧到全开状态，启动柴油机使之在低速状态下运行5~10min。如有异常，应停机检查排除；如正常，可关小输气阀门，分2~3次将压力调到额定压力值。

5.5.2.3 运行和检查

(1) 开机使机器轻载运转5~10min后方可进入正常负载运转。

(2) 每次启动前和运转过程中，均应检查或按规定添加：柴油机机油、柴油、冷却水和压缩机油，特别是空压机油油面线必须在规定位置，否则，油位偏低易造成烧缸、抱轴、拉缸等问题，油位偏高则造成油耗过高、气阀积炭，甚至造成严重后果。

(3) 机器操作必须由专人管理和使用，发现问题及时采取措施，防止发生意外，以保证人、机安全。

(4) 运行中要经常查看压力表读数是否正常，注意机器运转的稳定性；检查机器声响是否正常；检查各部位是否处于正常状态；检查运转部位发热情况是否良好。

(5) 一般汽缸盖排气口温度不得高于200℃，曲轴箱油温不得超过70℃，否则应停机检查。

(6) 经常检查各紧固件和管路接头，防止松动、漏油、漏气。

(7) 每隔1h检查并打开油水分离器排放一次，具体操作方法是：先将阀门微微开启，待分离器底部油水流出后（约1min）迅速将阀门全开2~3min，让压缩空气将排出的油水全部吹走。

5.5.2.4 停机

每次工作结束时，让空压机轻载运行3~5min后方可停机。对于长时间运行的机器，除要随时注意柴油机的机油、柴油、冷却水和压缩机油是否符合规定外，每月至少要带压排油水、污物1~2次，如遇雨季或空气湿度大的地方，每月要带压排放3~5次，以保证机器内部清洁，压缩空气纯净。

5.5.3　交接班

当面交接班，现场交接班，将本班维修情况、遗留问题、事故处理情况向接班人交代清楚；公用工具要如数交接；本班未处理完的事故、隐患等事宜要交接清楚，填写交接班记录后方可离岗。

5.5.4　操作注意事项

操作注意事项如下：

（1）空压机属于高压、易燃易爆设备，要加强防范意识，严禁烟火。

（2）严禁无关人员进入空压机房，外来人员进入空压机房必须登记和他人陪同。

（3）安全阀按规定进行检验。

（4）管道、阀门等受高压部件检修后用肥皂水进行密封检验，合格后方可投入运行。

5.5.5　典型事故案例

案例 1

（1）事故经过：2006 年 5 月 13 日，某矿 1 号风机发生故障停机检查，启动 2 号风机时由于风门限位开关失灵，将牵引钢丝绳拉断，又重新启动 1 号柴油风机。当 1 号柴油风机投入运转后，司机发现水柱压力计指示下降，风量不足。经检查 2 号风门没有关严，造成风在两台风机之间短路。经停机重新关严后，才正常运行，影响生产 30min。

（2）事故原因：

1）1 号柴油风机故障停机未进行检查，又违章启动 1 号柴油风机；

2）风门限位开关失灵，牵引钢丝绳被拉断，造成风门关不严，无法正常运行；

3）对备用机的日常维护检查不到位。

（3）防范措施：

1）严格遵守规程，设备故障停机必须查清、处理完故障后方可启动；

2）要经常检查钢丝绳及其连接装置，经常检查试验各风门的限位开关，发现问题及时解决；

3）使用风机检测监控装置，检测风门开启关闭的位置。

案例 2

（1）事故经过：2009 年 10 月 12 日小夜班下午 18 时，某矿 -120m 中段三区二沿 2 号溜矿井赵某与汪某正在掘进凿岩。突然凿岩机停止运转，经检查发现停供压风。赵某从天井作业平台下到大巷，沿供风管一路检查至压风机后，发现压风机没有工作。找来当班维修人员，经检查发现压风机油缸被严重烧损，造成当班该掘进停产。

（2）事故原因：

1）直接原因：压风机未能及时加润滑油，造成油缸因缺油而被严重烧损；

2）操作人员缺乏保养常识，打眼之前未检查压风机的状况即开机，造成此设备事故的发生。

（3）防范措施：

1）完善设备管理规章制度，设专人按规程规范操作柴油压风机；

2）加强全员职工技能培训，增强设备安全意识；

3）建立设备台账，执行交接班制度，定人定时巡查柴油压风机，并做好记录。

案例3

（1）事故经过：2003年9月18日早班，某矿风机司机季某早班接班时，夜班司机李某说2号风机低压缸缸头有不正常的敲缸声音，已经停机，判断是活塞杆端头丝堵松脱。季某接班后打开缸头，做好检修准备，9点多，检修班长陈某到达，季某配合检修人员将缸盖取下，刚揭开缸盖，季某就慌忙用手去摸，一不小心，手指被缸体与缸盖挤住，手小指被挤掉。

（2）事故原因：

1）压风机司机季某自我保护意识不强，私自开检设备，配合检修却违章徒手搬重物，是造成事故的直接原因；

2）当班司机季某和维修班长陈某配合不协调，维修班长未向配合人员交代操作注意事项是造成事故的间接原因；

3）维修钳工本人是班长，现场安全管理不到位，是造成事故的间接原因。

（3）事故责任分析：

1）压风机司机季某安全意识淡薄，缺少对设备检修和操作注意事项的了解，违章私自开检设备，对事故负主要责任；

2）检修班长陈某作为班长，没有给季某讲清楚操作注意事项，现场安全管理不到位，而且没有做好互保联保，负有直接领导责任；

3）队长负有领导责任，书记负有安全教育不到位的责任。

（4）防范措施及教训：

1）加强技术培训和安全培训，提高业务技能水平，增强安全意识；

2）加强自我保护意识，用心做事；

3）加强运行、检修配合协调工作，创造良好的安全环境；

4）事故发生后我们要从中吸取教训，在处理问题时必须做好自我保护，无论我们在什么岗位，无论做什么工作，都要加强自我保护意识，配合协调一致，避免类似事故的发生。

6 供　暖

6.1　锅炉上煤岗位操作规程

6.1.1　上岗操作基本要求

上岗操作基本要求如下：

（1）持证上岗，经三级安全教育考试合格。

（2）劳保用品穿戴齐全、规范。

（3）严格执行交接班制度并做记录。

（4）不准酒后上岗和班中饮酒。

（5）不准疲劳上岗，工作过程要集中精力。

（6）本岗位操作至少需要两人。

6.1.2　岗位操作程序

6.1.2.1　操作前的准备与要求

（1）上煤操作要与司炉工密切配合，执行司炉工开始上煤和停止的指令。

（2）上煤前要对所有设备、工器具的外观、润滑、保护情况进行检查，确保正常完好。

（3）将上煤口的煤备足。

（4）煤块应保持一定的颗粒度，对于大块煤要进行筛选破碎。

6.1.2.2　上煤操作及检查

（1）在煤进入输煤系统前及运输过程中要进行检查，防止煤中混有铁器、雷管进入炉膛。

（2）上煤运输过程中，对煤喷洒水防煤尘，使煤保持一定的湿度，含水率在 10% 左右，一般以用手捏，刚能捏成团为宜。

（3）运输系统的启动顺序：先启动上煤口皮带运输机，再往进煤口方向依次启动提升机、进煤口皮带输煤机、给料机；安装自动控制的上煤系统，直接按上煤启动按钮即可。启动上煤设备时，运输系统周围不得有人或杂物，确认安全后方可启动。

（4）先在空载状态下按下上煤系统设备启动按钮，启动 2 ~ 3min 后，再向提升机均匀加煤。

（5）往煤斗装煤时，必须与操作人员联系好。

（6）注意上煤斗运行情况，煤斗上煤后不准在上方长时间停留。

（7）提升机在运转时，不允许对运动部件进行清扫和修理，不允许调整张紧装置。

（8）要定期检查各部件的运行情况，连接螺栓是否紧固，环链有无裂纹，各润滑系统是否有油，确保轴承温度不超过60℃，除尘系统运行正常。

6.1.2.3 停车

先停进煤口给料机，待皮带运输机、上煤斗无煤时再依次关闭进煤口给料机后面的设备。每次上完煤，应打扫环境卫生，做到设备上无积灰、路面上无积水、煤堆放整齐。

6.1.3 交接班

当面交接班，交班时进行检查、清理现场，保持现场整洁；公用工具要清洗干净如数交接；整理记录，填写交接班记录，将本班存在的安全隐患如实地填写到交接班记录中，包括隐患部位、发现隐患的时间等。

6.1.4 操作注意事项

操作注意事项如下：

（1）往煤斗装煤时，必须与操作人员联系好，人工上完煤后手推车与人躲到距上煤机1m以外的安全部位。

（2）上煤系统附近不得存放易燃易爆物品。

（3）上煤场所严禁烟火。

（4）在上煤设备运转过程中，禁止在提升机下面逗留，严禁跨越运输皮带，禁止触摸皮带等运转部位，戴手套清理运转部位杂物。

6.1.5 典型事故案例

（1）事故经过：1985年10月25日，某矿供汽车间运行工张某，在上煤工作中，严重违反操作规程，在未经上级批准，且无人监护、没有采取必要的安全措施情况下，私自进入原煤斗捅煤，由于积聚煤炭塌方而被压埋，窒息死亡。

（2）原因分析：

1）直接原因分析：

①燃料运行员工张某，违章私自下到煤斗捅煤，煤炭塌方是造成这起死亡事故的直接原因；

②燃料运行员工张某，工作中严重违反规程，在上煤过程中，没有经过班长及有关领导批准，在没有人员监护，没有采取必要的安全措施情况下，进入煤斗捅煤，这是造成此次事故的主要原因。

2）间接原因分析：

①供汽车间安全管理存在严重漏洞，各级人员安全责任制不落实，对违章行为制止不利，查处力度不够，对违章行为没有真抓严管，没有形成有效的检查、监督、考核和责任逐级追究制度，这是造成此次事故的间接原因；

②员工的安全意识不强，自我防护能力差，反映出电厂在对员工的安全教育方面存在问题，在上煤过程中处理原煤斗堵煤具有很大的危险，安全规程中对此有明确的规定，这是造成此次事故的另一原因。

（3）防范措施及教训：

1）这是一起典型的违章作业，死者为此付出了血的代价，我们要通过这起事故，组织广大职工举一反三认真查找在安全生产中存在的问题，有效杜绝违章作业情况的发生。在设备运行情况下，进入煤斗捅煤是非常危险的，工作人员事先应当对下煤仓捅煤工作的危险点进行分析，制定可靠的防范措施，如：停止该煤仓上煤；设专人监护；先处理掉仓壁积煤；下煤仓人员扎好安全带等措施，如果是这样的话，事故是可以避免的。然而，由于危险点分析及风险预控机制不健全，工作人员在从事具有危险工作时，没有防范风险的意识，工作人员的人身安全就没有保障，就不能有效防止事故的发生。

2）张某的习惯性违章行为绝不是偶然的，说明违章作业在该车间中是普遍现象，违章得不到有效遏制最终造成死亡事故是必然结果。每年企业开展的冬训、春检工作等都要对职工进行专门的安全教育和考试，企业在对职工的安全教育方面所下的工夫是很大的。但是，如果安全教育培训考核制度不健全，难免存在流于形式的问题。因此加强员工的三级安全培训和日常培训尤为重要，使每个员工都通过安全规程考试，达到持证上岗要求，以此提高员工的安全意识和安全技能。

3）违章现象在生产工作中时有发生，这样安全生产怎能有保证？反违章工作是一个长期的工作，不能只做表面文章，只停留在口头上，而要下工夫认真地抓。反违章工作一是要健全规章制度，有一个严格的检查、监督、考核机制，对违章者进行处罚是因为他违反了安全工作规定，罚就要有力度，要罚得他心疼，使他刻骨铭心；逐级追究各级领导责任，发生事故是因为领导管理工作不力，领导就要负相应的责任，应当受到应有的处罚。二是要想办法从思想上解决职工的遵章守纪的问题，提高职工的安全意识，把安全工作变为职工的自觉行动。只有在管理上下工夫，各级人员认真履行自己的安全职责，违章现象才能彻底杜绝。

4）此次事故出现的违章行为如果在任意一个环节把住关，都可以避免事故的发生，这起事故就是层层把关不细，出现违章行为无人制止造成的，是安全生产管理诸多环节不严、不细、不实的必然结果，是责任制及责任心和培训工作没有落实到位的具体体现，在工作中，小事情没有引起人们足够的重视，导致了人身事故的发生，教训是惨重的。

5）此次死亡事故暴露出，当时供汽车间存在严重的违章作业现象；工作中危险点预控意识不强；安全教育培训不到位；规章制度不健全，缺乏严格的检查、监督、考核和各级人员责任逐级追究制度等问题，安全管理松懈是导致事故发生的重要原因，值得认真反思。习惯性违章不杜绝，安全生产就成为一句空话，企业的效益就不能提高，员工的收入就得不到改善，这应当成为员工干部的共识，杜绝习惯性违章应当成为一个时期企业安全生产的努力方向。

6.2 循环水泵岗位操作规程

6.2.1 上岗操作基本要求

上岗操作基本要求如下：

（1）持证上岗，经三级安全教育考试合格。

（2）劳保用品穿戴齐全、规范。

（3）严格执行交接班制度并做记录。

（4）不准酒后上岗和班中饮酒。

（5）不准疲劳上岗，工作过程要集中精力。

（6）保持现场整洁。

6.2.2 岗位操作程序

6.2.2.1 操作前的准备与检查

（1）水泵工操作要与司炉工密切配合，执行司炉工开泵和停泵的指令。

（2）各坚固螺栓不得松动，联轴器间隙应符合规定，防护罩应可靠。

（3）轴承润滑油油质是否合格，油量是否适当，油环转动是否平稳、灵活，强迫润滑系统的油泵、管路是否完好。

（4）吸水管道是否正常，吸水高度是否符合规定。

（5）接地系统是否符合规定。

（6）电控设备各开关把手是否在停车位置。

（7）电源电压是否在额定电压 ±5% 的范围内。

6.2.2.2 启动

（1）打开给水泵降温水阀，根据出口水温进行调节，避免浪费。

（2）打开给水泵进水阀。

（3）启动电机缓慢打开给水泵出水阀，控制表压以调节锅炉需用水量。

6.2.2.3 运行及检查

（1）随时观察水泵的振动和噪声情况。

（2）检查轴承润滑情况，油量是否适合，油环转动是否灵活。检查各部轴承温度，滑动轴承不得超过 65℃，滚动轴承不得超过 75℃，电动机温度不得超过铭牌规定值。

（3）随时观察电源电压、工作电流是否正常；经常注意电压、电流的变化。

（4）检查各部螺栓及防松装置是否完整齐全，有无松动；注意各部音响及振动情况，有无由于汽蚀现象而产生的噪声；检查盘根箱密封情况，盘根箱温度是否正常。

（5）经常观察压力表、真空表的指示变化情况及水箱水位变化情况，水泵不得在泵内无水情况下运行，不得在汽蚀情况下运行，不得在闸阀闭死情况下长期运行。

（6）如果发生下列情况，必须通知司炉工，取得同意后方可停机：

1）工作电流超过额定电流 10% 或系统电压不稳时；

2）电气设备着火时；

3）水泵出水严重不均甚至间断出水保证不了供水时；

4）轴承或电机温度超过规定值时；

5）机组有剧烈的振动和噪声时。

6.2.2.4 停车

（1）正常停机：接到司炉工停泵指令后，按以下程序停泵：

1）慢慢关闭出水闸阀；

2）按下停止按钮，停止电动机运行；

3）关闭进水管上的阀门；

4）长时期停运应放掉泵内存水。每隔一定时期应将电动机空运，以防受潮。空运前应将联轴器分开，使电动机单独运转；

5）清扫水泵房卫生，整理记录。

（2）紧急停机：按下停止按钮，关闭出水口、进水口阀门。紧急停机必须征得司炉工同意，故障停泵后不能保证锅炉供水时必须立即停止司炉工作。

6.2.3 交接班

当面交接班，交班时进行检查、清理现场，保持现场整洁；公用工具要清洗干净如数交接；整理记录，填写交接班记录，要将本班存在的安全隐患如实地填写到交接班记录中，包括隐患部位、发现隐患的时间等。

6.2.4 操作注意事项

操作注意事项如下：

（1）设备运转中，不得进行危及安全的任何修理。

（2）临时停电时值班人员不得离开现场，并应关闭总电源，等候来电。

（3）严禁站在有水或潮湿的地方推闸门，闸门应明显标志出开关方向。

（4）压力表每半年或一年要检查校验一次，停车时压力表应指向零位，如发生不正常情况，要及时修理或更换。

（5）无水时不得关闭阀门开泵，叶轮不得反向转动。

（6）开关阀门时，不得用力过猛，以防摔倒。

6.2.5 典型事故案例

（1）事故经过：2009年11月11日17点左右，某矿供暖车间操作工发现65t炉3号热水泵联轴器处有打火现象，随即车间安排维修工到现场检查。经检查发现轴承损坏，联轴器下移摩擦泵壳产生打火现象，通知车间、调度停泵进行检修，更换轴承。

（2）事故原因：

1）操作人员点检不细，轴承缺油干磨，造成轴承损坏；

2）车间管理不到位，对职工执行规程不严不细未采取对应的措施。

（3）防范措施：

1）加强职工业务技术培训，提高操作技能；

2）加强对职工的思想教育和现场检查，提高职工执行规程的自觉性，对违章操作和工作麻痹大意进行经济处罚。

6.3 鼓引风岗位操作规程

6.3.1 上岗操作基本要求

上岗操作基本要求如下：

（1）持证上岗，经三级安全教育考试合格。

（2）劳保用品穿戴齐全、规范。

（3）严格执行交接班制度并做记录。

（4）不准酒后上岗和班中饮酒。

（5）不准疲劳上岗，工作过程要集中精力。

（6）本岗位操作至少需要两人。

（7）保持现场整洁。

6.3.2 操作程序

6.3.2.1 操作前的准备与要求

（1）鼓引风工要与司炉工密切配合，执行司炉工开机和停机指令。

（2）启动之前应先检查风机的防护设备是否齐全、壳体内有无杂物、调节挡板开关是否灵活、电气设备是否完好、地脚螺栓是否紧固、润滑油液位是否正常。

6.3.2.2 启动

（1）打开轴承冷却水，使冷却水循环畅通。

（2）用手盘车检查，主轴和叶轮应转动灵活，无杂音。

（3）稍开调节挡板，启动风机，此时要注意电流表的指针，应迅速跳到最高值，但经5~10s后又退回到空载电流值，如果指针不能迅速退回，应立即停止，以免电机过载损坏。

（4）如果重新启动时仍然如此，则应查明原因，待故障排除后再启动。

6.3.2.3 运行及检查

（1）待风机转入正常运行时，逐渐开大挡板，直至满足风量要求。

（2）正常运行时应保持轴承箱内的油位在轴承位置的2/3处，轴承温度不得高于环境温度40℃，最高温度不能高于80℃。

（3）随时观察风机的振动和噪声情况。

（4）随时观察电源电压、工作电流是否正常。

（5）检查各部螺栓及防松装置是否完整齐全，有无松动。

（6）经常观察压力表、真空表的指示变化情况。

（7）如果发生下列情况，必须通知司炉工，取得同意后方可停机：

1）工作电流超过额定电流10%时或系统电压不稳时；

2）电气设备着火时；

3）机组有剧烈的振动和噪声时；

4）轴承或电机温度超过规定值时；

5）风机不能保证正常风压或负压时。

6.3.2.4 停机

（1）正常停机：接到司炉工停机指令后，按以下程序停机：

1）慢慢关闭调风板，保持1/3的开度；

2）按下风机停止按钮，停止电动机运行；

3）待设备冷却后关闭轴承冷却水阀门；

4）清扫卫生，整理记录。

（2）紧急停机：按下停止按钮，关闭调风板。紧急停机必须征得司炉工同意，故障停机后必须立即通知司炉工。

6.3.3　交接班

当面交接班，交班时进行检查、清理现场，保持现场整洁；公用工具要清洗干净如数交接；整理记录，填写交接班记录，要将本班存在的安全隐患如实地填写到交接班记录中，包括隐患部位、发现隐患的时间等。

6.3.4　操作注意事项

操作注意事项如下：

（1）设备运转中，不得进行危及安全的任何修理。

（2）临时停电时值班人员不得离开现场，并应关闭总电源，等候来电。

（3）压力表每半年或一年要检查校验一次，停车时压力表应指向零位，如发生不正常情况，要及时修理或更换。

（4）风机口附近不得堆放杂物。

（5）风机运行时，周边 20m 内不得动火作业。

6.3.5　典型事故案例

（1）事故经过：1997 年 3 月 17 日，某车间一台锅炉引风机（型号：Y4-73-No16D）发生飞车事故。破碎叶轮片穿过机壳飞出 10m 以外，幸亏当时无人，才避免了一起人员伤亡事故的发生。事后检查发现：叶轮片全部脱落，轮毂严重变形，主轴颈处弯曲 0.15mm，风机壳及入口烟道有大量积灰等。

（2）事故原因：

1）主要原因：操作人员没有严格按运行规程操作，违章操作，使引风机带负荷启动，引起电机过载烧坏和风机叶轮爆裂。

2）其他原因：

①巡检制度执行不严，引风机事故预防措施落实不够，维修保养不到位等；

②对风机没有进行定期大修，或大修质量不过关，叶轮与轴松动、轮毂铆钉松脱，造成风机窜轴或叶轮飞车；

③除尘器除尘效果不好或未安装除尘设备，烟道未定期清理，积灰太多，引风机叶轮片被严重磨损；

④叶轮片没有采取防磨措施，被灰尘磨穿而破损，严重时，造成叶片断裂、主轴弯曲；

⑤日常维修保养没跟上，风机轴承缺油、缺水，造成轴承过热损坏；

⑥电工作业技术不精，电机接线盒密封不严，线头紧固不牢，电路缺相，使轴承或电机损坏；

⑦平时巡检不勤、不严，或发现故障处理不及时，使引风机故障进一步扩大为损坏事故；

⑧制度不健全、不具体，操作人员酒后误操作等，人为造成引风机损坏。

（3）防范措施：

1）加强运行管理，禁止违章操作。锅炉引风机的启动和运行要严格执行操作规程。如引风机必须空载启动，严禁带负荷启动，特别是在锅炉升火时，烟气温度太低，如引风机带负荷启动（即风机入口挡板大开或全开），将使启动电流增大很多，而且启动时间过长，风机电机易过热，很可能超载烧坏；在锅炉（特别是煤粉炉）扬火运行时，要注意鼓引风机的开启顺序，不能颠倒，即先开启引风机，运行10min，排除炉膛和烟道内的积灰或可燃性气体后，才可启动鼓风机。若先开鼓风机，后开引风机，既增大了引风机负荷量，使引风机电机过热烧坏，又可能引发炉膛爆炸事故。

2）对引风机定期进行检修，严把检修质量关。对引风机要定期进行检修，把隐患消除在萌芽状态，检修要全面、彻底，要仔细检查叶轮的磨损情况，主轴和叶轮运转平衡情况，内部连接有无松动、碰撞，入口挡板开关是否灵活和轴承润滑及冷却情况。

3）对叶轮片进行表面强化处理，提高叶片耐磨性。由于引风机输送的大都是200℃左右的高温烟气，烟气中含有大量的飞灰、SO_2腐蚀性气体等，风机叶片磨损严重，易发生风机出力下降、振动、叶片断裂等事故。因此，应对叶片工作面或磨损严重部位进行堆焊，以提高叶片的耐磨性。堆焊应使用直流焊机，采用手工电弧焊法，使用专用风机耐磨堆焊条（如耐磨1号，Mo-Cr-B硬质合金耐磨焊条等），并将耐磨焊条在300～350℃烘干1h使用。焊前应将叶片表面的积灰、铁锈等清扫干净，将其预热至100℃，用小电流、低电压、慢速、短弧、对称焊接。实践证明，经过堆焊处理的叶片，其耐磨性大大提高，既改善了风机叶轮经常磨损的问题，又为风机的安全运行打下了良好的基础。

4）采取烟气除尘措施，定期清扫烟道，改善引风机工作环境。有除尘设备的单位，要加强除尘运行管理，提高除尘效率；没有除尘设备的单位，要定时定量向炉膛内投加锅炉专用清灰剂，并及时清除烟道积灰，避免烟道堵塞、叶轮损坏等事故的发生。

5）加强对引风机的日常维护保养和巡回检查，发现问题后及时处理。操作人员要经常检查引风机的电压、电流、油位、温度、声音、冷却水等是否正常，若发现风机出现振动、漏油、轴承过热、地脚螺丝松动、联轴器缓冲垫损坏、冷却水中断等故障，要及时处理。当听到风机有剧烈噪声或严重碰撞声或电机发出“吭吭”声时，或闻有焦煳味，或发现电机温度剧烈上升等时，要紧急停车，并采取相应措施，及时抢修。在日常维修中，电工在接线时要认真、仔细，将线头牢牢紧固好，防止缺相。同时，要把接线盒出线孔尽可能用橡皮护圈封闭严实，防止电机前轴承与空气形成对流通路，影响轴承润滑效果，发生轴承过热损坏事故。

6）建立健全设备管理制度，加大对操作人员的岗位培训力度，提高操作人员的操作技术水平。

6.4 蒸汽锅炉司炉（SZL6-1.25-AⅡ型）岗位操作规程

6.4.1 上岗操作基本要求

上岗操作基本要求如下：

（1）持证上岗，经三级安全教育考试合格。

（2）劳保用品穿戴齐全、规范。

（3）严格执行交接班制度并做记录。

（4）不准酒后上岗和班中饮酒。

（5）不准疲劳上岗，工作过程要集中精力。

（6）本岗位操作至少需要两人。

（7）保持现场整洁。

6.4.2 岗位操作程序

6.4.2.1 操作前的准备与要求

（1）认真执行国家热水锅炉安全规程，做到锅炉安全运行，杜绝人身事故发生。

（2）操作人员必须经过安全技术培训，熟悉设备性能和工艺，持有行业主管部门签发的上岗证才能上岗操作。

（3）锅炉运行时三大安全附件必须齐全、灵敏、可靠，值班人员不得擅自离开岗位，按巡逻检查路线进行检查，不准超温、超压、超负荷运行。

（4）锅炉点火时应做到以下事项：

1）对机械转动部分进行冷态试运转；

2）检查水位及各附件阀门；

3）升温要缓慢；

4）升压后应巡视安全附件是否灵敏可靠。

（5）观察炉膛燃烧时必须佩戴防护镜，不准人体正对火门。

（6）锅炉的定、连排污必须根据化验工的炉水分析结果要求及时进行。

6.4.2.2 烘煮炉前的准备与检查

（1）在烘煮炉前，必须详细检查下列各部零件：

1）炉排片有无拱起或走偏现象；

2）两侧主动炉排片与侧密封块和密封角钢的最小间隙不小于10mm；

3）主动炉排片与链轮的啮合是否良好；

4）链排长轴两端与链排两侧板的距离在主支轴处应保持相等；

5）检查炉排片的转动有无卡阻现象。

（2）检查是否有断裂的炉排片，炉排轴有无严重弯曲。

（3）点火门开启是否灵活，煤闸门升降是否方便，上盖板应严密覆盖好。

（4）炉排风道调节门和烟气调节门开关应灵活。

（5）老鹰铁活动容易并与炉排接触处无卡阻等弊病。

（6）鼓风机、引风机、给水设备及除尘器等运转要正常。

（7）人孔、手孔是否严密，附属零件装置是否齐全。

（8）炉墙是否正常，前后烟箱是否严密。

（9）蒸汽管路、给水管路、排污管路是否完全畅通。

（10）省煤器是否严密，烟气通道是否畅通。

（11）所有轴承箱及油箱内应充满润滑油。

6.4.2.3 烘炉

(1) 烘炉的最初三天，将木柴集中在炉排中间，约占炉排面积的1/2，用小火烘烤；将烟道挡板开启1/6～1/5，使烟气缓慢流动，炉膛负压保持在4.9～9.8Pa，炉水70～80℃。三天以后，可以添加少量的煤，逐渐取代木柴烘烤；烟道挡板开大到1/4～1/3，适当增加通风；炉水温度可以使炉水达到轻微沸腾。在整个烘炉过程中，温度必须缓慢升高，尽量保持各部位的温差较小，膨胀均匀，以免炉墙烘干后失去密封性。

(2) 烘炉的时间与锅炉容量、形式及炉墙的干湿程度有关，一般小型锅炉为4～7天，较大的锅炉为7～10天；如果炉墙潮湿，气候寒冷，烘炉时间还应适当延长。

(3) 链条炉排锅炉烘炉时，应将燃料分布均匀，不得堆积在前、后拱处，并定时转动炉排和清除灰渣，以防烧坏炉排。

6.4.2.4 煮炉

(1) 煮炉时，先将碱性溶液加入锅炉内，使锅炉内的油脂和碱起皂化作用而沉淀，再通过排污方法将杂质排出。煮炉加药量如表4-6-1所示。

表4-6-1 蒸汽锅炉煮炉加药量表

药品名称	铁锈较少的新锅炉	铁锈较多的新锅炉	铁锈和水垢较多的锅炉
氢氧化钠	2～3	4～5	5～6
磷酸三钠	2～3	3～4	5～6

注：单位为kg/t炉水。

(2) 如无磷酸三钠，可用无水碳酸钠代替，用量为磷酸三钠的1.5倍。

(3) 煮炉方法：

1) 将两种药品用热水溶解后，与锅炉给水同时缓慢送入锅炉，至水位表低水位处，不要将溶液一次性投入，否则会降低煮炉效果；

2) 加热升温至由空气阀或安全阀冒出蒸汽时（开始应打开此两阀）即可升降，同时冲洗水位表和压力表存水弯管；

3) 在煮炉过程中应随时检查各部分是否有渗漏，受热后各部是否能自由膨胀；

4) 煮炉一般需3天，第一天升压到锅炉设计压力的15℃，保持8h，然后将炉膛密闭过夜；第二天升压到设计压力的30℃，试验高低水位报警器，保压8h，仍密闭炉膛过夜；第3天升压到设计压力的50℃，再保压8h后将炉膛密闭，直到锅炉逐步冷却降压；

5) 待炉水冷却到低于70℃后即可排出，再用清水将锅炉内部冲洗干净。

(4) 如果烘炉和煮炉同时进行，应在烘炉的末期将蒸汽压力升高到锅炉设计压力的50℃，待冷却后清理干净，检查后做好重新点火准备。

(5) 煮炉后应对锅角、集箱的所有炉管进行全面检查，如不清洁，需做第二次煮炉。

(6) 煮炉合格的标准：

1) 锅炉筒体内部和集箱内无锈蚀痕迹、油垢和附着焊渣；

2) 锅筒和集箱内壁上用石棉布轻擦能露出金属本色，无锈斑。

(7) 煮炉完毕停炉后，应将下锅筒、下集箱和省煤器集箱的人孔和手孔打开，进行内部沉积物清理、冲洗和检查。检查排污阀是否有堵塞和卡死现象。

6.4.2.5 升火

(1) 锅炉升火前应进行全面检查，之后进行给水工作，未进水前必须关闭排污阀，开启安全阀让锅炉内空气排出。

（2）将处理过的水缓缓注入锅炉内，给水温度一般不高于40℃。

（3）试开排污阀放水，检查是否堵塞。

（4）开启点火门，在炉排前端放置木柴等燃料引燃，此时应开大引风机烟气调节门，增强自然通风，引燃物燃烧后，调小烟气调节门，间断地开启引风机，待引燃物燃烧旺盛后，开始手工添煤，并开启鼓风机，当煤层燃烧旺盛后，可以关闭点火门，从煤斗加煤，间断开动炉排，待前拱被加热、煤能正常燃烧后可以调节鼓引风机量，使燃烧趋于正常。

（5）升火速度不能太快，初次升火从冷却到气压达到正常工作压力时以4～5h为宜，以后升火冷炉不短于2h，热炉不短于1h。

（6）升火后应随时注意锅筒内水位，当超过最高水位线时需进行排污。

（7）当开启的一只安全阀内冒出蒸汽时，应关闭安全阀，并冲洗水位表和压力表弯管，气压升到2～3个表压（约0.2～0.3MPa）时，检查人孔及手孔盖处是否有渗漏，如有渗漏现象应立即处理。

（8）升火期间，应检查省煤器出口水温，该水温应比工作压力下的饱和温度低40℃。

（9）当锅炉压力逐渐升高时，应注意锅炉各部件有无特殊响声，如有应立即检查，必要时应立即停炉检查，解除故障后方可继续运行。

6.4.2.6 供汽

当锅炉内气压接近工作压力向外供汽时，供汽前锅内水位不宜超过正常水位，供汽时炉膛内燃烧要稳定，其操作步骤如下：

（1）供汽时将总汽阀微微开启，让微量蒸汽暖管，时间一般不少于10min，同时将管路上的泄水阀开启，泄出冷凝水；待管路预热后，管路内冷凝水逐渐减少，方可开总汽阀。

（2）缓缓全开总汽阀，同时注意锅炉各部件是否有特殊响声，如有应立即检查，必要时停炉检查。总汽阀完全开启向锅炉供汽后，应将总汽阀手轮退还半圈，防止热胀后不能转动。

（3）全开阀后，应再一次检查附属零件、阀门、仪表有无漏水漏气等现象。检验发现符合条件后，逐渐加强燃烧，带负荷正常运行。

6.4.2.7 给水

（1）给水前首先检查所有给水泵是否正常，水泵进水口至水箱的阀门、水泵排水口的阀门、操作阀门至锅炉管路之间的阀门是否开启，若未开启应全部开启。

（2）锅炉给水尽可能采取连续进水，控制水泵出口阀门细水长流。

（3）开动电动机，当压力表指到水泵所需要产生的压力时，开启操作阀门。

（4）停止水泵运转时，应先关操作阀门，再停电动机。

6.4.2.8 排污

（1）排污时首先将慢开阀（离锅炉体近的一只）全开，然后微开快开阀（排在慢开阀后面的），以便预热排污管路，待管路预热后再缓缓开大，排污完毕后阀门关闭次序与上述相反。

（2）两台或两台以上锅炉使用同一排污总管，而排污管上又无逆止阀门，排污时应注意：

1）禁止两台锅炉同时排污；

2）如另一台锅炉正在检修，则排污前必须将检修中的锅炉与排污管路隔断分开。

（3）排污应在低负荷、高水位情况下进行，在排污时应密切注意炉内水位，每次排污以降低锅炉水位20～50mm为宜。

（4）关闭排污阀后，在离开第2只排污阀的管道上用手试摸，检查其是否冷却，如不冷却则排污阀必有渗漏。

6.4.2.9 锅炉运行中的调整操作

（1）锅炉运行中，司炉工必须根据燃烧方式的不同，做到勤看火、勤联系和勤调整，保持锅炉燃烧正常，使蒸发量与负荷（用气量）相适应。

（2）炉内正常的燃烧工况应是：煤的着火线距煤闸门200mm处火焰燃出且均匀，火焰呈亮黄色并能延伸到后拱下方，火床平整，渣在炉排尾部呈微黏结，炉膛温度保持在1000℃以上，炉膛出口负压20～30Pa，锅炉在额定压力时，排烟温度在170～210℃之间。根据燃烧情况进行配风调节。

（3）煤层厚度与燃料性质、炉膛的热负荷有关，一般对烟煤采用薄煤层快速燃烧，煤层厚度建议在80～140mm，下雨煤湿时，宜采用厚煤层慢速燃烧。

（4）煤仓内不能缺煤，随时消除煤斗内煤黏接搭桥的现象；为了保证着火理想和煤不会在煤斗内搭桥，煤在进入煤仓前应先打堆浇水，一般以手能将煤捏成松团为宜。

（5）当煤进入炉膛后，应在距煤闸门200mm的范围内着火；若发现煤在闸门下燃烧，可适当增加燃煤的浇水量，并加快炉排速度。

（6）发生脱火时，可在左侧看火门处用火钩将后面已燃烧的煤拨到新进炉膛的燃料层上。

（7）煤层应在炉排尾部前500mm处燃烧完毕，灰渣呈暗色，尾部应保证一定厚度的渣层，防止炉排暴露在火光之下。

（8）发现结焦时要打焦，焦块不得大于300mm，以保证灰渣顺利进入出渣机。

（9）当火床上出现高低不平的火口时，应扒平，消除火口，保证火床平整。

（10）短时间压火时应将煤层离开煤闸门100mm，防止烧坏煤闸门。

（11）运行时，应注意锅炉各部件有无特殊的响声，如有应立即检查，必要时停炉检查。

（12）减速箱蜗杆轴的安全离合器弹簧不能压得太松或太紧。

（13）燃烧多灰分的燃料时，出渣机应连续开动出渣，出渣机筒内水位应保持在探水棒水位变动范围内，防止高温煤渣引起出渣机变形，同时起水封作用，防止冷风漏入炉膛。

（14）炉排下的落灰门必须每班排灰两次，其他落灰门每班必须排灰一次。

（15）锅炉运行中，必须保持气压、水位和气温正常，使气压维持在规定压力$\pm 0.5 kg/cm^2$（$\pm 0.05 MPa$）的范围内，使水位保持在水位线上下各50mm范围内。

（16）保持锅炉主要附件灵敏可靠：

1）压力表：定期冲洗存水弯管，防止堵塞失灵，装有两只压力表的锅炉应经常查对两只表指示的压力数值是否相同，当发现指示压力不同时，要立即检查，找出原因，予以消除；

2）安全阀：每班或每天做一次手动排气，试验阀的阀芯和阀座是否黏住，造成动作失灵；

3）水位表：每班至少应冲洗 1～2 次水位表，以保证指示的水位准确可靠，当发现玻璃管显示的水位不正常，水线停滞不动或界限不清时，应及时冲洗。

（17）锅炉应进行定期排污，每班排污量不超过给水量的 5%。

（18）保持锅炉部件干燥和锅炉房整洁，对注油部位进行经常性检查，发现缺油现象必须立即补油或注油，以确保设备正常运行。

6.4.2.10　紧急停炉

锅炉在运行中，遇有下列情况之一者，应紧急停炉：

（1）锅炉气压迅速上升，超过最高许可工作压力，虽经采取加强给水、减弱燃烧等降压措施，安全阀也已排气，但气压仍继续上升。

（2）锅炉严重缺水，水位降低到锅炉运行规程所规定的水位下极限以下时。

（3）锅炉水位迅速下降，虽经加大给水及采取其他措施，仍不能保持水位时。

（4）锅炉水位迅速上升，超过运行规程所规定的水位上极限时。

（5）给水设备全部失效，无法向锅炉进水时。

（6）水位表或安全阀全部失效时。

（7）燃烧设备损坏，炉墙倒塌或锅炉构架被烧红等，严重威胁锅炉安全运行时。

（8）烟道中的气体发生爆炸或复燃，严重危及锅炉和司炉人员安全时。

（9）锅炉房发生火警或附近场地发生火警，有可能蔓延到锅炉房时。

6.4.2.11　并炉

（1）当锅炉压力接近工作压力时，方可准备向外并炉供汽。

（2）并炉操作应有专人指挥，当压力接近并炉压力时（一般低 0.5～1MPa）应减弱燃烧，稳住压力，达到并炉压力即可并炉，在这同时必须密切监视水位和工作压力。

6.4.2.12　停炉

（1）临时故障停炉：当锅炉遇到炉排卡住或炉排片断裂等情况时，为了迅速解除故障，应进行临时故障停炉。其操作步骤如下：

1）先关鼓风机，微开引风机；

2）停止炉排转动，清除煤闸门下的煤，迅速排除故障。

（2）暂时停炉：

1）停炉前根据用气情况，可以提前 20～30min 停止加煤，炉排速度减为最慢，此时应适当关小鼓引风机，让煤烧尽，最后停止鼓风机；

2）锅炉冷却后水位要降低，因此停炉时水位稍高于正常水位；

3）停止供汽后，使汽包内压力降到零，再关断总汽阀及烟气调节门。

（3）长期停炉：

1）按照暂时停炉的步骤停炉；

2）待炉内水慢慢冷却到 70℃以下时，方可将炉水放出，这时须先将安全阀抬起，让汽包内部与大气相通；

3）为了缩短冷却时间，亦可向锅炉加入冷水，同时通过管道放出热水，但水位不应低于正常水位；

4）炉水放出后，开启人孔、手孔，用清水冲洗水污。

（4）紧急停炉的程序：

1）先停鼓风机，后停引风机；

2）将煤闸门闸到最低点，迅速铲出煤斗内的存煤，并打开点火门，清除炉排头部堆积的煤；

3）以最快的速度使炉排转动，把炉膛内的渣及煤通过排渣箱门全部清除掉，最后停止炉排转动，炉火熄灭后，将烟挡板、风挡板、炉门和灰门打开，以冷却炉排；

4）打开放气阀（安全阀、空气阀）把气排出，降低压力，迅速将锅炉与蒸汽母管（蒸汽炉）或热水网路（热水炉）隔开；

5）当锅炉发生严重缺水时应关闭总气门，这时严禁向炉内盲目上水。

6.4.3 交接班

当面交接班，交班时进行检查、清理现场，保持现场整洁；公用工具要清洗干净如数交接；整理记录，填写交接班记录，要将本班存在的安全隐患如实地填写到交接班记录中，包括隐患部位、发现隐患的时间等。

6.4.4 操作注意事项

操作注意事项如下：

（1）发生事故不要惊慌失措，应立即查明原因，正确处理；如不能判断事故原因，应采取紧急停炉措施，立即报告有关领导，司炉人员不得离开岗位。

（2）锅炉运行时三大安全附件必须齐全、灵敏、可靠，值班人员不得擅自离开岗位，按巡逻检查路线进行检查，不准超温、超压、超负荷运行。

（3）因缺水事故而紧急停炉时，严禁向锅炉给水，并不得进行开启空气阀或提升安全阀等有关排气的细整工作，以防止锅炉承受温度或压力的突然变化而扩大事故。如无缺水现象，可采取排污和给水交替的降压措施。

（4）对于蒸汽炉，因满水事故而紧急停炉时，应立即停止给水，关小烟道挡板，减弱燃烧，并开启排污阀放水，使水位适当降低，同时开启主汽管、分汽缸及蒸汽母管上的疏水管，防止蒸汽大量带水和管道内发生水冲击。

（5）观察炉膛燃烧时必须佩戴防护镜，不准人体正对火门。

（6）司炉工、上煤工、鼓引风工、水泵工、化验工及出渣工各工种密切配合，加强联系确认和信息反馈。

（7）锅炉一旦发生事故，当班人员要准确迅速采取措施防止事故扩大，并及时向上级汇报。

6.4.5 典型事故案例

（1）事故经过：2004 年 8 月 19 日 21 时 40 分，某公司发生锅炉爆炸重大事故，造成 3 人死亡，3 人重伤，7 人轻伤。

8 月 19 日下午，该公司负责人胡某安排无证司炉工侯某等人做点炉前的准备工作。20 时 20 分左右来电后，开始上水进行点火运行，21 时 40 分左右发生爆炸。胡、侯两人当场死亡，另 1 人抢救无效死亡，其他 10 人受伤。锅炉爆炸后，锅壳中部环向焊缝热影响区全部撕开，撕裂成 4 块飞出，锅壳封头向外飞出约 150m，其面积约 $2m^2$，其余 3 块分别向外飞出约 4.5m、3m 和 10m，面积均为 $1m^2$。冲天管倾斜，锅炉本体剩余部分略有位移。锅炉进入分汽缸的主汽管上阀门已破裂，锅炉、分汽缸上压力表均已损坏，安全阀下落不明。锅炉房坍塌，周围车间、平房遭到不同的损坏。

（2）事故原因：

1）事故发生时，分汽缸上供汽阀呈完全关闭状态，安全阀、压力表失灵，锅炉处于密闭状态；由于安全阀失效，无法自动排汽泄压，锅炉压力逐步上升，是锅炉发生爆炸事故的直接原因。

2）该企业擅自让不具备专业资格的司炉工进行操作，在安全阀失效、供汽阀门关闭的情况下，锅炉完全处于密闭状态运行，司炉工无证操作，未能及时发现异常，违章盲目运行，是事故发生的重要原因。

3）事故锅炉已被有关部门责令停用，该单位法人无视事故隐患和有关指令，在锅炉安全阀、压力表等安全附件均已失效的情况下，下令使用锅炉是事故发生的主要原因。

（3）防范措施：

1）加大有关法规的宣传力度，联合有关部门加强对“五小”企业违法使用锅炉的查处工作，严格执行国家有关法律法规和安全技术规范，企业必须登记、使用合格锅炉。

2）必须让经过专门培训、具有相应资质的司炉工进行操作，司炉工必须持证上岗。

3）锅炉运行时，对锅炉的安全附件必须进行认真检查，确认锅炉安全阀、压力表有效可靠。

4）重视锅炉水质处理工作，防止水质不合格形成水垢堵塞安全阀等安全附件。

6.5 4t 锅炉司炉工岗位操作规程

6.5.1 上岗操作基本要求

上岗操作基本要求如下：

（1）持证上岗，经三级安全教育考试合格。

（2）劳保用品穿戴齐全、规范。

（3）严格执行交接班制度并做记录。

（4）不准酒后上岗和班中饮酒。

（5）不准疲劳上岗，工作过程要集中精力。

（6）本岗位操作至少需要两人。

（7）保持现场整洁。

6.5.2 岗位操作程序

6.5.2.1 操作前的准备与要求

（1）检查上煤机、除渣机、鼓风机、引风机、给水泵、循环泵、水处理系统、电力系统是否正常。

（2）检查锅炉受压元件可见部位和炉拱、炉墙有无变形、异常现象。

（3）检查水箱水位是否符合要求，水管有无跑、冒、滴、漏现象。

（4）检查炉排变速箱、前后轴、减速器、风机、水泵等润滑部件的油位是否正常，检查各润滑部位润滑是否良好，检查油管路有无滴漏。

（5）检查安全附件是否完好，一次仪表、二次仪表指示是否正常。

（6）检查煤场煤炭是否备足。

（7）检查消防器材是否完好、照明是否正常、现场有无易燃易爆品。

（8）检查发现的问题要及时处理，并将检查结果记入运行记录内。

6.5.2.2 升火操作

（1）锅炉在生火前应进行全面检查，之后进行给水，给水前必须关闭排污阀，开启排空气阀，让锅炉内空气可以排出。

（2）开启补水泵，将处理过的水注入系统内，进水温度一般不高于40℃。

（3）开动循环泵，观察出水及回水压力是否正常。

（4）升火时，开启点火门，在炉排前端放置木柴引燃，开大引风机烟气调节门，增强自然通风。引燃后调小烟气调节门，间断地开启引风机，待木柴燃烧旺盛后，开始手工添煤，这时可开启鼓风机，当煤层燃烧旺盛后，可以关闭点火门，向煤斗内加煤，开动除渣机，并间断开启炉排，在拨火孔处加强观察着火情况，使燃烧渐趋正常。

（5）升火时温度增加不宜太快，锅炉回水温度升到70℃的时间以4h为宜（热炉1h）。

（6）注意锅炉中水量，防止缺水，注意锅炉的出水温度，一般应保持在80℃左右。

（7）当压力表的示数为0.2～0.3MPa时，检查人孔及手孔盖处是否有渗漏，如有渗漏现象应拧紧人孔及手孔盖螺栓，同时检查排污阀是否严密无漏。

（8）当锅内压力逐渐升高时，应注意锅炉各部件有无特殊响声，如有应立即检查，必要时应立即停炉检查，解除故障后方可继续运行。

6.5.2.3 运行操作及检查

（1）锅炉运行时，值班人员应坚守岗位，认真执行有关锅炉运行的各项制度，做好各项记录。

（2）运行时要保证水压和水温稳定，以防止出口水温过高产生沸腾水击现象。放气阀要经常放气，以减轻金属的腐蚀。

（3）锅炉投入运行时，应先开动循环泵，待供热系统循环水循环后才能提高炉温。当锅炉发生汽化后再启动时，启动前须先补水放汽，然后再开动循环泵。

（4）当突然停电时，水泵、风机、炉排均停止工作，此时应立即关闭进、出水阀门，开启放气阀，打开紧急补水阀进行补水冷却。

（5）经常检查压力表、温度计是否正常，每周对安全阀做手动的排放试验。

（6）炉排的正确操作：

1）炉膛内正常的燃烧工况应是：火床平整，火焰密而均匀，呈亮黄色，没有冷风穿过火口，燃尽段整齐一致，从烟囱冒出的烟呈浅灰色，炉膛负压保持20～30Pa；

2）必须不断地根据供热情况来调整锅炉负荷和燃烧，保证锅炉压力或锅炉出水温度的稳定；

3）上煤前应将大煤块击碎，入炉煤块最大尺寸不宜超过30mm；

4）煤层厚度及炉排速度与燃烧性质及炉膛热负荷有关，大部分燃料在正常运行下，其煤层厚度不应超过160mm，一般对烟煤采取薄煤层快速燃烧，煤层厚度建议为90～120mm，雨天煤湿时宜采用厚煤层慢速度燃烧；

5）煤斗内不能缺煤，随时消除煤斗内搭桥现象；

6）燃料的水分越高，着火准备时间就越长，对于高挥发分的燃料，为了防止其在煤闸门下面燃烧，在加入煤斗前应打堆浇水，浇水要均匀，浇水量的多少应保证着火理想和煤不会在煤斗内搭桥，以手捏煤能结成松团为最适宜，煤含水量一般在10%～20%为宜；

7）当煤进入炉膛后，应在距离煤闸门0.2m的范围内着火，任何情况下都不允许在煤闸门下面燃烧，不然容易烧坏闸板和煤斗；燃料如果在距离煤闸门0.4m处才开始着火就算“脱火”；

8）若发现煤在煤闸门下面燃烧，可适当增加燃煤的浇水量，并加快炉排速度；若发生脱火时，可在看火门处用拨火钩将后面燃烧的煤拨到新进入炉膛的燃料层上，或投入木柴，加速其着火，或加大前部鼓风量，使炉膛稍有正压，待正常后仍恢复负压运行；

9）煤层应在距炉排尾部0.5m左右燃烧完毕，炉渣呈暗色；在尾部应保持一定厚度的渣层，防止炉排直接暴露在火光之下，应经常注意：如发现红火（包括暗红未燃尽的炭）堆积，应立即拨火（把红火向前推），让其充分燃尽；

10）发现结焦时应及时打焦，进入除渣机的焦块不得大于300mm，以保证除渣机安全运行，发现大块连续结焦时应调换煤种；若前拱下两侧墙结焦，应开启点火门进行打焦；

11）火床上偶尔出现火口时应消除火口；高低不平时应及时扒平，保证火床平整；

12）应避免长时间的压火，因为长时间压火时炉排两侧护板不能得到足够的冷却，可能会烧坏炉排及侧护板；短时间压火应使燃烧的煤层距离煤闸板100mm，防止烧坏煤闸板或煤斗，压火时炉排应停止运动；

13）运行时，应注意锅炉各部分有无异常响声，如有应立即检查，必要时停炉检查，炉排如有卡住现象则应停车检修，解除故障后方可继续运行。

（7）炉排卡住可能由下列原因引起：

1）炉排左、右两边调节螺母的松紧程度相差很多，致使炉排严重跑偏；

2）炉排在链轮处拱起与侧密封角钢卡住；

3）铁器物件、炉排片的碎块或沉头螺钉松脱把炉排片卡住；

4）煤大块结焦而增加的阻力。

（8）炉排片之间的松紧程度：一般串好后左右两侧的间隙总和约为10mm，过紧会造成炉排拱起，容易卡住；过松则漏煤屑多亦不好。

（9）一般情况下炉排调风门首尾门全关，中间风门全开，只有在生火和燃料着火困难的情况下，才适当打开首门；当发现煤层在距炉排尾部0.5m左右处尚未烧尽时，则应打开尾门使焦炭进一步燃尽。

（10）各风室应经常清灰，以防止积灰过多影响炉排运行；第一风室内的碎煤可回收，和煤搅拌后继续入炉燃烧。

（11）除渣机机壳内应放足水，防止高温煤渣使除渣机壳变形，同时起水封作用，防止冷风漏入炉膛影响燃烧，降低锅炉出力和效率。当遇铁器、硬块煤渣等把除渣机卡住时，应立即关掉电动机，并临时停炉，检查处理故障。

（12）循环泵的控制柜面板上有1号、2号循环泵的转换开关，当在变频运行状态时，原则上不允许直接进行转换，必须停止后再进行转换。

（13）锅炉运行中遇到下列情况之一时，应采取紧急停炉，并通知有关部门：

1）因水循环不良造成锅炉水气化，或锅炉出口热水温度上升到与出水压力下相应饱和温度的差小于20℃；

2）锅炉水温急剧上升失去控制时；

3）循环水泵或补给水泵全部失效时；

4）压力表和安全阀全部失效时；

5）锅炉元件损坏，危及运行人员安全时；

6）补给水泵不断给锅炉补水，锅炉压力仍然持续下降时；

7）燃烧设备损坏，炉墙倒塌或锅炉构架被烧红等，严重威胁锅炉安全运行时；

8）其他异常运行情况，且超过安全运行允许范围。

6.5.2.4 排污操作

（1）每班进行一次排污。

（2）集箱定期排污在低负荷时进行，时间应尽可能短，以免影响水循环。

（3）假如排污管端不是通到排污箱内或排污井内，并且没有保护设备，则必须在确切知道靠近管端处没有人时方可进行排污，以免发生事故。

（4）每台锅炉上串装有两只排污阀，排污时首先将第二只排污阀（离锅炉远的一只）全开，然后微开第一只排污阀，以便预热排污管道，待管道预热后再缓缓开第一只排污阀。

6.5.2.5 停炉

（1）锅炉停炉一般分4种情况：

1）遇到炉排卡住或炉排片烧杯、除渣机故障和炉排减速机故障等情况时，为了迅速地排除故障，应进行临时故障停炉（亦称短时间压火）；

2）一段时间内不使用热水取暖时或其他情况，应暂时停炉；

3）为了清洁、检查或修理，须将炉水放出时，应完全停炉；

4）遇到特殊情况，为了安全可靠起见，必须停炉。

（2）临时故障停炉：先关鼓风机，微开引风机，停止炉排运动，清除煤阀门下面的煤，防止烧坏煤阀门，迅速处理有关事故。如在1～2h内还无法处理事故，则应暂时停炉，继续处理事故。

（3）暂时停炉：暂时停炉是有计划地进行的，停炉时除注意安全和妥善维护设备外，还需做到节煤节水。具体步骤如下：停炉前根据供热情况，可提前20～30min停止供煤，炉排速度改为最慢，打开点火门，等炉排的煤离开煤阀门200～300mm时，停止炉排运动，将阀门放下，防止大量冷风进入，适当关小引风机，让煤燃尽后停止鼓引风机。

（4）完全停炉：完全停炉应该是有计划的，一般运行一个采暖期停炉一次。停炉时应注意安全和维护设备，按照暂时停炉的步骤停炉后，待锅炉内水温冷却到50℃以下时，才可以停止循环水泵。

（5）紧急停炉：

1）先停止鼓风机，然后停止引风机；

2）将煤阀门放到最低点，迅速铲出煤斗内的存煤，并打开点火门，清除炉排头部堆积的煤；

3）以最快速度使炉排运动，把炉膛内的渣及煤通过除渣机全部除掉（未烧尽的煤可以回用），最后停止炉排运动；

4）循环水泵继续运行，待系统内水温降至50℃后才可停泵。

6.5.3 交接班

当面交接班，交班时进行检查、清理现场，保持现场整洁；公用工具要清洗干净如数交接；整理记录，填写交接班记录，要将本班存在的安全隐患如实地填写到交接班记录中，包括隐患部位、发现隐患的时间等。

6.5.4 操作注意事项

操作注意事项如下：

（1）发生事故后不要惊慌失措，应立即查明原因，正确处理；如不能判断事故原因，应采取紧急停炉措施，立即报告有关领导，司炉人员不得离开岗位。

（2）锅炉运行时三大安全附件必须齐全、灵敏、可靠，值班人员不得擅自离开岗位，按巡逻检查路线进行检查，不准超温、超压、超负荷运行。

（3）因缺水事故而紧急停炉时，严禁向锅炉给水，并不得进行开启空气阀或提升安全阀等有关排气的细整工作，以防止锅炉承受温度或压力的突然变化而扩大事故。如无缺水现象，可采取排污和给水交替的降压措施。

（4）对于蒸汽炉，因满水事故而紧急停炉时，应立即停止给水，关小烟道挡板，减弱燃烧，并开启排污阀放水，使水位适当降低，同时开启主汽管、分汽缸及蒸汽母管上的疏水管，防止蒸汽大量带水和管道内发生水冲击。

（5）观察炉膛燃烧时必须佩戴防护镜，不准人体正对火门。

（6）锅炉一旦发生事故，当班人员要准确迅速采取措施防止事故扩大，并及时向上级汇报。

（7）锅炉房内、化验室及煤场、上煤系统、鼓引风机附近严禁烟火，不得堆放易燃易爆物品。

6.5.5 典型事故案例

（1）事故概况：2003年12月3日15时38分左右，S市某锅炉房锅炉发生爆炸，将一、二层之间楼板洞穿，立柱断裂，相邻房间隔墙、天花板坍塌，造成7人死亡，7人重伤的重大事故。

该锅炉房一层共有4台锅炉，二层有蒸汽浴室、蒸汽消毒柜。发生事故的锅炉原为HY制造有限公司2001年生产的常压热水锅炉，型号为CLSG0.07-100/20-A2，2003年9月该炉被业主私自移装至事故地点，加装了压力表，更换了温度计，将常压锅炉改为承压锅炉使用。

锅炉爆炸后解体为4大部分：2/3的炉壳穿过楼板，飞至二层；1/3的炉壳距爆炸点向西北位移约 5m；炉胆距爆炸点向南位移 3m；炉脚圈距爆炸点向南位移约 2.5m，底脚部分反扣在一层地面，U 形环与炉裙连接焊缝处约 60% 呈间断性开裂。炉壳、炉胆等残骸上没有找到检查门装置、炉门装置，只留下相应孔洞。在二层的炉壳残骸上，温度计（量程为 150℃）已完全损坏，表针指示超过极限位置。爆炸锅炉连接管道、阀门和附件均已炸断散落，现场找到的 4 只阀门均处于关闭状态。经测算，爆炸的能量相当于 4kgTNT 炸药的能量。

（2）事故经过：

1）锅炉爆炸初始点在温度计表座下方约 1m、向右约 30°处，即炉壳下部约 1/3 处，直径明显增粗，炉板壁厚严重减薄，残余壁厚不足 1mm，形成韧状。

2）形成爆口后沿周向呈微螺旋状向下撕裂，至炉壳纵焊缝时完全分离，下部约 1/3 的炉壳飞出，将立柱击断。

3）此时锅炉主体部分受爆炸气体产生的作用力推动，略呈斜向冲撞一、二层间的楼板。

4）当炉体顶部与楼板接触时受到阻力，致使炉壳与炉胆分离。炉壳继续上升，冲破楼板，落在二层，炉胆则撞向地面。在落地时，受地面的作用炉胆与 U 形环（含炉裙）分离。炉裙接触地面时有一定倾斜，使 U 形环与炉裙的焊缝部分呈间断性开裂，并使炉裙与 U 形环反扣在地面。

（3）炉壳洞穿楼板砸在二层，在混凝土楼板上形成长约 3.8m、宽约 2.5m 的孔洞，使建筑结构产生严重的破坏，同时爆炸后蒸汽的强大推力与大量水泥渣块的冲击致使工房和外墙完全坍塌，造成人员伤亡。

该锅炉房共有 3 名司炉工，均未受过专业培训。其中 1 名是锅炉的主要改造和操作者，在事故中被当场炸死，另 1 名司炉工到岗工作仅 3 天。

（4）事故原因：

1）业主目无法纪，出于经营需要，擅自改造、移装锅炉，擅自将常压锅炉改造为承压锅炉，超温超压使用。

2）操作人员不具备专业资格，未经专业培训，无证上岗；司炉工未掌握锅炉安全性能，盲目运行，导致爆炸是事故发生的根本和主要原因。

3）岗位人员运行检查不到位。锅炉通气管被人为堵塞，阀门关闭，形成密闭系统；当时蒸汽浴室、蒸汽消毒柜均未工作，蒸汽出口管道阀门关闭，炉水急剧升温，操作人员视而不见。同时未安装安全阀等安全装置，没有超压排放通道，形成了必然爆炸的承压结构，导致压力升高，引起爆炸。

4）锅炉炉壳等部件采用 Q235 钢板，且厚度较薄，炉壳厚度仅为 4mm，不能承受较高的温度和压力。该炉于 2003 年 9 月改为承压锅炉，锅炉部件承受高温高压，且爆口附近锅壳多次挖补，不堪重负，必然会发生材料失效破损。

5）锅炉炉胆、炉壳焊缝以及检查门、炉门等装置与炉胆、炉壳的连接焊缝均为单面焊接，不能承受锅炉内压。

6）出租场地单位对承租人生产活动没有进行有效的安全性监督管理。

（5）防范措施：

1）锅炉运行操作属于特种作业，操作人员必须持证上岗，上岗前必须进行三级安全教育。

2）操作人员必须遵守操作规程，按规程要求进行操作前的检查确认和运行中的巡检，发现异常要及时处理、汇报，必要时必须停止运行，严禁设备带病运行。

3）开展查处土锅炉的专项治理活动，加大遵法守法执法的宣传力度。联合有关部门加强对“五小”企业违法改造常压锅炉承压使用情况的查处，严格执行国家有关法律法规和安全技术规范。

4）对常压热水锅炉的安装系统进行认真检查，保证锅炉系统不承压，确认通气管等安全装置有效可靠。

5）对锅炉压力容器安装位置以及周边情况进行安全性确认。

6.6 燃气锅炉司炉工岗位操作规程

6.6.1 上岗操作基本要求

上岗操作基本要求如下：

（1）持证上岗，经三级安全教育考试合格。

（2）劳保用品穿戴齐全、规范。

（3）严格执行交接班制度并做记录。

（4）不准酒后上岗和班中饮酒。

（5）不准疲劳上岗，工作过程要集中精力。

（6）本岗位操作至少需要两人。

6.6.2 岗位操作程序

6.6.2.1 操作前的准备与要求

（1）检查锅炉压力表、水位表、安全阀、水位报警器和超温、超压报警器是否灵敏、可靠。

（2）锅炉鼓引风系统、给水系统是否正常，燃气管、水管道各种阀门应按有关规定进行调整。

（3）锅炉点火前，应按有关规程进行水压试验，检查有无漏水或异常现象。

（4）在上述检查合格后，即可给锅炉上水，锅炉上水速度应缓慢，水温应适宜，锅炉水位升到最低水位线时，停止上水，检查排污阀及排污系统，锅炉冷炉的水位不应超过正常水位线。

6.6.2.2 点火操作

（1）锅炉点火前，将炉膛和烟道彻底通风，自然通风的锅炉，通风时间不得少于10min，机械通风的锅炉，通风时间不得少于5min。

（2）点火时将灰门打开，烟道挡板开启一半，用木柴和其他易燃物引火，严禁用挥发性强的油类或易爆物引火。

（3）锅炉点火应根据炉型选用不同的操作方法，点火速度不能急促，防止损坏锅炉。

（4）点火后必须密切注意锅炉水位，确保水位正常。

（5）停用超过半年以上的锅炉使用前必须按规定进行温炉。

6.6.2.3 升压操作

(1) 当压力上升到0.05~0.1MPa时，冲洗锅炉水位表，冲洗时要戴手套，脸部不要对着水位表，动作要缓慢，防止损坏设备和伤人。

(2) 冲洗水位表的顺序：

1) 开启水旋塞，冲洗汽水通路和玻璃管。

2) 关闭旋塞，单独冲洗汽通路。

3) 先开水旋塞，再关汽旋塞，单独冲洗水通路。

4) 先开汽旋塞，再关放水旋塞，使水位恢复正常，当气压上升到0.1~0.15 MPa时，应冲洗压力表的存水弯管，防止污垢堵塞。冲洗压力表的存水弯管的方法是：将连接压力表的阀门旋回原来位置，若压力表指针能够重新回到冲洗前位置，表明存水弯管畅通，否则应重新冲洗和检查，同一设备上的压力表指示应相同。

(3) 当锅炉内的压力上升到0.2 MPa时，检查锅炉各连接处有无渗漏现象，拆卸过的人孔盖、手孔盖和法兰的连接螺栓需再拧一次，但操作时应侧身，用力不宜过猛，防止将螺栓拧断。

(4) 锅炉压力上升到0.1~0.4MPa时，应使用给水设备和排污装置，在排污前向锅炉给水，确保水位表中的水位不得低于安全水位，排污后将阀门关严，不得有漏水现象。

6.6.2.4 暖管操作

当锅炉压力上升到工作压力的2/3时，应进行暖管工作，以防止管道有负荷时发生水击事故，暖管的时间应根据介质、温度、季节的气温、管道的长度、直径和保温情况而定。顺序是：

(1) 开启管道上的疏水阀，排出全部凝结水，直到正式供汽时再关闭。

(2) 缓慢开主汽阀或主汽阀上的旁通阀半圈，待管道充分预热后再全开暖管，防止振动和水击，注意管道膨胀情况，及时消除暖管发生的故障。

(3) 慢慢开启分汽缸进汽阀，使管道、分汽缸气压相等，注意排出凝结水。

(4) 分汽缸上的各汽阀开至全开后应回转半圈，防止阀门受热膨胀卡住。

6.6.2.5 安全阀压力整定

(1) 锅炉正式投入运行前，必须按有关规程规定对锅炉和过热器具有泄压功能的安全阀进行调整和校验，省煤器上的安全阀也应按规定进行调整和校验。

(2) 安全阀压力整定后，应在工作压力下再做一次自动排汽（水）试验直至符合有关规定。

(3) 安全阀压力整定时，应安排专人监视压力表和水位计，防止超压和缺水事故发生，操作时需戴手套，整定完成后应清理场地，放妥工具，防止滑倒。

(4) 最后必须将其他安全装置固定，并封印或加锁，将每个安全阀的开启压力、回座压力、阀芯提升高度、调整日期和人员详细记入锅炉技术档案。

6.6.2.6 并炉（并汽）操作

(1) 暖管工作结束后，即可进行并炉工作，并炉时，锅炉压力低于运行系统汽压0.05~0.1MPa。

(2) 并炉时保持汽压和水位正常，将省煤器投入运行。

锅炉正常运行时的要求有：锅炉内水位正常，蒸汽压力稳定，保持锅炉房的整洁，做好交接班工作，加强对各机械设备和仪表的检查，确保安全可靠，防止事故发生。

1）给水要求：锅炉给水须进行处理，水质必须符合GB1576—2008《工业锅炉水质标准》。

2）水位表中的水位应在水位表中间，运行中随负荷的变化进行调整，但上下变动的范围不宜超过40mm，水位表必须每班冲洗一次。

3）锅炉压力必须保持稳定，不得超过设计压力运行；压力表弯管每班应冲洗一次；监视压力表是否正常，如发现压力表损坏，应立即停炉修理或更换。

4）为防止安全阀的阀芯和阀座发生损坏，每星期至少手动试验一次，安全阀至少两周作一次自动排汽（水）的试验。

5）锅炉排污应在低水位、低负荷进行，时间应尽可能短，以免影响水循环。操作时应戴好手套，操作方法如下：先开启慢开阀，再间断开关快开阀，进行快速排污，排污结束后，先关快开阀，再关慢开阀。

6）如两台或两台以上锅炉使用一套排污总管，而排污管上又无逆止阀门，排污时应注意：

①禁止两台锅炉同时排污；

②如另一台锅炉正在检修，则排污前必须将检修中的锅炉与排污管路隔断分开。

7）排污完毕后，关闭排污阀，应检查排污阀是否严密，检查方法是：关闭排污阀，过一段时间后，在离开第二只排污阀的管道上，用手试摸，检查其是否冷却，如并未冷却，则排污阀必有渗漏。

8）炉膛压力符合有关技术要求。

9）锅炉受热面吹灰按有关程序和要求进行，应站在侧面操作，防止炉膛火焰中吹灰孔喷出伤人，通常每班吹灰一次，锅炉停用前一定要吹灰，燃烧不稳定时，不能吹灰。

10）炉膛内正常的燃烧工况应是：火床平整，火焰密而均匀呈亮黄色，没有穿冷风的火口，燃尽段整齐一致，从烟囱冒出的烟呈淡灰色。炉膛负压保持20～30Pa，蒸发量或供热量在额定出力左右时，排烟温度在160～180℃之间。

11）必须不间断地根据供汽或供热的情况来调整锅炉负荷和燃烧室的运行，保证锅炉压力稳定。当锅炉负荷增加时，先增加引风再增加鼓风，然后加快炉排速度，必要时可以增加煤层厚度。当锅炉负荷减少时，先减慢炉排速度，然后减少鼓风，再减少引风，必要时可以减薄煤层厚度。

12）当煤进入炉膛后，应在距离煤闸门0.3m的范围内着火，任何情况下不允许在煤闸门下面燃烧煤，否则容易烧坏煤闸门，如果燃料在距煤闸门0.3m处开始着火就算“脱火”。如发现煤在煤闸门下面燃烧，可适当增加燃煤的浇水量，并加快炉排速度。发生“脱火”时，可在左侧看火孔处用拨火钩将后面已燃烧的煤拨到新进入炉膛的燃料层上。

13）当火床上呈现火口高低不平时，应扒平，消除火口，保证火床平整。

14）短时间压火应将煤层距离煤闸门100mm，防止烧坏煤闸门（短时间指1～2h）。应避免长时间压火，因为长时间压火时炉排和炉排两侧板不能得到足够冷却，可能会带来下列弊病：

①炉排容易过热而可能损坏；

②炉排两侧板过热而发生弯曲，炉排长销将其卡住；

③炉排长销发生弯曲。

15）锅炉运行时，应注意锅炉各部分有无特殊响声，如有应立即检查，必要时停炉检查。炉排如被卡住，则调速箱安全离合器自动脱落达到自动保护作用，此时应进行检查，解除故障后方可继续运行。

16）每班必须打开炉排下部落灰门排灰四次，灰放完后应立即关闭，落灰门启闭程序应按照第一室到第五室的顺序依次进行，不得反向进行。当风室中（即灰箱）积灰较多，瞬间开启落灰门时，因链条炉排速度太慢来不及把灰带出，此时落灰门转动受到落灰层的阻力，有开不足的感觉，当发生这种情况时，严禁用锤打落灰门把手（容易打坏把手），只要多开闭几次，待落在炉排上的灰被炉排带走后，灰门就可开足。一旦灰门能被开足，并能灵活关闭，则说明灰斗内的灰已排除干净，此时灰门应立即关闭，以防漏风。

17）对于后拱上部，每班出灰两次，以消除对流管束下部放灰斗中的存积飞灰，排灰结束后必须迅速关闭，并使把手放在关闭位置上，以免烟气短路，烧坏落灰门。万一出现这种情况，可将这个灰门封死，待大修时修复。

18）对于前部灰箱，每班必须出灰两次。链条炉排下部的灰全部被炉排带到前灰箱，一旦前灰箱被塞满，炉排即被灰压实后抬起，此时灰引起下炉排打坏落灰门及风室；链轮及主动炉排合不好并抬高上部炉排，由此发生炉排被密封面卡住、长销弯曲、炉排片被拉断等事故。

6.6.2.7 紧急停炉

蒸汽锅炉运行中遇到下列情况之一时，应紧急停炉：

（1）锅炉水位低于水位表下部可见边缘。

（2）不断加大给水及采取其他措施，但水位仍继续下降。

（3）锅炉水位超过最高可见水位（满水），放水后仍不能见到最高可见水位。

（4）给水泵全部失效或给水系统发生故障，不能向锅炉进水。

（5）水位表或安全阀失效。

（6）锅炉元件损坏，危及运行人员安全。

（7）锅炉设备烧坏、炉墙倒塌或锅炉构架被烧红等，严重威胁锅炉安全运行。

（8）锅炉温度急剧上升失去控制。

（9）循环泵或给水泵全部失效。

（10）补水泵不断给锅炉补水，锅炉压力仍然继续下降。

（11）其他异常情况危及锅炉安全运行。

6.6.2.8 停炉

（1）紧急停炉操作：

1）立即停止给煤和送风，减少引风；

2）迅速将炉火熄灭，降低锅炉压力，加速炉膛冷却；

3）因缺水而紧急停炉时，严禁向锅炉内给水和进行排污操作。

（2）临时停炉操作：

1）停止给煤，将火压好，使锅炉水位稍高于正常水位；

2）关小炉门和烟道门，使炉膛内有少量的空气通过，防止可燃气体的爆炸、燃烧；

3）有省煤器、过热器的锅炉，按有关规定执行。

（3）正常停炉：

1）停止给煤，减小鼓风、引风，将燃料燃尽，将灰渣除净。燃烧装置冷却后，停止鼓风、引风；

2）锅炉发生事故时，应根据事故的类别采取相应的措施，保护好现场，并立即报告有关部门和领导；

3）锅炉停炉后，按有关规定进行保养，防止锅炉发生腐蚀，保养期间应定期检查和更换药品。

6.6.3 交接班

当面交接班，交班时进行检查、清理现场，保持现场整洁；公用工具要清洗干净如数交接；整理记录，填写交接班记录，要将本班存在的安全隐患如实地填写到交接班记录中，包括隐患部位、发现隐患的时间等。

6.6.4 操作注意事项

操作注意事项如下：

（1）发生事故后不要惊慌失措，应立即查明原因，正确处理；如不能判断事故原因，应采取紧急停炉措施，立即报告有关领导，司炉人员不得离开岗位。

（2）锅炉运行时三大安全附件必须齐全、灵敏、可靠，值班人员不得擅自离开岗位，按巡逻检查路线进行检查，不准超温、超压、超负荷运行。

（3）因缺水事故而紧急停炉时，严禁向锅炉给水，并不得进行开启空气阀或提升安全阀等有关排气的调整工作，以防止锅炉受到温度或压力的突然变化而扩大事故。如无缺水现象，可采取排污和给水交替的降压措施。

（4）对于蒸汽炉，因满水事故而紧急停炉时，应立即停止给水，并关小烟道挡板，减弱燃烧，并开启排污阀放水，使水位适当降低，同时开启主汽管，分汽缸及蒸汽母管上的疏水管，防止蒸汽大量带水和管道内发生水冲击。

（5）观察炉膛燃烧时必须佩戴防护镜，不准人体正对火门。

（6）锅炉一旦发生事故，当班人员要准确迅速采取措施防止事故扩大，并及时向上级汇报。

（7）锅炉房内、化验室及燃气站和管道、鼓引风机附近严禁烟火，不得堆放易燃易爆物品。

6.6.5 典型事故案例

（1）事故经过：2003年10月18日11时30分，S省某公司SZS10-1.0/250-YQ型锅炉第2次点火时，发生炉膛爆炸。该锅炉于10月12日进行烘炉，10月18日9时55分停炉，更换了电动蝶阀，准备调试自动点火程序，11月18日第1次点火失败，第2次点火时发生炉膛爆炸事故，造成1人死亡，4人重伤，直接经济损失23万元，间接经济损失20万元。

该锅炉为水管式燃气锅炉，设计工作压力为1.0 MPa，许可使用压力为0.8MPa，额定出力为10t/h，介质相出口温度为250℃。

（2）事故原因：

1）炉膛爆炸的主要原因是设备带病启动，启动主燃料自动运行程序时，控制柜面板显示点火成功，而实际却是失败的。这时主火炬气管线上的控制阀门全部打开，液态气态混合的液化石油气大量进入炉膛，制造单位的调试人员操作时未查明点火失败的原因，贸然进行第2次启动自动程序，启动后，炉膛内液化石油气达到爆炸极限，遇火源立即发生爆炸。

2）其他原因：

①该公司将液化石油气罐车作为储罐使用，未设调压装置，直接用燃气进行烘炉、煮炉；

②S省石油公司在锅炉未安装完毕的情况下，交无资质的J公司继续进行，且无现场人员配合；

③锅炉控制柜距离锅炉过远，不利于操作和控制锅炉参数。

（3）防范措施：

1）设备隐患的原因不清楚、故障未排除，严禁贸然投运；

2）设备的调试、运行必须按规程操作；

3）管理人员应熟悉相应的标准规范；

4）自动控制程序及器件必须安全可靠，调试时若发现异常，必须排除发生异常的原因，按规定程序进行炉膛吹扫后，再进行调试；

5）使用的燃气调试锅炉，严禁将液态的气体直接加入锅炉炉膛，燃料必须经过降压气化，按规定压力向锅炉输送气体燃料。

6.7 锅炉水处理工岗位操作规程

6.7.1 上岗操作基本要求

上岗操作基本要求如下：

（1）持证上岗，经三级安全教育考试合格。

（2）劳保用品穿戴齐全、规范。

（3）严格执行交接班制度并做记录。

（4）不准酒后上岗和班中饮酒。

（5）不准疲劳上岗，工作过程要集中精力。

（6）本岗位操作至少需要两人。

6.7.2 岗位操作程序

6.7.2.1 操作前的准备与要求

（1）要与司炉工密切配合，执行司炉工开机和停机指令。锅炉用水必须经过处理，若没有可靠的水处理措施，水质不合格，则锅炉不准投入运行。

（2）锅炉水处理一般采用锅炉外化学水处理，对于立式、卧式、内燃和小型热水锅炉，可采用锅炉内加药水处理。

（3）采用锅内药水处理的锅炉，每班必须对给水硬度、锅炉碱度、pH 值三项指标至少化验一次（给水化验水箱内的加药水）。

（4）采用外化学水处理的锅炉，对给水应每 2h 测定一次硬度，pH 值、溶解氧，锅炉应每 2 ~ 4h 测定一次碱度、氯根、pH 值及磷酸根。

（5）化验室内须设各种必备的安全设施（通风橱、防尘罩、消防灭火器材等），并应定期检查以保证随时可供使用；实验室内各种仪器、器皿应有规定的放置处，其他地方不能任意堆放，以免错拿错用，造成安全事故；使用各种仪器设备时，必须严格遵守其安全使用规则和操作规程。

（6）离子交换器的操作要按照制定的操作规程认真执行。

（7）每小时至少测定一次给水硬度及其 pH 值，及时更换失效的钠离子交换器，并进行再生处理。每小时至少测定一次炉水碱度、溶解固性物及其 pH 值，将炉水化验值通知司炉工、泵工，督促其及时加药排污。

（8）保持软水箱的水位不小于总水位的 60%，做好食盐的贮存管理，降低盐耗。

（9）锅炉停用检查时，首先要有水处理人员检查结垢腐蚀情况，对垢的成分和厚度、腐蚀的面积和深度以及部位作好详细的记录。

（10）化验室和水处理间应保持清洁卫生，配有防火设施。

6.7.2.2 硬度化验操作

（1）化验所需器具用水彻底清洗干净。

（2）取样：应在给水管的出口处取样，取样时，要放水冲洗数分钟后，采样瓶要用水样刷洗三次以上方可取样；给水最好也保持长流。

（3）取水样的数量应能满足化验和复核的需要，单项分析的水样不少于 300mL。

（4）测定方法：先取 50mL 水样（必要时先用滤纸过滤后再取样）于 250mL 锥形瓶中，加入 10mL、pH 值 = 10 的缓冲溶液及少许 K-B 指示剂，用 EDTA 标准液滴至溶液由红色变为蓝色时即为终点，记下所消耗的 EDTA 标准溶液的体积。

$$\text{水样的总硬度}\ X = \frac{C(1/2\text{EDTA})V_1}{V} \times 1000$$

式中　　X——水样总硬度，mmol/L（1mol/L = 1000mmol/L）；

$C(1/2\text{EDTA})$——取 1/2EDTA 为基本单元时的浓度，mol/L；

V_1——滴定时消耗的 EDTA 溶液的体积，mL；

V——所取水样的体积，mL。

6.7.2.3 碱度化验操作

（1）首先把化验所需器具用水彻底清洗干净待用。

（2）取样：应在连续排污管或定期排污管处取样；取样前，应将积水放尽，把其中积存的杂质和死水冲出去，然后保持稳定的流速（500 ~ 700mL/min），水样的温度应在 30℃ 左右，锅炉最好保持长流水。

（3）取水样的数量应能满足化验和复核的需要，单项分析的水样不少于 300mL。

（4）测定方法：

1）取 100mL 水样（若水样浑浊必须过滤），放入 250mL 锥形瓶中，加酚酞指示剂 2 ~ 3滴，若呈红色，则用 0.1mol/L 的硫酸标准溶液滴至无色，记下硫酸的用量 P(mL)；

2）再在水样中加 1 ~ 2 滴甲基橙指示剂，继续用硫酸标准液滴至水样呈橙色，并记下硫酸的总用量 T(mL)：

酚酞的碱度：

$$X_1 = \frac{P \times C \times 1000}{V}$$

甲基橙的碱度：

$$X_2 = \frac{T \times C \times 1000}{V}$$

式中 X_1——酚酞的碱度，mmol/L（1mol/L = 1000mmol/L）；

X_2——甲基橙的碱度，mmol/L（1mol/L = 1000mmol/L）；

C——硫酸标准溶液的浓度，mol/L；

V——水样的体积，mL；

P——滴至酚酞无色时消耗硫酸的体积，mL；

T——滴至甲基橙变色时消耗硫酸的总体积，mL。

6.7.2.4 钠离子交换器再生操作

（1）小反洗：首先开启上排液阀门，排空阀门，之后开启中部进水阀门，为把压实层冲洗好，必须有足够的反洗强度（但应防止反洗水流过高将交换剂冲出），一直反洗到澄清为止（约需 10 ~ 20min）。

（2）再生、进再生液：关闭小反洗进水阀门，开启进再生液阀门，然后由盐泵将浓度为 13% 的盐液从交换器底部缓慢送入，经上排液装置排出后（时间大约 30 ~ 40min），关闭再生液阀门、上排液阀门，使树脂在再生剂上浸泡 1h。

（3）逆向冲洗（置换）：首先开启中间排液阀门，然后开启反洗进水阀门，使原水由交换器底部进入，从中间排液阀门排出，进行逆流冲洗直至水澄清为止（约 30 ~ 40min），然后关闭反洗进水阀门、上排液阀门。

（4）小正洗：先开启中间排液阀门，后开启上部进水阀门，使原水由上部进水管进入，从排液装置排出（流速为 15 ~ 20m/h）。

（5）正洗：关闭中间排液阀门，开启底部排水阀门进行正洗，洗至符合水质标准后即可运行。

6.7.3 交接班

当面交接班，交班时进行检查、清理现场，保持现场整洁；公用工具要清洗干净如数交接；整理记录，填写交接班记录，要将本班存在的安全隐患如实地填写到交接班记录中，包括隐患部位、发现隐患的时间等。

6.7.4 操作注意事项

操作注意事项如下：

（1）分析化验用的药剂应妥善保管，易燃、易爆、有毒、有害药剂要严格按规定保管使用。使用易燃、易爆和剧毒试剂时，必须遵守有关规定进行操作。易燃易爆试剂要随用随领，不得在试验室内大量积存，剧毒试剂经批准后方可使用，再进行清洗排放。

（2）清洗实验仪器时，应注意不能将使用的含有大量剧毒试液的废液直接倾入下水道，必要时可先经适当转化处理，再进行清洗排放。

（3）使用和清洗玻璃仪器（容器）时，要求操作正确，读数准确，避免发生差错。

（4）使用电、汽、水、火时，应按有关使用规则进行操作，保证安全。

（5）实验室发生意外事故时，应迅速切断电源、火源，立即采取有效措施，及时处理并上报有关领导。

（6）下班时要有专人负责检查门、窗、水、电、汽，切实关好，不得疏忽大意。

（7）实验室的消防器材应妥善保管，不得随意挪用。

6.7.5 典型事故案例

（1）事故经过：1955年4月25日，T市某厂1台锅炉在运行中发生了爆炸，爆炸部位发生在下锅筒纵向铆接连接处，上下锅筒间的连接管飞出75m，烟囱破坏严重。锅炉爆炸造成伤亡的人员中既有该厂职工，也有市民，其中死亡8人，重伤17人，轻伤52人，直接经济损失37万元。发生爆炸的锅炉是日本制造的田熊式锅炉，汽包的纵、环缝采用铆接连接；最高许用压力2.5MPa，蒸发量20t/h。

（2）事故原因：

1）领导严重忽视安全，对锅炉存在的问题未给予应有的重视，事故发生的直接原因是该厂生产运行管理混乱。

2）操作人员对锅炉隐患不重视。该锅炉从1955年2月开始漏水而且日趋严重，到3月底下锅筒接缝处的裂纹深达33mm，漏水的长度已超过2m，到4月份锅炉漏水量已达1.5t/h以上，对此严重缺陷未及时进行修理，依然运行该设备。

3）水处理人员不按规程要求操作，锅炉进水水质低劣，锅水碱度相对过高，使锅筒钢板产生苛性脆化，特别是锅筒铆接处钢板发生苛性脆化造成锅筒的开裂爆炸。

（3）防范措施：

锅炉钢板发生苛性脆化必须具备3个条件：

1）钢板冷加工变形的残余应力已超过钢板的屈服极限，钢板铆接时所形成的残余应力已超过钢板的屈服极限；

2）钢板连接处存在缝隙，两张钢板采用的铆接是物理连接，存在缝隙是必然的；

3）必须有腐蚀介质 $NaOH$ 的存在，三者缺一不可。防止苛性脆化发生的措施唯有控制锅水中的 $NaOH$ 浓度。对此，在20世纪80年代中期开始，我国制定的低压锅炉水质标准中，都限定了锅水中的相对碱度不超过20%，以防止产生苛性脆化。

因此，设备运行必须制定操作规程，运行人员必须严格按照操作规程的要求操作，严禁设备带病运行。

7 其 他

7.1 汽车司机岗位操作规程

7.1.1 上岗操作基本要求

上岗操作基本要求如下：

（1）持证上岗，经三级安全教育考试合格。

（2）劳保用品穿戴齐全、规范。

（3）严格执行交接班制度并做记录。

（4）不准酒后上岗和班中饮酒。

（5）不准疲劳上岗，工作过程要集中精力。

（6）本岗位操作至少需要两人。

7.1.2 岗位操作程序

7.1.2.1 操作前的准备与检查

（1）司机必须严格遵守《中华人民共和国道路交通安全法》。

（2）外观检查：

1）进行外观检查，检查外表有无碰撞变形、裂纹、开焊和渗漏，检查各部连接螺栓有无断裂、松动或缺失，销子有无窜出；

2）检查车梯和扶手是否牢固、有无松动断裂和开焊；

3）检查轮胎胎面有无擦伤、割裂以及其他损坏情况，磨损是否超规定范围；

4）检查轮胎螺栓、螺母有无松动脱落，轮辋、轮毂有无窜位，轮辋、法兰有无断裂，排石器是否齐全完好；

5）检查油气悬挂高度是否合适、密封处有无渗漏，检查悬挂防尘罩有无缺失破损、前悬挂螺栓有无松动、后悬挂锁片有无异常、球头螺栓有无异常，并清理球头螺栓座的积土；

6）检查各总成部件的连接紧固情况是否良好，重点检查后桥壳、扁担梁有无开焊或裂纹，牵引销销套有无磨损，锁片有无松动；

7）检查增压器进气胶管有无破损；检查车厢斗缓冲胶垫有无破损或缺失；

8）检查转向连杆的万向节和花键轴有无拔出、螺栓牢固有无松动现象，检查转向横拉杆和转向油缸铰接销有无异常；检查所有管路的连接固定情况是否良好、有无渗漏；

9）检查清理空气滤清器集尘杯、空气滤清器尘量指示表是否可靠正常，必要时清扫空气滤清器外滤芯；检查空气滤清器密封是否良好；检查空气贮气罐的排放开关是否完好，并进行排污；

10）检查刹车系统有无异常情况，刹车鼓、刹车蹄片有无开裂，磨损有无过限现象。检查油水散热器有无漏油、漏水；

11）检查风扇、空调压缩机皮带及三机皮带及皮带罩是否正常。

（3）润滑冷却检查：

1）检查轮边减速器有无渗漏；

2）检查燃油位是否在规定范围；

3）检查液压油位，厢斗落下时液面是否在规定范围（上观察孔中间）；

4）检查发动机油位，卡车停放在平坦地面时其油位是否符合规定（在机油尺的上下刻度之间）；

5）检查集中润滑油箱内润滑脂存量是否符合规定，存量低时必须补加；

6）检查冷却液液位是否在规定范围，补加冷却液必须将水箱内压力放掉后进行，有压力时不准打开水箱盖；

7）检查各油脂润滑部位的润滑情况是否良好。

（4）防护检查：

1）检查喇叭、灯光、雨刷器、指示仪表、指示灯、后视镜、遮阳板及报警蜂鸣器是否完好；

2）检查手提式灭火器是否齐全有效，防火布是否完好。

（5）严禁带病出车。

7.1.2.2 启动

（1）检查卡车下部有无人员停留，确认停车制动开关处于制动位置。

（2）接通钥匙开关，检查各故障报警指示灯和蜂鸣器是否正常。

（3）鸣笛，夜间同时用灯光闪烁，警示周围的人员及设备。

（4）旋转钥匙启动发动机，一次启动时间不准超过15s，连续3次不能启动时，应停止启动进行检查，冬季停放时间较长时应对卡车进行提前预热。

（5）发动机启动后，不准高转速运转，检查发动机、液压系统等有无异响、异味、异常振动，各仪表指示是否正常，下车检查发动机、液压系统等有无渗漏，怠速运转3～5min，冬季要稍长一些。

（6）以上检查无异常，待发动机运转平稳后，方可起步，水温上升到60℃时，方准满负荷作业。

（7）起步操作：

1）检查卡车周围和下部是否有人员、设备或障碍物；

2）车辆起步顺序：先鸣笛，然后将换向手柄置于需要的位置，解除停车制动，平缓加大油门，开始行车；

3）汽车起步、出入工厂、倒车、调头、拐弯、过十字路口时，应减速鸣笛慢行，通过铁路道口时，应“一停、二看、三通过”，不准强行通过，车辆交会时，要做到礼让三先：“先让、先慢、先停”。

7.1.2.3 行车及检查

（1）汽车起步、出入工厂、倒车、调头、拐弯、过十字路口时，应减速鸣笛慢行，通过铁路道口时，应“一停、二看、三通过”，不准强行通过，车辆交会时，要做到礼让三先：“先让、先慢、先停”。

（2）行驶中前后车辆的安全距离如表4-7-1所示。

表4-7-1 车辆的安全距离

时速等条件	行驶在高速公路上前后两车辆的安全间距
小于100km/h	不小于50m
不小于100km/h	不小于100m
遇雨雾、雪天或夜间行车	比上述正常间距再放大一倍以上

（3）时速限制：最高速度不得超过该路段的允许速度。

（4）超车前应先开启左转向灯，确认安全后，再转到左侧车道上关闭转向灯，待超过前车后，开启右转向灯，驶回原车道。

（5）雨天路面潮湿或容易积水，行驶中车轮易打滑，故这种气候条件下高速行驶车辆的速度应降低25%～30%。

（6）机械车载物时，高度不准超过4m（由地面算起），宽度不许超出车厢，前端不许超出车身，后端不许超出车厢2m，超出部分不准触电。装载物不准偏装，货物必须捆绑牢固可靠。

（7）货车载人时，严禁超过规定人数，严禁人物混装。汽车开动时，应待人上下稳定关门后起步，脚踏板、保险杠、驾驶室顶棚等处严禁站、坐人员。

（8）在市、厂通过铁道时，要“一慢、二看、三通过”。遇到栏杆放下时要按序靠右停车，离铁道30m内，不准调头、倒车，更不准超车。

（9）在用起重设备装卸货物时，司机必须离开驾驶室远离车辆，不准在起重设备装卸货物时，维护保养车辆。

（10）长途运输车司机要严格按调度路线行驶，不准私自或任意改变行车路线，出车前，司机必须做到“三查一教育”工作，即查方向、查制动、查灯光信号和安全教育，且必须有分管矿领导的批准，到安全科备案并接受安全教育后方可出车。

（11）一般不准途中停车，除遇有障碍或车辆发生故障需要停车时方可停车。

（12）因事故或发生交通事故需临时停车的车辆必须驶离行车道，停到紧急停车带或右侧路肩上；如不能离开行车道时，必须立即开启危险报警灯或在车后设置警告标志，夜间必须同时开启宽灯和尾灯。

（13）汽车到达目的地后应在安全位置或停车场停放，不准乱停乱放；停车后，应将电门钥匙取下，拉紧手刹制动，并锁门窗。不准在坡道上停留车辆。

7.1.2.4 冬季行车

（1）提前进行换季保养，准备好发动机防冻液、发动机保温套或预热装置。

（2）严禁发动机冷起动，不得用明火烧烤，应利用预热装置加温启动；发动机启动后，应空负荷预热至50℃后方可起步，行驶初期应以初速驱动变速器及后桥，当轮胎预热且冷却液升温至80～90℃后，方可正常行驶。

（3）注意并预防排水系统管路冻结，对于停用车辆，如冷却水中未加防冻液的应放尽，慎防冻裂发动机。

（4）冰雪路上行驶极易产生轮子空转、横移现象，为此最好先在车轮上装上防滑链或在道路冰雪面上撒土或砂子，也可撒粗盐，以增加路面摩擦力。

（5）积雪太深时应铲雪，探明路况后再行驶，也可按原有的车轮印行驶避免掉入深坑。

（6）行驶中须用低速挡缓慢通过，需要减速停车时应利用发动机牵制阻力及手制动，尽量不用脚制动。

（7）需转弯时，操作要平稳缓慢，并适当增大转弯半径。

（8）如有需要，应向车间申请使用平路机、推土机，清除路面积雪、覆冰，为司机作业创造良好环境。

7.1.2.5 夏季行车

（1）拆除发动机保温装置，检查百叶窗能否全开，冷却系统应除垢清理，水泵、节温器性能应良好，选用夏季润滑油和制动液，并加足冷水。

（2）随时注意发动机温度，必要时要选阴凉处停车休息，打开发动机罩通风散热。

（3）当散热器内冷却水沸腾开锅后，应停车使发动机怠速继续运转。待稍降温后再加水，严禁熄火后立即开盖加水，以防发动机炸裂和热水外喷烫人，万一已熄火，务必立即用摇柄摇车，以防发生黏缸事故。

（4）当高温使机油变质、黏度下降后，汽车上坡极易发生黏缸、烧瓦，因此必须经常检查润滑油，发现变质应及时更换。

（5）夏季上高速公路汽车应选用无内胎的轮胎或子午胎，行驶中发现胎温过高时应停车庇荫降温或减速25%～30%，切忌盲目高速行车以防发生爆胎翻车事故。

7.1.2.6 高速公路行车

（1）严格执行国家《道路交通安全法》。

（2）严格执行公安部颁发的《高速公路交通管理暂行规则》。

（3）严格执行《安徽省高速公路管理暂行办法》。

（4）正确识别以上法规规定的各种道路交通标志及标线，并执行遵守高速公路“行车道使用办法”、“变更车道规定”。

7.1.2.7 载人规定

（1）机动车除驾驶室及客车车厢外其他任何部位都不准载人，特别是货运机动车车厢严禁载人。

（2）驾驶员及前排乘车人员必须系好安全带。

（3）乘车人员不准站立，不准向窗外抛弃物品。

（4）当车辆发生故障不能离开行车道或发生交通事故时，乘车人（含驾驶员）必须迅速转移到右侧路肩上，并应立即电话报告交警。

7.1.2.8 载货规定

载运危险物品或载物的长宽高超过《交通法》的规定但需通过高速公路时，必须事先获高速公路管理部门的批准后，方可在其指定时间、线路、车道、时速行驶。

7.1.3 交接班

当面交接班，交班时进行检查、清理车内卫生，保持现场整洁；公用工具要清洗干净如数交接；填写交接班记录，要将本班存在的安全隐患如实地填写到交接班记录中，包括隐患部位、发现隐患的时间等。

7.1.4 操作注意事项

操作注意事项如下：

（1）严禁酒后驾车、行车，加油时不准吸烟、饮食和闲谈，驾驶室内不准超额乘坐人员。

（2）不准带病开车，不穿拖鞋开车，驾驶员要定期检查所驾车辆的消防器材，确保安全有效。

（3）倒车“三不准”规定：不准车辆掉头、倒车；不准穿越中央分隔带；不准进行试车、驾驶教练。

（4）司机出车前应注意休息，切勿疲劳驾驶，行车中注意力应高度集中。

（5）冬夏换季时提前进行换季保养，冰雪道路上行驶时应安装防滑链。

7.2 加油车司机岗位操作规程

7.2.1 上岗操作基本要求

上岗操作基本要求如下：

（1）持证上岗，经三级安全教育考试合格。

（2）劳保用品穿戴齐全、规范。

（3）严格执行交接班制度并做记录。

（4）不准酒后上岗和班中饮酒。

（5）不准疲劳上岗，工作过程要集中精力。

（6）严禁烟火，保持现场整洁。

7.2.2 岗位操作程序

7.2.2.1 开机前的检查

（1）检查水箱的水量、曲轴箱的机油量、燃油箱的贮油量是否符合要求。

（2）检查喇叭、灯光、雨刮器、反光镜、牌照、灭火器等是否齐全有效。

（3）检查轮胎、半轴、传动轴、钢板弹簧等处螺母是否紧固无松脱、缺失现象。

（4）检查防静电接地是否完好有效。

（5）检查空气滤清器有无堵塞，必要时清理空气滤清器外滤芯。

（6）检查轮胎气压是否符合规定，螺栓有无松动和缺失，轮胎压圈及压圈锁是否正常。

（7）检查发动机发动后有无异响，各种仪表工作是否正常，有关部件有无漏油、漏水、漏气。

（8）起步前试验制动及方向盘，确定其是否灵活、有效。

（9）清理设备上的泥土杂物；检查设备外观是否完好，有无变形、裂纹等异常损坏。

（10）检查发动机风扇皮带、发电机皮带张紧度是否适当符合规定，皮带有无损坏。

（11）检查仪表、指示灯是否齐全完好。

7.2.2.2 启动

（1）检查一切正常并确认周围无障碍物及人员后，将各操纵杆放到空位，停车制动在锁止位置。

（2）踩下离合器踏板，将钥匙旋转到启动位置，启动发动机。如果发动机启动困难，钥匙在启动位置的时间一次不准超过20s，两次启动间隔时间不准少于2min，如果连续3次不能启动，应停止启动检查发动机。

（3）发动机启动后，观察各仪表指示是否正常，机油压力如果在6s后仍不正常，应立即熄火检查。

（4）如果使用启动液辅助启动，必须遵守有关启动液的使用规定。

7.2.2.3 行驶及检查

（1）起步前检查车辆前后、左右是否有人和障碍物，并鸣笛示意。

（2）踩下离合器踏板，将变速杆推到起步挡位置。

（3）慢慢放松离合器踏板，同时松开停车制动，并缓慢踩下油门踏板，待车开始平稳前进时，应完全放松离合器踏板。

（4）不准发动机熄火或空挡滑行。

（5）正常运行在坡道上时不准停车。因故障停车时，须用停车制动，长时间停车时须用制动楔打好掩。

（6）按规定路线通行，严禁行经明火、高温区域。

（7）行驶中不准人员上下设备，也不准有人站在驾驶室外进行检修和其他工作；不准其他无关人员搭乘。

（8）不准在横向坡度超过10°、纵向坡度超过30°的地面上行驶。

（9）行驶时，不准骑越高于底盘的石块等障碍物。

（10）必须遵守矿内车辆行车、让车的有关规定。

7.2.2.4 加油操作

（1）司机不准用明火烘烤油罐。

（2）司机不准进入油罐体内。

（3）油罐不准装载规定规格燃油以外的液体，保持油罐盖密封良好，加油口洁净，呼吸阀畅通。

（4）给机动设备加油时，加油位置要选择在场地宽阔、无明火的地方。

（5）加油时，加油车司机要注意被加油设备的情况，被加油设备的司机必须离开驾驶室配合加油作业。

（6）进入油库、加油站时要听从库工的指挥，未经允许不准擅自加油、卸油。

7.2.2.5 停车

（1）停车时应选择平坦地面，熄灭发动机前，将各操作手柄置于空位，给上停车（手刹）制动。

（2）运行中如出现故障时要将车辆停放在安全地带，并给上制动。在紧急情况下必须在坡道上停车时，要将车辆的前轮或后轮靠上坚固土墙或对其打掩。

（3）上坡停车时，将变速杆放到一挡位置，下坡停车时，则挂倒挡。

（4）停车时，在发动机运转的情况下，驾驶员不准离开车辆。

（5）停车后，放掉贮气罐里的积水，清理卫生。

7.2.3 交接班

当面交接班，交班时进行检查、清理现场，保持现场整洁；公用工具要清洗干净如数交接；填写交接班记录，要将本班存在的安全隐患如实地填写到交接班记录中，包括隐患部位、发现隐患的时间等。

7.2.4 操作注意事项

操作注意事项如下：

（1）严禁烟火，车内配备灭火器材。

（2）车上要安装防静电设施。

（3）严禁路途中卸油、加油。

（4）冰雪道路上行驶时应安装防滑链。

7.2.5 典型事故案例

（1）事件经过：2009 年 4 月 1 日 22 时许，某矿汽车队驾驶员李某驾驶油罐车在某加油站卸完油后，为卸尽车内余油，在卸油管仍与油罐车、油罐同时连接的情况下即进行晃车。在晃车过程中，李某误操作（将倒挡挂成二挡），车辆行驶幅度过大，将罐车海底阀拉断，事件虽未造成其他设备损坏及油品泄漏，但也非常危险，属火灾、交通未遂事故。

（2）事故原因：承运人员安全意识淡薄，图省事，违章采取不规范的卸余油方式，且在未取下卸油管的情况下进行晃车，加之业务技能不熟练，导致事件发生。加油站库工在卸油作业现场监管不到位，未能及时制止承运人员的不安全行为，间接导致事故发生。

（3）经验教训：此次事件虽未造成严重后果，但晃车卸余油带来的安全险肇必须引起我们的高度重视。晃车卸余油一是极易造成罐车内剩余油品产生、聚集静电，晃车完毕卸余油时，一旦未能有效连接静电接地线，会引发火灾事故，类似事故已发生过并造成了严重损失；二是油罐车在加油站站内急速晃动行驶，给站内员工及进站加油人员的人身安全带来威胁，极易造成交通事故。各企业要吸取此次未遂事件的经验教训，切实加强加油站内油罐车卸余油的管理。

（4）防范措施：企业要加强对承运油料司、运人员的教育培训和监督，完善相应的规章制度，明确要求油罐车卸余油按照操作规程要求进行，并采用规范的方式（如在指定地点、利用地形坡度等）。严格执行危险品运输禁令和纪律，结合“我要安全”主题活动，落实规章制度，规范操作行为，进一步强化加油站卸油环节的安全数质量管理，加油站油品监卸人员要切实负起责任，及时发现并有效制止违章行为。

7.3 叉车司机岗位操作规程

7.3.1 上岗操作基本要求

上岗操作基本要求如下：

（1）持证上岗，经三级安全教育考试合格。

（2）劳保用品穿戴齐全、规范，女工应将发辫塞入帽内。

（3）严格执行交接班制度并做记录。

（4）不准酒后上岗和班中饮酒。

（5）不准疲劳上岗，工作过程要集中精力。

（6）保持现场整洁。

7.3.2　岗位操作程序

7.3.2.1　启动前的检查

（1）检查发动机燃油、机油及冷却水是否符合规定要求。

（2）检查各部位润滑是否良好、液压系统有无漏油。

（3）检查轮胎气压是否达到标准值 0.7MPa。

（4）检查方向盘的自由间隙是否在规定范围：左右转角不超过 7°。

（5）检查离合器踏板的自由行程是否达到标准值 20 ~ 25mm。

（6）检查脚制动踏板的自由行程是否达到标准值 9 ~ 15mm。

（7）检查电气系统是否接触良好，有无短路或接头松动现象。

（8）检查所有外露的连接件、紧固件是否牢固完好。

（9）检查发动机在空运转时，各仪表读数是否符合规定值。

（10）检查灯光、喇叭等信号装置是否正常有效。

（11）以上检查中所发现的问题，应在出车前进行排除。

7.3.2.2　启动

（1）启动发动机时应将变速器操作手柄置于空挡位置，手刹把手处于制动状态。

（2）先拧开启动总开关接通电源，再按启动按钮（即：启动电机带动发动机旋转）。但不能让启动电机连续超过 15s，且不可连续长时间启动电机。

7.3.2.3　运行及检查

（1）发动机启动后，需空运转 5min，待发动机水温升至 60℃以上时，方允许全负荷作业。严禁吊运，严禁超负荷作业。

（2）在行驶前，检查手制动和脚制动系统是否灵敏可靠。发动机发动后，检查各项仪表是否正常；发现异常后应立即熄火，进行检查排除，正常后方可运行。

（3）叉车作业前先松开制动手柄，然后起步行驶，并检查脚踏制动效果是否良好；检查门架的起升、倾斜动作是否正常，转向是否轻便、灵活；确认正常后方可投入作业。

（4）在叉车行驶作业时，叉车工应注意倾听有否异常声响。

（5）叉车在厂区、车间干道上行驶时，其速度应控制在工厂安全部门规定的速度范围内，并注意来往行人，随时鸣笛。

（6）叉车只能在完全停车后才能换向；严禁提升、倾斜同时操作及超载运行。

（7）出现异常现象后应停车检查，及时排除。

7.3.2.4　一般要求

（1）运货前，应检查货叉，如有松脱穿破，则应修理并加钢板。

（2）装货时，应将车轮楔住，以防叉车自动滑行或倾覆。

（3）清理堵塞通道上的构件。

（4）在通道或消防器材前，不得停车或堆码货物。

（5）不得选用叉车来错误地举高某些物件。

（6）除非变速或停车，否则脚部应离开离合器，不得用离合器来控制车速，以防损坏离合器。

（7）保持手部干燥，穿适当的鞋，如手潮湿则在把持方向盘时会不稳；鞋底太滑容易使脚部滑离离合器或脚踏刹车。

（8）不得使用叉车运输体积超过限度或超过载重量的货物；要了解行车路线上的楼板及桥板的负荷限度是否大于叉车本身重量及货叉的载重量；要了解工作地点的高度限制，载货不得超高。

（9）除非装上适当的附件，否则不得用叉车推动或拖拉另一台叉车。

（10）为内燃机叉车加油时，必须小心以免燃料溅出或从油箱溢出，加油时应在露天或空气流通的地方进行，不得在密闭场地进行；加油处应远离堆放货物、易燃易爆物品或有明火的地方；在加油站加油时，应熄灭发动机。

7.3.2.5 行驶操作

（1）行驶前必须仔细检查叉车；行驶时切勿使身体摇摆不停。

（2）驾驶叉车前进或后退时，驾驶员精神要集中，必须面对车的前进方向，留心行人和其他车辆；在驶经或穿过门口时，或绕过视线受限制的地方时，应特别小心。

（3）在斜坡上行驶时，应将货件放在叉车迎向斜坡上方的地方，货件堆装位置须稍向后倾，以免紧急刹车时引起货物跌落，在用脚踏刹车时也可产生较佳的制动效果。在斜坡上不可转弯横驶。

（4）未装货的叉车，应将货叉位置调整到离地 50～150mm 的高度，如位置过高，可能与行人或其他叉车相碰撞。

（5）叉车在下坡时，不能车头向下；叉车需通过桥板时，应先检查桥板是否稳固；叉车停车后，应将货叉降至地面，以免行人或驾驶员被货叉碰伤或绊倒。

（6）货物堆码过高时，叉车应采用向后驾驶的方式，使驾驶员视线不受影响。

（7）当几台叉车同时在同一方向行驶时，每台叉车之间的距离应等于三台叉车的长度，情况特殊时，相隔距离可增加。

（8）以货物性质和路面情况决定行车速度。车速过快、快速转弯都是不安全行为。避免高速行车和转弯时车身撞到货物和人。转弯时，应留意车尾以防撞人。

（9）行驶时要慎防地面上的洞穴、凹陷或凸起处，不小心驶过这些地方时，可能会使方向盘急转，猛烈的急转可能打击手腕，严重时可使手腕折断。

（10）行驶中不可过于接近通道两边。叉车与通道两边的设备或正在工作的工人间应留有一定的安全距离。

（11）如厂房内有升降机，叉车安全驶入升降机的方法如下：

1）将叉车正面驶向升降机；

2）先在离升降机门前 1.5m 处停车等待；

3）待升降机操作工允许后，再将叉车驶入升降机；

4）拉手动刹车，将发动机熄火；

5）升降到目标地，待升降机停稳、升降机操作工允许后，发动叉车缓慢从升降机里开出来。

（12）路面潮湿或有油污时要特别小心。

（13）如有人在工作台、墙边或任何固定物体前站立，不可将叉车驶近，以免不能及时刹车时，夹、挤伤人。

7.3.2.6 装卸货物操作

（1）运货时，货物应向机身或机柱倾斜，以保证紧急刹车时的安全。

（2）叉货物时，使叉车对准货物，放下货叉，车头微向前倾，慢慢把车子驶前。将货叉伸进货物底部，以顺利无阻为准。

（3）调整货叉位置，使货物处于平衡状态。尽量使货叉接近货物的最外边，两个货叉处在货物中部，货物即可稳定。

（4）切勿勉强搬运过重的货物，当货叉升起而后轮离地时，切勿搬运该货物。

（5）卸货时，在指定位置把车停下，将货物平稳地放到地面，把货叉向前倾，叉车退后，当货叉卸下货物后，先将货叉稍微升高，再将叉车驶离。

（6）不准以车尾站人的方式来增加叉车的起重量。禁止在车尾加上平衡质量，以增加叉车的起重量。

（7）应以稳固安全的方法将货物捆好。

（8）降落货物时不可突然停止，以免使叉车受振，影响货物堆放位置。

7.3.2.7 停车

（1）正常停车：

1）工作完成后，应将叉车停放在车库或指定地点；

2）拉紧手动刹车，将换挡杆推向空挡；发动机熄火前，应使发动机怠速运转2～3min后，拉停车按钮将发动机熄火，再将钥匙转到关闭位置，切断电源；

3）低温季节（在0℃以下）应放尽冷却水；

4）当气温低于－15℃时，应拆下蓄电池并搬入室内，以免冻裂；

5）离开叉车时要将车上各种电钮关闭。

（2）紧急（临时）停车：脚应离开油门，踩刹车，把车慢慢停下，将换挡杆推向空挡，拉紧手动刹车。

7.3.3 交接班

当面交接班，交班时进行检查、清理现场，保持现场整洁；公用工具要清洗干净如数交接；填写交接班记录，要将本班存在的安全隐患如实地填写到交接班记录中，包括隐患部位、发现隐患的时间等。

7.3.4 操作注意事项

操作注意事项如下：

（1）叉车不得载人。

（2）禁止用明火检查内燃机叉车。

（3）任何人不得在升高的货叉下站立或在货叉下行走。

（4）切勿突然刹车，以免引起货件倒塌。

（5）礼让行人，必要时先鸣喇叭。喇叭应慎用，不可滥用。在十字路口，应先鸣喇叭。

（6）叉车在行驶时，驾驶员切勿上车、跳车。

7.3.5 典型事故案例

案例 1

（1）事故经过：2008 年 8 月 3 日上午 9 时 50 分，某矿机修队综合班用液压叉车移动钢制货架（长 × 宽 × 高 = 3m × 0.8m × 2m），由于货架体积大无法被完全叉住，作业过程中，宗某在货架前面扶、另外一人在货架后面扶，以保持货架稳定。由于人员不够、配合不当等因素，货架在移动中意外向前倾倒，宗某下意识地用力顶，终因力量有限货架倾倒将宗某压伤，造成宗某两根肋骨骨折及两颗牙齿被磕掉，不得不送往医院治疗。

（2）事故原因：

1）主要原因：违章使用叉车拖拉体积或载重量超过限度的货物；

2）宗某为转岗人员，安全操作技能欠缺，对作业过程中可能出现的危险因素辨识不清，自我保护意识差；

3）管理原因：综合班对员工教育不够，使转岗员工对操作规程规定不清楚；

4）物的原因：货架笨重、体积大，选用的运输设备不当。

（3）事故责任分析（略）。

（4）防范措施：

1）严格执行操作规程，不得使用叉车运输体积或载重量超过限度的货物；

2）综合班应加强对转岗人员的安全教育培训，转岗人员未经培训教育不得上岗；

3）增强员工对危险的辨识能力，加强技能学习培训，提高员工辨识及防范危害的能力；

4）班组长及上级主管应加强对现场的检查，制止违章。

案例 2

（1）事故经过：2004 年 12 月 7 日，某矿选矿厂跳汰机改造工程正如期进行。按照工作程序要求，跳汰机新旧机体的搬运任务由叉车（8t）司机潘某带领机修工李某负责用叉车完成。上午 11 点 05 分左右，按预定安排，叉车司机潘某在李某配合下，将跳汰机一件新机器（长 × 宽 × 高 = 4.0m × 6.2m × 1.82m、质量为 5.7t）运送至行车吊装口下方，以便安装。当叉车运行至离吊装口 2m 的一段斜坡路段时，由于重心不稳，机体歪斜倒向一侧，机修工李某躲闪不及，被歪倒的工件挤断右臂，叉车车窗受损、前叉弯曲。

（2）事故原因：

1）直接原因：潘某同李某违章用叉车运输超大物件时，图省事，没有将工件进行可靠固定，导致工件歪斜伤人，是造成此次事故的直接原因。

2）主要原因：

①潘某、李某在叉车运行至离吊装口2m的一段斜坡路段时，由于路况发生变化，但他们没有对工件稳定性进行检查，未能及时发现、消除安全隐患；

②李某在监护作业时，没有按规程要求采取其他防歪倒措施并观察好退路，造成站位不当，工件歪倒时躲闪不及而受伤；

③施工负责人魏某安排工作时，没有布置相应的安全防范措施，预防措施没有做到位，且没有在现场统一协调指挥，安全管理有漏洞。

3）间接原因：

①职工潘某、李某自保、互保、联保意识差，潘某没有及时发现违章和安全隐患并提醒李某注意安全，及时制止其违章行为；

②选矿厂对职工安全管理、安全教育、技术管理培训力度不够，职工安全意识薄弱，自保、互保、联保意识差，工作麻痹大意，图省事，轻安全，存在侥幸心理。

（3）防范措施：

1）选矿厂要针对此次安全事故，总结防范措施，举一反三地排查类似工作、类似思想、类似违章行为，坚决杜绝安全事故重演；

2）选矿厂要在操作规程及安全技术措施培训方面下工夫，提高职工安全防范能力，并结合此次事故教训，举一反三，深刻反思，杜绝麻痹侥幸思想存在，开展好警示教育活动；

3）选矿厂要进一步明确和落实各级安全生产责任制，强化关键工序和重点隐患的双重预警，并加强特殊作业人员的安全管理；

4）选矿厂要深刻接受这次事故的教训，结合“五精”管理要求，迅速开展“反事故、反三违、反四乎三惯、反麻痹、反松懈、反低境界管理、反低标准作业”活动，加大现场安全管理力度，强化现场精品工程意识；

5）选矿厂各级管理人员要冷静下来，深刻反省自己的工作，真正找出自己工作中的不足之处，在今后的工作中要以身作则，深入现场，靠前指挥、检查，坚决杜绝安全事故的发生，确保安全生产。

7.4 汽车起重机司机岗位操作规程

7.4.1 上岗操作基本要求

上岗操作基本要求如下：

（1）持证上岗，经三级安全教育考试合格。

（2）劳保用品穿戴齐全、规范。

（3）严格执行交接班制度并做记录。

（4）不准酒后上岗和班中饮酒。

（5）不准疲劳上岗，工作过程要集中精力。

（6）保持现场整洁。

7.4.2 岗位操作程序

7.4.2.1 启动前检查和准备

（1）起重机应装设机械性能指示器，并根据需要设卷扬限制器、载荷控制器、连锁开关等装置，使用前应检查试吊。

（2）钢丝绳在卷筒上必须排列整齐，尾部卡牢，工作中最少保留三圈以上。在起重作业前，应对设备防护装置、机械结构外观、紧固件等做全面检查，确认设备各部件处于正常状态，设备完好方能使用。在作业中和停车后，也必须检查。

（3）对作业环境进行全面的检查，如地面应保持平坦、坚实；离沟渠、基坑应有必要的安全距离，启用作业场地通道必须畅通；上方若有高压电线应保持安全距离。吊运开始前，必须招呼人员离开，任何人员不允许在重物下方停留和行走。操作人员必须集中注意力，随时注意周围环境，不可随意离开工作岗位。

（4）对所使用的钢丝绳、索具、吊具是否完好，应进行仔细检查，如达到报废条件必须报废，不可凑合使用。

（5）使用吊车前必须详细检查吊车的吊杆、各部销子、螺栓、钢丝绳接头有无松动、脱落现象；如发现缺陷，应修好后再进行工作。

（6）要落实设备、吊具、索具的检查、维护、检修制度，要加强现场安全管理，不可图快、赶进度、图省事、无证蛮干，起重机械的使用不可超负荷，要按规定对起重设备进行年检。

7.4.2.2 基本要求

（1）起重过程的基本要求：

1）稳：司机在操作起重机的过程中，必须做到制动平稳，吊具及吊物不游荡；

2）准：在稳的基础上，吊钩、吊具或吊物准确停在所需要的位置上；

3）快：在稳和准的基础上，协调各机构的动作，缩短工作循环时间，提高起重机的工作效率；

4）安全：确保起重机在完好情况下，可靠有序地工作。在操作中，严格执行安全操作规程，不发生任何人身和设备事故；

5）合理：在了解掌握设备机械性能的基础上，根据吊物的具体情况，准确地操作控制器。

（2）在下列情况下，司机应发出警告信号：

1）起重机启动送电时；

2）靠近同层其他起重机械时；

3）在起吊及下降载荷时；

4）载荷在吊运中接近下面工作人员时；

5）安全吊运通道有人工作或走动时；

6）载荷在离地面不高的位置移动时；

7）吊有载荷的设备发生故障时。

（3）起重机司机要做到“十不吊”：

1）指挥信号不明或违章指挥不吊；

2）超负荷或物体的重量不明不吊；

3）斜拉重物不吊；

4）光线阴暗，能见度差，看不见重物不吊；

5）重物上面站人不吊；

6）重物埋在地下不吊；

7）重物紧固不牢，绳打结，绳不齐不吊；

8）棱角物体没有衬垫措施不吊；

9）杆基不牢或安全装置失灵不吊；

10）重物越过人头顶不吊，危险液体过满不吊。

（4）起重机工作完毕后，司机应做到：

1）应将吊钩升到接近上限位置，不准吊挂吊具、吊物等；

2）将小车停在主梁远离大车滑线的一端，大车应开到固定停放地点；

3）所有控制器手柄应置于零位，将紧急开关扳转至断路，拉下保护柜主刀开关；

4）露天起重机的大小车应采取适当措施固定好，以防被风吹跑；

5）司机在下班时应检查起重机的情况，将工作中及检查中发现的问题记载在记录本中，交给接班人。

7.4.2.3 一般规定

（1）起重机作业时，应有足够的工作场地，起重臂杆起落及回转半径内无障碍物及无关人员。

（2）作业前，必须对作业现场周围环境、行车通道、架空电线、建筑物及构件重量和分布等情况进行全面了解。夜间工作时，应有足够的照明。

（3）起重机司机在进行起重机回转、变幅、行走和吊钩升降等动作前应鸣笛示意。

（4）起重机司机及起重指挥人员必须经过培训考核合格，经安监部门考核合格，并获得特种作业人员资格证后方可操作和指挥起重作业。作业时，指挥人员应与操作人员密切配合，操作人员应严格执行指挥人员信号，如信号不清楚或错误时，操作人员可拒绝执行。如果由于指挥失误而造成事故，应由指挥人员负责。

（5）操作室远离地面的起重机在正常指挥发生困难时，可设高空、地面两个指挥人员，或采取有效联系办法进行指挥。

（6）若遇到六级及以上强风或大雨、大雪、大雾等恶劣天气时，应停止起重机露天作业。

（7）起重机的变幅指示器、力矩限制器以及各种行程限位开关等安全保护装置，必须齐全、完整、灵敏、可靠，不可随意调整和拆除，严禁用限位装置代替操纵机构。

（8）起重机作业时，重物下方不得有人停留或通过，禁用起重机载运人员。

（9）起重机必须按规定的起重性能作业，不得超负荷及起吊不明重量的物件，在特殊情况下需要超负荷使用时，必须有保证安全的技术措施，经企业技术负责人批准，有专人在现场监护下，方可起吊。

（10）严禁使用起重机进行斜拉、斜吊和起吊地下埋设或凝结在地面上的重物。现场浇筑的混凝土构件或模板，必须全部松动后方可起吊。

（11）起吊重物时应绑扎平稳牢固，不能在重物上堆放或悬挂零星物件。零星材料和物件必须用吊笼和钢丝绳绑扎牢固后，方可起吊。标有绑扎位置和记号的物件，应按标明位置绑扎，绑扎钢丝绳与物件的夹角不得小于30°。

（12）起重机在雨雪天气作业时，应先经过试吊，确认制动器灵敏可靠后，方可进行作业。

（13）起重机在起吊满负荷或接近满负荷时，应先把重物吊起离地面20~50cm，停止吊升，检查起重机的稳定性、制动器的可靠性、重物的平稳性、绑扎的牢固性。确认无误后，方可进行吊装作业。对于有可能晃动的重物，必须拴拉绳。

（14）起吊物件时应拉紧溜绳，重物提升和降落速度要均匀，严禁忽快忽慢和突然制动。左右回转动作要平稳，当回转未停稳前不得做反向动作。

（15）起重机不得靠近架空输电线路作业，如限于现场条件，须在线路旁作业时，应采取安全保护措施。起重机与架空输电线路的安全距离不得小于表4-7-2中的规定。

表4-7-2 起重机与架空输电线路安全距离

输电线路电压/kV	<1	1~1.5	20~40	60~110	220
允许沿输电导线垂直方向最近距离/m	1.5	3	4	5	6
允许沿输电导线水平方向最近距离/m	1	1.5	2	4	6

（16）起重机使用的钢丝绳应有制造厂的技术证明文件作为依据，如无证明文件，应经过试验合格后方可使用。

（17）起重机使用的钢丝绳，其结构形式、规格、强度必须符合该型起重机的要求。卷筒上钢丝绳应连接牢固、排列整齐。放出钢丝绳时，卷筒上必须保留三圈以上。收放钢丝绳时应防止钢丝绳打环、扭结、弯折和乱绳，不得使用扭结、变形的钢丝绳。

（18）每班作业前，应对钢丝绳所有可见部分以及钢丝绳的连接部位进行检查。钢丝绳表面磨损或腐蚀使原钢丝绳的名义直径减少7%时或在规定长度范围内断丝根数达到有关安全规定时应予以更换。

（19）起重机的吊钩和吊环严禁补焊，有下列情况之一者即应更换：

1）表面有裂纹；

2）危险断面及钩径有永久变形；

3）挂绳处断面磨损高度超过10%；

4）吊钩衬套磨损超过原厚度50%，心轴（销子）磨损超过其直径3%~5%。

（20）起重机制动器动鼓磨损达1.5~2.0mm时（大直径取大值，小直径取小值）或制动带磨损超过其厚度50%均应更换。

起吊时，不许横拖物件或倾斜吊装，严禁吊拔埋在地下的情况不明的物件或凝结在地面、冻在冰里的物件。

（21）吊车通过桥架、水堤、排水沟等地时，必须先查清其负载能力有保证再通过，且必须铺设木板保护，禁止吊车在该地段转向。

7.4.2.4 流动式起重机（包括汽车起重机、轮胎起重机）操作

（1）作业条件：

1）不得在高压线附近作业，特殊情况下应采取可靠的停电措施或保持必要的安全距离；

2）夜间作业时，应保证良好的照明；

3）允许作业的风力一般在五级以下，风压小于150Pa，使用副吊臂进行工作或提升高度超过30m时，风压应小于60Pa；

4）在化工区域作业时，应使起重机的工作范围与化工设备保持必要的安全距离；

5）在易燃、易爆区工作时，应按规定办理必要的手续，并对起重机的动力装置、电

器设备等采取有效的防火、防爆措施。

(2) 支腿作业：

1) 放支腿前应先了解地面的承压能力，合理选择垫板的材料、面积及接地面积，防止接地时支腿沉陷；

2) 放支腿前应注意挂上停车制动器，并拔出支腿固定销；

3) 收放支腿时应注意规定顺序，一般是先放后支腿，再放前支腿，收起顺序相反，支腿不宜架设过高，通常以轮胎离开地面少许为宜；

4) 在架设支腿时应注意观察，使回转支撑基准面处于水平位置；

5) 放好支腿后，依次检查垂直支腿的接地情况，不应存在三支点现象。

(3) 起重作业：

1) 检查作业条件是否符合要求；

2) 检查影响起重作业的障碍因素，特别是道路附近的作业，更应小心；

3) 检查起重机技术状况，特别注意安全装置状况；

4) 确定起重机的工作装置符合要求后，松开吊钩，扬起吊臂，低速运转各工作机构。如在冬季，应延长空转时间，对于液压起重机，应保证液压油在15℃以上后方可开始工作；

5) 观察各部位仪器指示灯是否显示正常；

6) 平稳操纵起升、变幅、伸缩、回转各工作机构及制动踏板，各部位功能正常方可进行起重作业。

(4) 变幅操作：

1) 变幅时应注意不得超过安全仰角区；

2) 向下变幅的停止动作必须平缓；

3) 带载变幅时，要保持物件与起重臂的距离，要防止物件碰撞支腿、机体与变幅油缸；

4) 吊臂角度的使用范围一般为30°~80°，尽量不要使用30°以下角度。

(5) 吊臂伸缩：

1) 向外伸出吊臂时，应注意防止吊臂超出其工作半径；

2) 吊臂带载伸缩应遵守带载重量规定，但尽量不要带载伸缩；

3) 在进行吊臂伸缩时，应同时操纵起升机构，但要注意保持吊钩的安全距离，防止吊钩发生过卷。

(6) 起升操作：

1) 起重机司机要做到“十不吊”；

2) 起吊较重物件时，先将其吊离地面少许，然后查看制动、系物绳、整机稳定性、支腿状况等，发现有可疑情况应放下重物，予以认真检查。起升操纵应平稳，绝对不要使机械受到冲击；

3) 在起升过程中，如果感到起重机接近倾翻状态或有其他危险时，应立即将重物落在地面上；

4) 如放下重物低于地面时，应注意卷筒上至少留有三圈钢丝绳的余量，防止发生返卷事故；

5）起重物件的重量不得超过其吊臂幅度相对应的额定起重量；

6）暂停作业时，应将所吊物件放回地面。

（7）回转操作：

1）在回转作业前，应注意观察在车架上、转台尾部回转半径内是否有人或障碍物；吊臂的运动空间内是否有架空线路或其他障碍物；

2）回转作业速度应缓慢，不得快速加大油门启动，严禁重物在摆动状态下回转；

3）回转作业时，首先鸣喇叭提醒人们注意，之后解除回转机构的制动或锁定，平稳操纵回转操纵杆；

4）当吊物回转到指定位置前，应事先缓慢回转操纵杆，使物件缓慢停止回转，消除制动停车时吊物的摇摆，应避免突然制动；

5）吊较重物件回转前，再逐次逐个检查支腿情况，这一点特别重要，经常发生吊重物回转时，因个别支腿发软或地面不良而造成事故。

（8）操作注意事项：

1）吊车吊装应站在平坦坚实并与沟槽、基坑保持适当距离的地面上；若地面松软或不平时，应夯实整平，并且用枕木垫实；

2）吊车在工作中发生故障时，必须放下重物，停止运转后再进行排除，严禁在运转中进行保养和修理工作；

3）在满负荷或接近满负荷吊重时，严禁降落臂杆或同时进行两个吊装动作；一般情况下，吊重时不得进行伸臂及缩臂操作；若必须进行伸臂及缩臂时，符合起重图表的安全要求方可操作；

4）吊车司机要关注并检查起吊物是否绑扎牢固，所有索具和夹具都必须具有足够的强度，发现有损坏情况时要及时更换，不可勉强使用；

5）吊车不允许吊重物行车，若吊重物必须移动吊车时，要确定道路平坦坚实；重物离地尽可能低，并用绳索拉住；同时要锁死回转机构，并采取可靠的安全措施，缓慢行驶；

6）起吊物件上禁止站人，起吊时不准在吊臂或吊起的重物下站人；不准用吊车运送人员；

7）空负荷运行时，吊钩与地面间距不得少于2m；带负荷运行时，重物必须高于运行路线上最高障碍物0.5m以上；

8）起吊重物严禁自由下落，应用手刹或脚刹控制下落速度，确保重物缓慢下降；

9）起吊中禁止用手触摸钢丝绳和滑轮；钢丝绳在卷筒上要排列整齐，当吊钩放在最低位置时，卷筒上至少应保留4圈钢丝绳；

10）吊车在坡道上行走时，禁止溜放滑行；吊车行走时不得换向，必须在吊车停住以后方能换向；

11）两机或多机抬吊时，必须有统一指挥，动作配合协调；吊重物应分配合理，不得超过单机允许吊重的80%；

12）吊车应配备适用的灭火器，如遇漏电、失火应立即切断电源，并立即停车处理；

13）停止工作时，必须刹住制动器；工作完毕后，吊钩和吊杆应放在规定的妥当位置，所有控制手柄应放在零位，切断电源并关窗锁门。

7.4.2.5　履带式起重操作

（1）作业条件：起重机作业时，必须有平坦坚实的地面，如地面松软，应夯实后用枕木横向垫于履带下方。起重机工作、行驶或停放时，应与沟渠、基坑保持安全距离，不能停放在斜坡上。

（2）起重前重点检查部位：

1）各安全装置齐全可靠；

2）钢丝绳及连接部位应符合规定；

3）燃油、润滑油、冷却水均应充足；

4）各连接件无松动；

5）吊杆上应装设吊杆角度指示器。

（3）启动前应将离合器分离，将各操作杆放在空挡位置，并按照内燃机启动的有关规定操作。

（4）内燃机启动后，应检查各仪表指示值，待运转正常后再接合离合器，进行空载运转，确认正常后方可操作。

（5）行驶时，转盘、吊杆、吊钩的制动器必须刹住。行走时转弯不得过急过快，下坡时严禁空挡滑行；如转弯角度过大，应分次转弯；接近满负荷时，严禁吊杆与履带垂直。

（6）起吊物件时，司机应时刻注意控制刹车和机身的稳定，防止重心倾斜发生翻车事故；更须注意吊钩的上升高度，勿使其达到顶点。

（7）起吊重物时，要尽量避免吊杆升降；如必须升降，一定要检查传动机构和制动器，确认良好可靠，并采取措施后，方可进行。但载荷不得超过下降后的角度所允许的负荷量，禁止吊杆在落稳前变换操纵杆。

（8）吊装物件就位后必须行车时，载荷不得超过允许起重量的70%，行驶的道路应平整坚实，重物最好在履带侧前方，并刹住回转、臂杆、吊钩的制动器，起重臂仰卧角应限于30°~70°；重物离地面不得超过50cm，并拴好拉绳，防止吊物晃动摇摆；以慢挡速度启动、转动和制动，缓慢行驶，在行驶中，不要操作其他动作，并要求行驶道路坚实平整，严禁长距离带载行驶。

（9）起重机作业时，臂杆的最大仰角不得超过原厂规定，如无资料可查时，不得超过78°。起重臂变幅应缓慢平稳，严禁在起重臂未停稳前变换挡位，起重机在满载荷或接近满载荷时严禁下落臂杆。

（10）双机抬吊重物时，应选用起重性能相似的起重机，进行抬吊时应统一指挥，动作配合协调，载荷分配合理，单机载荷不得超过允许起重量的30%。

（11）两台吊车同时抬吊一件重物时，应根据吊车吊装能力合理分配负荷，一般不应超过吊车在该条件下所允许的最大值。吊装时提升速度应尽可能保持一致，受力要求均匀。如超过吊车的允许负荷时，应采取可靠的措施。

（12）短距离转移工作地点时，吊臂放置角度应降至20°~30°，并将吊钩收起。长距离转移工作地点时应拆下吊杆，用平板拖车运输。吊车上拖车时，履带要对准跳板，爬坡角度不大于15°，严禁在跳板上进行吊车调位、转向及无故停车。吊车在拖车上时，应刹住各部制动器，用三角木垫住履带，吊杆放在“零”位。

（13）工作完毕后应将吊钩升起，臂杆应转到顺风方向，吊杆放置角度为40°~60°；

吊钩提升到接近顶端位置时，各部制动器都应加保险固定，锁好驾驶室门窗。

7.4.2.6 收工

收工或起重机停止作业时，应将起吊物件放下，刹住制动器，操纵杆放在空挡，并关门上锁。

7.4.3 交接班

当面交接班，交班时进行检查、清理现场，保持现场整洁；公用工具要清洗干净如数交接；填写交接班记录，要将本班存在的安全隐患如实地填写到交接班记录中，包括隐患部位、发现隐患的时间等。

7.4.4 操作注意事项

操作注意事项如下：

（1）两机或多机抬吊时，必须有统一指挥，动作配合协调，吊重应分配合理，不得超过单机允许起重量的80%。

（2）操作中要听从指挥人员的信号，信号不明或可能引起事故时，应暂停操作。

（3）起吊时起重臂下不得有人停留和行走，起重臂物件必须与架空电线保持安全距离。

（4）起吊物件时应拉紧溜绳，速度要均匀，禁止突然制动和变换方向，平移时应高出障碍物0.5m以上，下落时应低速轻放，防止倾倒。

（5）物件起吊时，禁止物件上站人或进行加工，必须加工时，应放下垫好并将吊臂、吊物及回转的制动器刹住，司机及指挥人员不得离开岗位。

（6）起吊在满负荷或接近满负荷时，严禁降落臂杆或同时进行两个动作。

（7）起吊重物严禁自由下落，重物下落时应用手刹或脚刹控制缓慢下降。

（8）严禁斜吊和吊拔埋在地下或凝结在地面、设备上的物件。

（9）在顶升中，必须有专人指挥，看管电源，操纵液压系统和紧固螺栓。顶升时必须放松电线，放松长度应略大于总的顶升高度，并固定好电缆卷筒。顶升时，应把起重小车和平衡锤移进塔帽，并将旋转部分刹住，严禁将塔帽放置旋转。

（10）在化工区域作业时，应使起重机的工作范围与化工设备保持必要的安全距离。

（11）在易燃、易爆区工作时，应按规定办理必要的手续，并对起重机的动力装置、电器设备等采取有效的防火、防爆措施。

（12）在高压线附近作业，得不到规定的安全距离时应采取可靠的停电措施。

7.4.5 典型事故案例

案例1

（1）事故经过：

1）某日，某厂金工车间维修工赵某、林某对吊车进行故障检查。赵某告诉林某自己到道轨去检查，沿着道轨一个一个查看螺钉压板。林某在平台上看着赵某，过了一段时间，便到另一侧查看大车减速机。赵某查到尽头时，发现安装在道轨头的缓冲挡板的槽钢底座螺丝已松动，便直接进行紧固修理。

2）这时司机刘某见徒弟丁某上来，便告诉丁某自己下去喝点水，交代了天车平台上两人检查大车的情况后便离开驾驶室下去。

3）过了一会，林某去了赵某看不到的另一侧检查联轴器，想看看运行中大车联轴器的情况便喊司机开大车试车，忘记了赵某还在轨道上，丁某也不知轨道上有人，一直将天车开向东头，而背对吊车蹲在道轨东头的赵某听到吊车驶近声时已躲闪不及，被缓冲头挤死，造成违章检修、误操作吊车伤人事故，见图4-7-1。

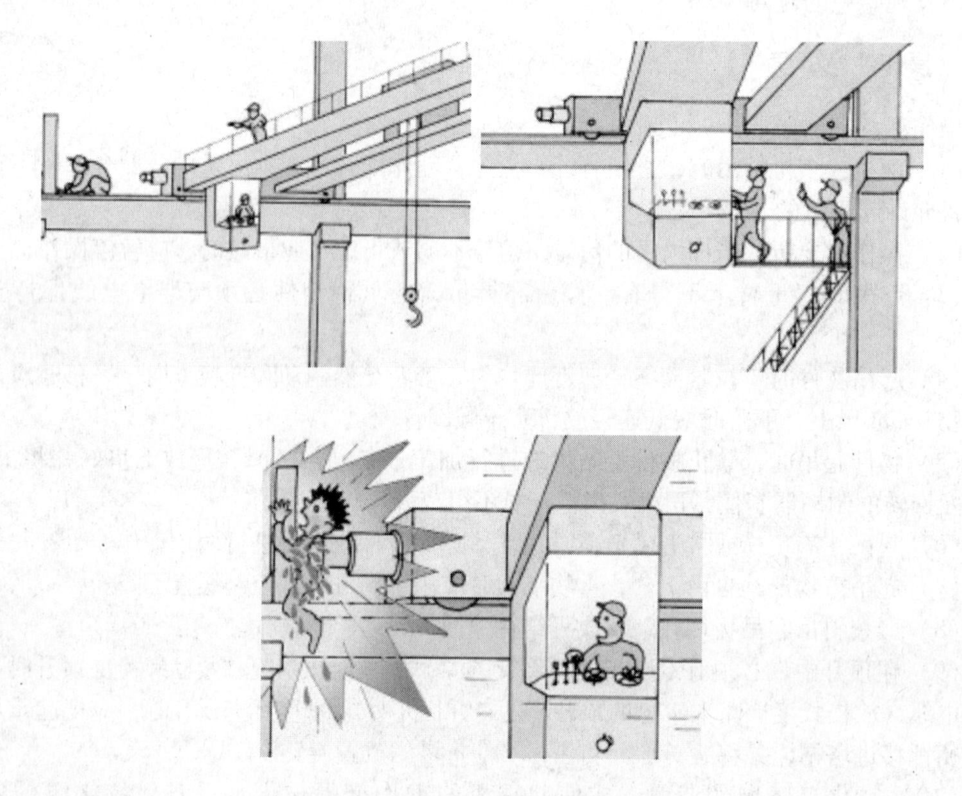

图4-7-1 违章检修、误操作吊车伤人示意图

（2）事故原因：这是一起因违章检修误操作而造成的恶性死亡事故。检修工由天车平台下到高空道轨上检修作业未告知司机，而司机刘某离开时未向徒弟丁某交代清楚上面的作业情况，丁某在未做核实和认真观察吊车行进安全情况下，盲从错误指令误操作开车挤死人是事故的直接原因和重要原因。赵某在下到道轨后，林某作为监护人不仅擅离监护岗位，而且忘记道轨上有人，违章指挥开车，对这次恶性事故负有主要责任。

（3）防范措施：

1）严格遵守吊车安全操作规定，每项操作前司机必须在确认吊车行进上下左右处于安全状态的情况下方可操作；

2）吊车的检修和维修应与吊车司机协调配合，下到道轨横梁及上平台这种特殊环境的检修作业要严格执行危险预控的安全措施，设专人监护。

案例 2

(1) 事故经过：2003 年 12 月 15 日，某矿机电车间职工王某、张某两人在班长李某的带领下，吊装备用皮带减速机到精矿仓上皮带机机头处，准备检修时更换 502 减速机。精矿仓上吊装梁距离地面 40m，王某在精矿仓上操作电动葫芦按钮，李某和张某在下面负责挂绳鼻子，两人用钢丝绳头拴好减速箱两端的起吊钩，发现钩头没有防脱钩装置，两人挂好后示意起吊。王某启动电动葫芦上升按钮，先进行试吊，正常后正式起升。当减速机提升到十四五米后，钢丝绳有点打绞，李某让张某去领 50m 棕绳，落下重新绑绳，张某却说没事，试试看再说。当起升到 20 多米高度时，减速机被仓壁层沿挡住，上下都不好控制，李某让试着把减速机放到地面重新吊装，减速机下放时碰到仓壁沿，钢丝绳松脱，减速机从 20m 的高空坠落了下来，松脱的钢丝绳把张某砸伤，设备损毁。

(2) 事故原因：

1) 直接原因：李某在吊装过程中，不按操作规程作业，使用没有防脱钩装置的设备，违章作业，造成高空坠物伤人，是此次事故的直接原因。

2) 主要原因：

①李某等三人安全意识淡薄，对工作责任心不够，是造成这次事故的主要原因；

②吊装方案不严密、现场组织不力。在吊装工程中，没有听从李某的统一指挥，存在较大的随意性，没有采取有效的组织协调和防范措施。

3) 间接原因：

①三名职工对工作责任心差，工作中对没有脱钩防护的设备隐患不处理，为图省事对吊装作业安全马虎大意，思想不重视；

②工区对职工安全管理、安全教育、措施贯彻学习力度不够，职工安全意识薄弱，自保、互保意识差，图省事，轻安全。

(3) 防范措施及教训：

1) 本单位要加强安全意识教育，提高职工安全责任心，规范职工作业行为，从根本上提高职工按章操作的自觉性和自我保护防范的能力。

2) 各单位要认真组织职工讨论此次事故的原因和危害，迅速开展“反事故、反三违、反四乎三惯、反麻痹、反松懈”活动，举一反三，深刻反思，开展好警示教育。各单位要进一步明确和落实各级安全生产责任制，加大现场安全管理力度，并加强特殊作业人员的安全培训和管理。

3) 各级管理人员要接受教训，制定严细的工作标准，在今后的工作中要以身作则，靠前指挥，坚决杜绝此类安全事故的发生，确保矿山和选矿厂的安全生产。

案例 3

(1) 事故经过：1996 年 7 月 16 日下午，某矿项目经理部履带式起重机正在执行运模板任务（装车运走），起重机驾驶员马某在无信号人员指挥的情况下独自作业。当马某吊完第一堆模板后，就转移到了第二堆模板处准备继续进行吊装作业。当时，马某和负责搬运、挂钩的人员以及汽车驾驶员等均注意到了第二堆模板处上方有高压线（10kV），但马某认为，凭他的技术，高压线不会影响吊运作业。起初，在地上作业的人员都很注意，确认起重机大臂与高压线距离较远时，才上前挂钩、扶钩。但是，当轮到第三次起吊时（大约下午16时30分），挂钩人员由于渐渐忽视了起重机是在高压线下方工作，而正巧吊绳吊住模板时，与地面不垂直，所以负责挂钩的李某就上前去扶模板，准备等吊绳与地面垂直、模板稳定后再松手。可就在这时，只见吊臂前端火光一闪，李某即刻倒地。马某见状，立即落臂、回臂，但为时已晚，李某经紧急抢救无效死亡。

（2）事故原因：

1）直接原因：

①起重机大臂距离高压线过近（不够安全距离），高压线下违章起吊，导致起重机及其所吊模板带电，致使与模板接触的李某触电死亡；

②无信号指挥人员，挂钩人员无证上岗作业，起重机驾驶员马某把吊车停在高压线下进行作业，严重违反了操作规程，属于冒险蛮干行为。

2）间接原因：

①该项目经理部施工现场内有高压线，安排工作却没有据此制定和采取任何组织措施和技术措施，就是在指派马某进行模板吊运作业；

②该项目经理部不按规定安排具备上岗资格的信号指挥人员、挂钩人员，就进行起吊作业；作业人员发现高压线，不向上级反映情况，而是冒险蛮干；

③施工现场没有安全监督检查，安全教育、安全检查、安全技术交底以及特种作业管理等各项安全规章制度均不落实，从领导到职工都严重缺乏起码的安全意识，违章失管失控，充分反映出该项目经理部安全生产管理混乱。

（3）防范措施及教训：

1）特殊工种必须经过专门培训持证上岗；

2）建立完善的安全管理制度，将严格执行操作规程和按章操作落到实处；

3）从领导到员工都要树立“安全第一”的思想，提高认识，杜绝安全工作上的敷衍了事、麻痹大意；

4）在高压线下期中作业安全距离不够时，必须采取停电措施方可作业。

7.5 机械手岗位操作规程

7.5.1 上岗操作基本要求

上岗操作基本要求如下：

（1）持证上岗，经三级安全教育考试合格。

（2）劳保用品穿戴齐全、规范。

（3）严格执行交接班制度并做记录。

（4）不准酒后上岗和班中饮酒。

（5）不准疲劳上岗，工作过程要集中精力。

（6）保持现场整洁。

7.5.2 岗位操作程序

7.5.2.1 准备检查工作

作业前司机必须对机械手进行认真检查，车况必须良好，车容整洁，制动器、转向器、喇叭、轮胎、翻转机构、夹紧机构、回转机构、横移机构、液压系统、紧固件等必须齐全有效。

7.5.2.2 启动

（1）启动发动机须鸣号，拉紧手制动器。

（2）必须先将换挡阀杆置于“空挡”位置，启动后应使发动机空转5min，此时，水温表不大于96°，燃油表油位在红线以上，油压不低于100kPa，电流表指针偏向“+”极，发动机应无异常噪声和振动，在确认上述各项指标正常方准驾驶。

7.5.2.3 驾驶

（1）机械手运行时要遵守交通规则和有关安全管理的规定，禁止超速运行（生产现场不超过5km/h）。

（2）机械手不得长距离夹紧轮胎行驶，上下坡时应低速行驶，严禁在坡道上转弯和横跨坡道行驶，严禁在坡道上停放。

（3）在运行中，如果发动机温度过高，应停止作业，不准熄火，使发动机怠速运转直至温度下降到正常范围；如果频繁高温，则应检查发动机风扇皮带和空滤器，清理发动机周围和散热器积尘，仍不能解决问题，应请维修人员检查。

7.5.2.4 装卸轮胎

（1）卸轮胎：

1）将待卸胎车轴顶起，使轮胎悬空拧下固定螺栓；

2）将机械手低速开到适当位置夹紧轮胎；

3）低速后退卸下轮胎。

（2）装轮胎：

1）夹紧轮胎，将其调整到有利于安装的位置；

2）低速前进，使轮胎中心与轮毂中心对齐然后由专人指挥，通过回转横移机构进行微调，安装螺栓孔对准，使机械手低速前进装上轮胎；

3）待装上数个轮毂螺母后松开轮胎，整机后退，最后装上并紧固螺毂螺母。

7.5.2.5 停机

（1）停机时选择平坦安全地点，熄灭发动机，关闭电源，拉紧手制动器。

（2）司机离开机械手时，必须停机，锁好驾驶室。

7.5.3 交接班

当面交接班，交班时进行检查、清理现场，保持现场整洁；公用工具要清洗干净如数交接；填写交接班记录，要将本班存在的安全隐患如实地填写到交接班记录中，包括隐患部位、发现隐患的时间等。

7.5.4 操作注意事项

操作注意事项如下：

（1）上路时必须遵守交通规则，与重车会车要注意避让。

（2）作业中司机必须集中精力，注意瞭望，谨慎操作，协作作业时必须听从指挥。

（3）司机必须做好对机械手的日常维护保养，保证机械手具有良好的性能。

7.6　运矿车汽修工岗位操作规程

7.6.1　上岗操作基本要求

上岗操作基本要求如下：

（1）持证上岗，经三级安全教育考试合格。

（2）劳保用品穿戴齐全、规范，女工应将发辫塞入帽内。

（3）严格执行交接班制度并做记录。

（4）不准酒后上岗和班中饮酒。

（5）不准疲劳上岗，工作过程要集中精力。

（6）保持现场整洁。

7.6.2　岗位操作程序

7.6.2.1　准备工作和一般规定

（1）工作前应检查所使用工具是否完整无损；施工时工具必须摆放整齐，不得随地乱放，工作后应将工具清点检查并擦干净，按要求放入工具车或工具箱内。

（2）必须熟悉运矿车的结构、性能、技术特征，掌握所使用的设备、工具的正确使用方法；熟知矿车检修质量标准、完好标准和安全规程的相关规定，按照规程要求进行操作。

（3）废油应倒入指定废油桶收集，不得随地倒流或倒入排水沟内，防止废油污染。

（4）机械设备运转中，禁止人员接触转动部位。处理故障时必须在停止运转的情况下进行。

（5）多人工作的场地，要分工明确、指挥同意、行动一致，但不得平行作业。

（6）有关车、钳、锻、铆、电（气）焊、起重等工作，应由经过专业技术培训合格的人员承担，并遵守有关工作的操作规程。

（7）操作电气设备时，禁止带负荷停、送电。

7.6.2.2　运矿汽车修理

（1）拆装零部件时，必须使用合适工具或专用工具，不得大力蛮干，不得用硬物手锤直接敲击零件。所有零件拆卸后要按顺序摆放整齐，不得随地堆放。

（2）操作起吊行车时，必须看清周围有无障碍，看清操作按钮（开关），防止开错。重物起吊后，重物下及运行前方严禁有人行走、停留或工作。用千斤顶进行底盘作业时，必须选择平坦、坚实场地并用角木将前后轮塞稳，然后用安全凳按车型规定支撑点将车辆支撑稳固。严禁单纯用千斤顶顶起车辆在车底作业。

（3）在操作运转设备中，发现异声、异状等不正常现象时，应立即停止运转，检查处理。

（4）根据当班任务准备好所需工具、材料、备品、配件等，并检查是否安全、完好、可靠。

（5）详细检查检修使用的设备是否处于完好状态，运转是否正常，发现问题应立即处理。

（6）地面修理汽车应在专用场或车间内进行，因故障必须在运输道路上修理矿车时，施工前必须征得调度室同意，并在施工地点前后各100m处位置设置安全警戒。

（7）中修、大修汽车时，应首先检查车状况，确定检修部位、内容及检修方法和程序。

（8）汽车整形前，应对矿车进行检查，确认箱体内无杂物后，方可进行。人工整形时，必须检查锤头柄固定是否牢固，手锤前方禁止站人，严防飞锤伤人。

（9）在拆、装汽车传动机构时，应使用专用工具，碰头正面禁止站人，以防伤人；装卸车轮要用专用工具，禁止敲打，并注意保护零件不受损坏或丢失；在装卡工件时要放稳摆正、固定牢靠，防止滑脱伤人；拆胎后要用叉车托住电动轮和前轮，方可松动螺丝；拆卸汽车重物下面严禁站人。

（10）拆卸轴承时应使用推卸器，安装轴承时应事先放在75~85℃（最高不得超过100℃）的油中加热，10~15min后再进行装配。

（11）人工拆卸、装配轴承时，要选用铜棒或铝棒等软金属平稳击打轴承，使其慢慢卸下或装配好，防止损坏轴承及轴头。

（12）所有矿车都要编号，并建立检查、检修记录簿，注明矿车的型号、编号、检修日期、检查检修人员、检查检修内容以及存在的问题。

（13）修理作业时应注意保护汽车漆面光泽、装饰、座位以及地毯，并保持修理车辆的整洁。车间内不准吸烟。

（14）修配过程中应认真检查原件或更换件是否符合技术要求，并严格按修理技术规范精心进行施工和检查调试。

（15）修竣发动机启动检验前，应先检查各部件装配是否正确，是否按规定加足润滑油、冷却水，置变速器于空挡，轻点启动马达试运转。任何时候车底有人时，严禁发动车辆。

（16）发动机过热时，不得打开水箱盖，谨防沸水烫伤。

（17）地面指挥车辆行驶，移位时，不得站在车辆正前方与后方，并注意周围障碍物。

（18）每班工作结束后应清理工作场地，打扫环境卫生，将工具、材料、零件、备品配件分类存放整齐，切断电源并闭锁后，方可交接班。

（19）应将每次检查、检修情况以及存在的问题详细记录在检查、检修簿上。修理后的汽车必须经验收合格后方可投入使用。

7.6.3 交接班

当面交接班，交班时进行检查、清理现场，保持现场整洁；公用工具要清洗干净如数交接；填写交接班记录，要将本班存在的安全隐患如实地填写到交接班记录中，包括隐患部位、发现隐患的时间等。

7.6.4 操作注意事项

操作注意事项如下：

（1）掌握消防、安全用电知识，熟识机具设备安全技术性能，做到“四懂三会”文明生产。

（2）妥善保管、正确使用维修设备，及时维修保养，排除机械故障，防止人身伤害。

（3）有权拒绝违章作业的指令，对他人违章作业加以劝阻和制止。

（4）拆卸运矿汽车时重物下面严禁站人。

（5）试车时汽车正前方、后方不得站人。

（6）车辆停在斜坡上道路上不得检修，如必须停车检查先采取制动防滑措施后方可检查。

7.6.5 典型事故案例

（1）事故经过：2006 年 1 月 6 日 9 时，某矿卡车车间主任路庆红在卡车车间办公室组织当班工长以上干部召开了安全例会，传达了矿作业会精神，安排了当班各班组的工作，9 时 25 分，小松组工长康某在卡车车间内也召开了当班班前会，会上强调了安全及工作中的注意事项，安排杨某、张某、李某三人对 730E 型 4116 号卡车右前悬挂及羊角进行拆卸维修工作。之后，三人开始上岗作业，午饭前完成了对羊角的主要连接部件（转向油缸、转向横拉杆、液压油泵、润滑油管）的拆卸工作。午饭后 12 时 40 分，作业人员杨某，在拆卸右前羊角托盘最后一条螺丝时，卡车右前羊角从轴上突然脱落，致使蹲在羊角下方作业的杨某被砸伤，车间主任和现场工人迅速将其送往医院，因其头部受伤严重，经抢救无效于 13 时 25 分死亡。

（2）事故原因：

1）直接原因：现场作业人员在松动螺丝前未按照操作规程对电动轮和前轮固定，并违反重物下面严禁站人的规定，也未采取其他安全措施，蹲在羊角下方拆卸螺丝，违章作业，是造成这起事故的直接原因。

2）间接原因：

①管理人员对杨某的违章行为未能及时发现，监督检查不到位，是造成这起事故的主要原因；

②安全教育培训不到位，职工自保、互保意识差，未配备专职叉车司机，是造成这起事故的重要原因。

（3）事故责任分析和处理：

1）卡车车间机修工杨某，违章蹲在羊角下方卸螺丝，被突然掉下的羊角砸压致死，对这起事故负直接责任。鉴于其已死亡，故不予追究。

2）卡车车间机修工李某，参与违章作业，对杨某的违章行为未加制止，也未向领导汇报，安全互保意识不强，对本起事故应负主要责任，给予其留用察看的行政处分，并罚款 1000 元。

3）小松组工长，负责小松组全面工作，对存在的违章行为监督检查不到位，安全培训教育不够，对这起事故负主要责任，给予其行政撤职处分，并罚款 1000 元。

4）卡车车间副主任，协助车间主任对各项工作全面负责，对存在的违章行为监督检查不到位，安全培训教育不够，未配备专职叉车司机，对这起事故负重要责任，给予其行政撤职处分，并罚款 800 元。

5）卡车车间主任，卡车车间安全第一责任者，全面负责卡车车间的各项工作，安全教育培训不够，日常管理松懈，未配备专职叉车司机，对这起事故负主要领导责任，给予其行政记大过处分，并罚款1000元。

6）矿机电副矿长，分管机电设备维修，对这起事故负领导责任，根据本矿规定，给予其行政警告处分。

7）矿安全副矿长兼安监站站长，负责全矿的安全管理工作，对这起事故负直接领导责任，给予其行政罚款800元。

8）矿长，作为矿山企业主要负责人，对这起事故负一定的领导责任，分别给予行政罚款500元。

9）根据本矿规定，对该露天矿罚款4万元。

（4）防范措施：

1）该矿要认真吸取“1·6”事故教训，举一反三，对卡车车间进行安全整顿，排查隐患，组织全矿职工进行安全教育培训；增强职工自保、互保意识，确保安全生产；

2）各单位要严格按照“三大规程”规定作业，杜绝违章作业；

3）进一步完善“三大规程”，针对各种大型机电设备制定出详细的作业规程，做到有章可循。

7.7 轮胎工岗位操作规程

7.7.1 上岗操作基本要求

上岗操作基本要求如下：

（1）持证上岗，经三级安全教育考试合格。

（2）劳保用品穿戴齐全、规范，女工应将发辫塞入帽内。

（3）严格执行交接班制度并做记录。

（4）不准酒后上岗和班中饮酒。

（5）不准疲劳上岗，工作过程要集中精力。

（6）保持现场整洁。

7.7.2 岗位操作程序

7.7.2.1 准备工作

（1）工作前，必须检查所用工器具（包括千斤顶、电动工具），保证其完好、牢固、可靠。

（2）检查空压机连接部位、润滑系统、冷却系统、安全附件等是否完好、可靠。

（3）检查电器及线路是否完好、可靠。

（4）检查输气管是否完好、有无漏气现象。

7.7.2.2 操作程序

（1）空压机在充气时必须保持气压为7kg/cm^2（即0.7MPa）；空压机运行中每小时点检一次，检查电流、气压、温度是否在允许范围内，冷却、润滑、传动系统、安全防护装置有无故障，并排除油水分离器内的油水；打气完毕，必须排空贮气罐余气。

（2）更换轮胎时，车辆必须停放在平坦地面，要用掩木掩好其他轮胎。如需要顶起货箱时，在货箱顶起后，必须用坚固撑杆在货箱两侧将其支撑稳固或在车厢与底盘间垫上硬木，或在销孔内上销，方准进行拆装轮胎。

（3）使用千斤顶顶车时，地面应平整坚实，并用坚硬厚木板垫好；千斤顶与车架或前后桥接触处，同样必须用坚硬厚木板垫好。

（4）拆装钢圈和压圈时，必须在多处撬、压并交替进行。撬压中，注意防止撬棍弹起伤害头部或人体。禁止两人相对用力，在两人以上操作时，应由一人统一指挥，相互关照，呼唤应答。

（5）上轮胎要上到位，紧固螺栓要对角交替进行，轮胎不准装偏。

（6）打气前要严密检查钢卷是否箍紧，轮胎压条是否压在钢槽内，车胎是否有破裂，在确认上述各项都无误后，方可进行打气；打气时应以压力表为充气压力依据，不得超过规定充气压力。在打气中监视轮胎与风圈情况时，头部必须偏开钢圈，以防钢圈弹出伤人。

（7）没有叉车配合作业，搬动轮胎时，必须要两人作业，要防止被轮胎砸伤。

（8）轮胎（新、旧）应保管在通风良好、无日光照射的库房中，堆放整齐，注意防火。

（9）在道路上更换轮胎时，必须在作业周围设置明显的标志，专人监护。禁止在坡道上更换轮胎。若实在无法避免在坡道上更换轮胎，则必须做好万无一失的防范措施，杜绝溜车现象的发生。

7.7.2.3 收工

收工时，将贮气罐余气排空，关闭空压机，断开电源；轮胎分类在规定位置码放整齐，输气管整理好，不使用的工器具收好放到工具箱。

7.7.3 交接班

当面交接班，交班时进行检查、清理车内卫生，保持现场整洁；公用工具要清洗干净如数交接；填写交接班记录，要将本班存在的安全隐患如实地填写到交接班记录中，包括隐患部位、发现隐患的时间等。

7.7.4 操作注意事项

操作注意事项如下：

（1）不得带压插拔输气管，防止输气管带压伤人。

（2）轮胎打气中，操作人员不要正对轮胎钢圈，以防钢圈弹出伤人。

（3）存放轮胎库房不得存放易燃物品，并配备消防器材。

7.8 地质取样工岗位操作规程

7.8.1 上岗操作基本要求

上岗操作基本要求如下：

（1）持证上岗，经三级安全教育考试合格。

（2）劳保用品穿戴齐全、规范。

（3）严格执行交接班制度并做记录。

（4）不准酒后上岗和班中饮酒。

（5）不准疲劳上岗，工作过程要集中精力。

7.8.2 岗位操作程序

7.8.2.1 检查准备工作

（1）工作前应认真检查周围环境的安全条件，如有塌方和其他不安全因素必须在排除或采取防范措施后方可进行正常工作。

（2）检查所带取样工具（包括照明、防雨水工具）是否齐备、完好。

（3）检查携带的记录本、标签、笔、样袋、挡布等是否齐全，用量是否满足。

（4）井下作业，必须确认照明是否充足、通风是否良好。

（5）不得进入爆破范围，听从爆破警戒人员指挥。

7.8.2.2 取样操作

（1）地质采样方法一般有刻槽法、剥层法、方格法、打眼法和拣块法等，采用刻槽法取样时，一般要求刻槽断面为：宽×深=10cm×3cm。

（2）地质取样应沿矿体质量变化最大的方向，一般沿垂直走向；分段的单个样长一般以1m为宜。

（3）地质采样的样品收集时，应铺设样布和挡布；存放样品的容器具要保持清洁。

（4）试样收集装袋时，要填写试样卡片并放入袋内捆好，样品送交加工室时应办理样品验收交接手续。

（5）样品收集时，禁止就地缩分采集的样品。样品的结果不能随意更改，对化验结果要保密。

（6）在爆破堆和架头取样时，必须戴上防护眼镜和口罩，必须与取样点下方的设备上操作人员联系，在得到允许后方可进行，并且不准在电铲铲斗下和铲斗前取样。

（7）在台阶坡面上刻槽取样时，必须自上而下进行安全处理，然后系牢安全绳，并在有人监护时，方准取样。当坡面角大于70°，不准在坡面上取样。

（8）在采场取样时，遇有爆破必须服从警戒人员指挥，迅速离开爆破危险区或到指定地点避炮。不准进入有盲炮标志的区域或盲炮警戒区内取样，不准进爆破施工现场取样。

（9）井下取样：

1）熟悉井下不同区域作业情况（如采场爆破区、矿石运输区、漏斗放矿区等），确保自身安全。

2）井下作业到达工作地点，首先要检查通风防尘情况。开动风机，洒好水，冲洗顶帮，操作时必须带好防尘口罩。

3）无论进行何种取样，均应选择安全路线行走；严防滑坡、塌方、浮石落砸伤，踩入裂缝、孔、坑扭伤，从崖道失足跌伤。

4）在作业前，必须首先进行敲帮问顶，处理好浮石，在确认安全的情况下方可采样。

（10）严禁单人进入采空区和偏僻无人作业地段采样。

（11）努力搞好技术革新，改进采样方法、工具。

7.8.2.3 收工

工作完毕，检查所采样品样袋是否完好无损、是否已贴标签并正确编号，收拾整理好携带工器具，查点样品数量、工器具数量无误后放入箱包或装车，及时送样、放回工器具。

7.8.3 交接班

当面交接班，记录、样品、工具要如数交接；填写交接记录，将本岗位存在的安全隐患如实地填写到交接班记录中（包括隐患部位、发现隐患的时间等）。

7.8.4 操作注意事项

操作注意事项如下：

（1）进入采区在穿越铁路、公路时，要注意来往车辆，不准脚踩和触摸带电体。

（2）进入采空区和偏僻无人地段采样要有人监护。

（3）确保井下工作地点照明充足，通风良好。

（4）不得进入爆破范围，听从爆破警戒人员指挥。

（5）不准在坡底和坡顶线附近、带电体及正在作业的设备附近休息。

（6）遇六级以上强风，不得进行高处作业。

7.9 测量工岗位操作规程

7.9.1 上岗操作基本要求

上岗操作基本要求如下：

（1）持证上岗，经三级安全教育考试合格。

（2）劳保用品穿戴齐全、规范，女工应将发辫塞入帽内。

（3）严格执行交接班制度并做记录。

（4）不准酒后上岗和班中饮酒。

（5）不准疲劳上岗，工作过程要集中精力。

（6）保持现场整洁。

7.9.2 岗位操作程序

7.9.2.1 准备和检查

（1）工作前应认真检查周围环境的安全条件，如有塌方和其他不安全因素必须在排除或采取防范措施后方可进行正常工作。

（2）检查所带测量工具（包括照明、防雨水工具）是否齐备、完好。

（3）检查已携带的记录、计算等工具是否齐备。

（4）确保井下工作地点照明充足，通风良好。

（5）不得进入爆破范围，听从爆破警戒人员指挥。

7.9.2.2 测量操作

（1）在搬运仪器箱前，首先检查箱锁是否锁好。仪器用完装箱后随手将箱锁锁好，如发现箱锁松动或损坏时，要及时修理或更换。

（2）架设仪器时，首先将脚架立好，伸缩螺栓拧紧，将脚架踩实。取仪器时双手握着仪器的基座和照准架将仪器放置到脚架顶部，立即将中心螺栓拧紧。

（3）仪器在现场架设好后，无论发生什么情况，司仪者不得离开仪器，要确保仪器在测设中的安全。

（4）做较高精度控制测量时，应掌握好测量时限（日出、日落和正中午时折光差大应停止观测），阳光照射强烈时应给仪器打伞遮光，雨雪天尽量停止作业，否则应打伞防湿。使用全站仪、光电测距仪，在无滤光片的情况下禁止将望远镜直接对准太阳，以免伤害眼睛和损害测距部分发光二极管。

（5）在坡度较大的地方架设仪器时，脚架应一腿在上，两腿在下，以防仪器倾倒。

（6）仪器的可校部分应经常检查校正，确保其精度（水准仪每次使用前必须检查校正）。不可校部分不得随意拆动，操作过程中发现异常情况时，应停止作业，查明原因，必要时报告分管领导。

（7）仪器的视线高应在地面最高点0.3m以上，否则不得测设。

（8）远距离搬测站时，先松动仪器手柄，基座螺旋旋到同等高度使望远镜物镜向下，卸下仪器装箱。仪器不得连同脚架一起搬动，严禁连同脚架横向搬动，仪器箱搬运时避免碰撞。

（9）做较高精度测量时，前后视距差应尽量小，光学对点时，应在不同的方向检查其准确性，发现误差超限时应及时校正。

（10）使用各部位制动手柄时，要轻扳达到制动即可；各部位微动和基座安平螺旋应避免转动到极限位置，更不可强行转动，以免损坏。

（11）钢尺使用时，应避免打结、扭曲，防止行人踩踏和车辆碾压，以免钢尺折断。携尺前进时，应将尺身离地提起，不得在地面上拖曳，以防钢尺尺面刻画磨损。钢尺用毕后，应将其擦净并涂油防锈。

（12）皮尺使用时，应均匀用力拉伸，避免强力拉曳而使皮尺断裂。如果皮尺浸水受潮，应及时晾干。皮尺收卷时，切忌扭转卷入。

（13）各种标尺和花杆的使用，应注意防水、防潮和防止横向受力。不用时安放稳妥，不得垫坐，不要将标尺和花杆随便往树上或墙上立靠，以防滑倒摔坏或磨损尺面，更不能将其当成板凳坐在上面。花杆不得用于抬东西或作棍棒或作标枪投掷、玩耍打闹。塔尺的使用，还应注意接口处的正确连接，用后及时收尺。

（14）测图板的使用，应注意保护板面，不准乱戳乱画，不能施以重压。

（15）测量爆破平面图，要求孔网参数准确无误，为药量计算提供可靠依据，并建立爆破总平面图和原始数据档案以便备查。

（16）必须及时建立露天开采的控制网点，其精度应能保证进行1∶1000、1∶500、1∶200的测图要求。

7.9.2.3 注意事项

（1）测量时，必须观测周围环境，选择安全路线行走。

（2）跑尺人员测量坡顶线时，要注意岩石稳固性，防止架头坡塌方伤人；测坡底线时，时刻注意浮石滑落砸伤；有暴风雨、雪覆盖时，不得站立坡顶边缘及炮孔碴堆上立尺。

（3）熟知采区爆破时间及爆破时发出的声响和视觉信号的意义，服从警戒人员指挥，注意避炮。

（4）进入设备附近进行测量时，必须和机上人员取得联系，必须在设备停止作业后，方许进行测量。

（5）穿越矿区铁路、公路时要注意往返车辆，不得脚踩和触摸带电体。

（6）不准在带电体附近、台阶边缘及紧靠坡底建立控制网点进行观测。

（7）不准在坡顶线、坡底线、带电体及正在作业的设备附近休息。

（8）搞好测量仪器的保护，注意镜头防雨、防碰。

（9）在带电设备附近测量时，人员及仪器、标尺等工具与带电设备保持规定的安全距离，并不得使用金属标尺（杆）。

（10）井下测量：

1）熟悉井下不同区域作业情况（如采场爆破区、矿石运输区、漏斗放矿区等），确保自身安全。

2）井下作业到达工作地点，首先要检查通风防尘情况。开动风机，洒好水，冲洗顶帮，操作时必须带好防尘口罩。

3）应选择安全路线行走，严防滑坡、塌方、浮石落砸伤，踩入裂缝、孔、坑扭伤，从崖道失足跌伤。

4）巷道里作业要经常敲帮问顶，处理好浮石，在确认安全的情况下方可作业。

7.9.2.4 收工

工作完毕，收拾整理好携带的工器具，查点数量无误后放入箱包或装车，及时送回。

7.9.3 交接班

当面交接班，记录、样品、工具要如数交接；填写交接记录，将本岗位存在的安全隐患如实地填写到交接班记录中（包括隐患部位、发现隐患的时间等）。

7.9.4 操作注意事项

操作注意事项如下：

（1）进入采区在穿越铁路、公路时，要注意来往车辆，不准脚踩和触摸地面的带电体。

（2）单人进入采空区和偏僻无人地段作业要有人监护。

（3）确保井下工作地点照明充足，通风良好。

（4）在坡底和坡顶线附近、带电体及正在作业的设备附近作业时，要有防护措施，并设监护人；工作完毕后不得逗留，及时撤离。

（5）不得进入爆破范围内，听从爆破警戒人员指挥。

（6）操作中必须增强责任心，掌握仪器的正确操作方法，才能使仪器经常处于完好状态，确保测设工作顺利实施。

（7）遇六级以上强风，不得进行露天作业。

7.10 通讯维修工操作规程

7.10.1 上岗操作基本要求

上岗操作基本要求如下：

（1）持证上岗，经三级安全教育考试合格。

（2）劳保用品穿戴齐全、规范，女工应将发辫塞入帽内。

（3）严格执行交接班制度并做记录。

（4）不准酒后上岗和班中饮酒。

（5）本岗位作业，至少两人。

（6）保持现场整洁。

7.10.2 岗位操作程序

7.10.2.1 准备工作

（1）工作前要认真清点、检查施工中所使用的材料、备件、工具。安全用具必须完好、可靠。

（2）通讯线路和交换机的各种安全保护装置是否工作正常、可靠，通讯线路入井处必须装设熔断器和防雷电装置。

（3）维修时要配齐以下资料：通讯设备说明书、工作原理图、配线图、工作日志、故障记录、测试记录、工具材料登记表、岗位责任制以及其他单项记录。所有记录本必须编号，不准缺页和随便带出工作场所。

（4）周期性维修必须申报作业计划，主要内容是：目的要求、工作任务、起止时间、劳动组织安排、安全防护措施、材料计划、验收标准和注意事项等。较大的工程和技术比较复杂的工程，事先必须制定详细的作业计划，报请有关领导审批后才能开工。

（5）了解当日维修任务及影响范围，并通知有关用户。

（6）通讯机房必须设有合格的防灭火设施。

（7）在进入人孔、电缆沟之前首先应进行自然通风，然后检查氧气的浓度，确认无危险后方可入内。

（8）在电力线路附近工作时，必须遵守下列规定：

1）工作人员必须弄清附近各供电线路的电压，一切线路均应视为有电；

2）在高压线路下面进行架线或拉线等工作时，应有工程负责人在现场指挥；

3）在有地下电力电缆的地区施工前，必须核实电力电缆或其他管线的确切位置，确实无误后方可施工；

4）在电力线路附近施工，工作人员与电力线路必须保证有足够的安全距离。无法保证安全距离时，应联系停电后，方可施工。

（9）电讯线路跨越铁路，导线距离铁轨顶面在7.5m以上；跨越公路，导线距离公路路面不少于6m。线路避雷设施要符合标准，防止高电压侵入机房。

（10）遇六级以上强风，不得进行高处作业。

7.10.2.2 检修操作

（1）电话机的修理：

1）拧卸凹窝内的螺钉时，应使用专用工具；

2）按线路图校对电话机接线，接线应正确，连接应良好，元件、导线应齐全无损；

3）电话机检修完毕后，必须做到零部件齐全、无锈蚀，外壳应无损伤；

4）各部位螺钉、弹簧垫、垫圈等应齐全完整；

5）绝缘要求：127V 及以下不低于 0.5MΩ；

6）检修调度专用通讯设备时，应先取得调度员的同意；

7）调度电话在交接班前应进行通讯试验，如有故障不通时，调度员应将情况通知维修人员进行处理，尽早恢复通话；

8）将以上检查结果、安装日期、使用地点填入记录簿内。

（2）电话机的安装及维修：

1）电话机应尽量避免安装在有潮气、淋水、积水的工作地点；

2）电话机必须登卡，卡片内容为：用户名称、用户号码、电话机型、线路绝缘电阻、用户环阻、安装日期；

3）拨号应准确，振铃清脆，送、受话符合要求，处于完好状态，耳机绳、桌机绳和话机内部布线无活动、断股和接触不良等现象；

4）定期清除话机灰尘、油污和潮气，擦拭、调整各个触点。螺钉应紧固，触点接触应良好，送、受话器通话效果应良好，铃声应响亮；

5）节假日前对重要部门电话实测一次，调度、安监、救护等用电话每月实测一次；如需要检修时，应装备用机；

6）每年实测一次拨号盘，断续比为 1.6:1，脉冲个数为 10 次/s（±10%）；

7）为使话机保持完好通话状态，维修人员要经常巡查维护，每月不少于 2 次，并填写好检修记录；所有用户话机每年直观听试查测两次。

（3）井下通讯电（光）缆的敷设及维修：

1）井下通讯应使用允许用于井下的通讯电（光）缆，井巷内放电缆因长度所限、必须有中间接头时，可将接线盒放在水平位置固定好，不应使接头承力，电（光）缆吊挂钩的宽度应不小于 25mm。

2）电（光）缆的断头应及时封补，以免芯线受潮。

3）电（光）缆必须吊挂整齐，不得吊挂在水管或风管上。如果电缆与水管、风管在巷道同一侧敷设时，电缆必须吊挂在管子上方，并离开 0.3m 以上的距离。

4）通讯电缆不能与动力电缆交叉混挂，它们之间至少要有 0.1~0.2m 以上的距离。

5）橡套电缆的连接必须用热补或同热补有同等效能的冷补及用接线盒连接，热补或冷补后，橡套电缆必须经浸水耐压试验合格后方可下井使用。

6）电（光）缆敷设不得过紧，应略有弛度，并且每 100m 内应有 1~2m 余量。盘线圆圈的曲率半径不小于该电（光）缆外径的 30 倍，盘线圆圈应吊挂在躲避硐内。

7）要定期巡查电（光）缆，每月不少于一次，检查有无撞伤或挤压、掉落情况，发现问题及时处理。

8）光缆连接应使用专用工具挤压。连接盒及光纤套管应密封良好，抗外力达到规定。

9）井下使用喷灯或光纤熔接机时，必须制定井下用火或烧焊安全措施。

10）确保屏蔽层完整无破损和折痕。

（4）总配线架运行及维修：

1）总配线架每年清扫一次，线对和跳线的焊接每年检查和校核一次，弹簧排压力每年试验调整一次；

2）暂不用的用户线一定要用绝缘片隔开；

3）总配线架接地电阻每年测试2次，接地电阻不大于4Ω；

4）总配线架跳线必须按跳线表、配线表、电话号码表进行，不准随意更改；

5）夏季雷雨前，必须抽查一次热圈放电管（避雷器），按10%抽查，发现一只不合格，要全部进行测试，必要时更换全部热圈放电管（避雷器）。

（5）通讯电缆运行及维修：

1）每月按区段沿线路徒步巡查一次，检查以下内容并填写巡查记录：线杆有无歪斜，拉线撑铁是否有效，垂度是否合适，挂钩是否松动，树木、房屋是否与电缆摩擦，塌陷地段是否积水，电力线是否威胁通讯安全，有无其他线路影响通讯安全运行，各处分线箱有无异常；

2）对穿越铁路、公路、河流、桥梁等处电缆特殊装置要定期进行整修加固；

3）每年夏季测试一次电缆芯线间、芯地间绝缘电阻，全程对地绝缘电阻应大于50MΩ（250V，摇表检测），环阻应小于1.5kΩ（直流电桥检测）；

4）线务维修必须遵守各项外线作业安全操作规定，指定专人负责安全工作，登杆必须带好防护用品，一人登杆，一人杆下监护，工具材料严禁扔上、投下，严禁违章作业；

5）用喷灯封合热缩管时，加热火焰要在热缩管表面来回反复移动，不要停留在某一点上不动，以免烤伤或使包管变质；

6）线务维修要配齐以下技术资料：矿区杆线图、电话分布图、配线表、电话号码配线对照表、接线盒配线表、故障记录、线路测试记录、常用材料、工具、安全作业规程等；

7）各处电缆配线箱、接线盒应编号，每年清扫、防腐一次，所有热补、冷补接头每年检查一次，配线架、分线箱应接地良好，接地电阻应不大于10Ω；

8）每月查对一次用户名称、电话号码，配线号和电缆序号应一致。

（6）整流器、蓄电池运行及维修：

1）整流器的启动和停止：接通负载后再开机，负载电源由小到大逐步调到额定值。关机时，将电流由大调小，然后先断交流后断负载。

2）定期检查和测试整流器各点的电压、电流，观察各点波形，掌握各点电压、电流及波形参考值。

3）各点过压、过流、报警等保护动作应灵敏可靠。

4）整流器主回路（整流元件、主变压器、扼流圈）对地绝缘电阻不小于1MΩ，系统工作接地线不少于2条，接地电阻应小于4Ω，保护接地应小于10倍接地电阻每年春秋两季各测试一次，测试时应分组进行，不准两组同时断开。

5）对于60V蓄电池每组选定5只标定电池，24V蓄电池每组选定2只标电池。标定电池一经确定不得任意变动并应涂有明显标记。

6）蓄电池应经常检查并记录以下项目：每个电池电解液相对密度、温度，极板有无变形、弯曲、短路、脱落，隔离板、弹簧板、绝缘子不应有位移，连接线应接触良好，没有腐蚀现象，外壳完整没有裂纹、溢酸等。

7）蓄电池电解液相对密度应保持在1.2～1.21（25℃）范围内，液面应高出极板10～20mm。

8）蓄电池每年进行一次容量试验和核对放电试验，放出保证容量的50%～60%，然后单独充电。

9）蓄电池在充电过程中，每2h记录一次电压、电流、温度、相对密度，放电时1h记录一次。

10）蓄电池室应设排风扇、照明灯等，电气设备应符合防爆要求，严禁明火。

（7）人工电话交换机运行及维修：

1）各种信号显示准确，机械动作灵敏可靠。

2）信号灯不闪动，亮度正常。

3）塞子外套齐全，塞绳外皮无破损，芯线无断线，长度适宜，抽出落下自如。

4）电键柄垂直，动作轻便灵活，自复可锁性能良好。电键和继电器触点接触良好，触点间隙、弹力等符合调整要求。

5）塞绳电路芯线间绝缘电阻不应小于20MΩ，塞绳传输衰耗在800Hz或1000Hz时，直通不大于0.5Np（2R面交换机）或0.2Np（供电交换机）；监听时不大于0.1Np（2R面交换机）或0.05Np（供电交换机）；应答时不大于0.4Np。

6）局内通话线对间的绝缘电阻和每一条对绝缘电阻不应小于20MΩ（用100V或250V摇表测试）。

（8）自动交换设备运行及维修：

1）接线器、继电器调整只准使用专用工具，夏季不准用手触摸继电器；

2）机房报警3次以上，要详细查找原因，排除障碍后才算结束；

3）公共设备的障碍，不准采取闭塞方式解决；

4）交换设备的测试和检查维修时间：记发器单周测试每日1～2次；选标测试（如YA2.119.1.10）特服每日一次；信号架每班一次；绳路、长途出入中继每周一次；继电器清检、标志器测试、各级熔丝触点检查每季一次；用户出线（如Y1K测试、K10Y测试、ZAX—HZX）链路测试半年一次；接线器清扫、传输测试每年一次；机架清灰、继电器清检两年一次；

5）铃流、听拨号音、观测接通率每班测10%；

6）测量台是整个机房工作正常与否的总监测站，所有测试检修工作必须按计划进行；

7）测量台的查测周期：各种性能测试、测量电路、中继线直通电路每天一次：受理电路、通知电路、特服电路每班一次；

8）测量台仪表测试、拨号盘每月一次；电压表、脉冲频率表、板键半年一次；继电器、熔丝每季一次。

（9）全数字程控调度交换机的运行及维修：

1）机房温度、环境湿度、供电电源、接地电阻一定要符合说明书要求；

2）软件故障可按复位键消除；

3）不可带电插拔插件；

4）两次开机时间间隔在3min以上；

5）若有硬件故障，可换入正常的备用板，故障板可寄回厂家维修；

6）系统设定一般由维护终端操作进行，也可通过调度话机进行一些常用的、比较简单的设定。该设定操作在维护台上闭锁，禁止调度员通过调度话机设定；

7）数据文件是指将所有的设定数据以文件的形式保存到计算机中，以防主机数据丢失时恢复（无需重新设定）；

8）当出现故障时，首先要对故障现象进行分析、测试（设备测试、记发器测试、网络测试），以确定故障性质和类别，查明原因后再进行处理。

7.10.2.3 收工

（1）每次检修工作结束后，要清理维修现场，并认真做好检修记录。

（2）工作完毕，收拾整理好携带的工器具，查点数量无误后放入箱包或装车，及时放回指定位置。

7.10.3 交接班

当面交接班，记录、样品、工具要如数交接；填写交接记录，将本岗位存在的安全隐患如实地填写到交接班记录中（包括隐患部位、发现隐患的时间等）。

7.10.4 操作注意事项

操作注意事项如下：

（1）在焊接电缆时，使用的汽油、酒精等易燃物品，不得乱扔，以防火灾。焊接时要指定安全防护措施，有人监护，防止引燃周围易燃物品。

（2）严禁带电作业，当在不能断电的整流器或直流配电屏内、电池组工作时，必须制定专门的安全措施。必须有防止触电，防止金属器件或长柄金属工具滑脱掉入机柜内、避免电池组自环的措施，避免短路或极性接反烧毁设备。

（3）检查通讯线路和交换机的各种安全保护装置是否工作正常、可靠，通讯线路入井处必须装设熔断器和防雷电装置。

（4）井下通讯线路严禁利用大地作回路。

（5）遇有电气设备着火时，应首先立即将有关设备的电源切断，然后进行救火。对带电设备应使用干粉灭火器、二氧化碳灭火器等灭火，不得使用泡沫灭火器灭火。对注油设备应使用泡沫灭火器或干燥的沙子等灭火。

（6）遇六级以上强风，不得进行高处作业。

7.11 通讯外线工操作规程

7.11.1 上岗操作基本要求

上岗操作基本要求如下：

（1）持证上岗，经三级安全教育考试合格。

（2）劳保用品穿戴齐全、规范，女工应将发辫塞入帽内。

（3）严格执行交接班制度并做记录。

（4）不准酒后上岗和班中饮酒。

（5）本岗位作业，至少两人。

（6）保持现场整洁。

7.11.2 岗位操作程序

7.11.2.1 准备工作

（1）熟悉《电业安全工作规程》并经考核合格；学会紧急救护法，特别要学会触电急救。

（2）工作前，必须检查确认工具、测量仪表和绝缘用具的灵敏可靠。禁止使用失灵的测量仪表和绝缘不良的工具。

（3）应仔细检查梯子、脚扣和安全带各个部位是否无伤痕、完好可靠；脚扣、绳子、喷灯等工、器具是否齐备、完好可靠。

7.11.2.2 线路作业

（1）带电设备上作业：

1）电器设备未经验电，一律视为有电，不准用手触摸并保持安全距离。

2）在电力线路下面进行架线或拉线等工作时，应有工程负责人在现场指挥。工作人员与电力线路必须保证有足够的安全距离。无法保证安全距离时，应办理工作票联系停电后，方可施工。

3）不得进行带电作业。遇有可以不能停电作业的情况，应经领导同意，履行工作票制度，在有经验的电工监护下，划出危险区域，采用严格的安全绝缘措施后方能操作。

4）带电安装或取下熔断丝时，要戴好绝缘手套，必要时使用绝缘夹钳。熔断丝的容量要与设备和线路容量相适应，不得使用超容量的熔断丝。

5）电器设备的金属外壳必须接地，接地线要符合标准，有电设备不准断开外壳接地线。

6）电线接头处以及电器或线路拆除后，导线均不得外露，应及时用绝缘材料包扎好。

7）严格控制临时线接装。确需接装的，必须按临时线接装手续办理申请，经动力部门批准、安全部门同意，凭工作票接装。临时装置的电气设备金属外壳必须接地。使用期到后，应及时拆除。

8）安装或修理电器设备和敷设线路，应事先切断电源，取下熔断丝，挂上“有人工作，禁止合闸”的警告牌。停止警告牌应严格执行“谁挂谁取”的规定。

9）在有地下电力电缆的地区施工前，必须核实电力电缆或其他管线的确切位置，确实无误后方可施工。

10）电讯线路跨越铁路，导线距离铁轨顶面在7.5m以上；跨越公路，导线距离公路路面不少于6m。线路避雷设施要符合标准，防止高电压侵入机房。

（2）登梯作业：

1）登高作业时，必须佩戴好安全带，站立的脚手板（架）必须平稳牢固；

2）登梯工作，首先应检查梯子是否完好牢固，立梯角度要合适，梯子要放平稳牢靠；

3）用梯子登高作业，竹梯与地面之间的角度以60°为宜，铝合金梯子与地面夹角为60°~75°；

4）登梯时不得携带笨重物件，随身带的工具及材料必须放置稳妥，不准往下扔，以防伤人；

5）登梯时必须有专人负责扶持梯子，在梯子上工作时，必须将安全带系在牢固的构件上，以防失落摔伤；

6）不得两人同时在一个梯子上工作。

（3）立、撤杆作业：

1）登杆作业时，工作现场不得少于两人。

2）应事先检查杆根是否牢固，了解熟悉周围附近地区有无电力线路或其他障碍物等情况。对年久风化、腐蚀的电杆，应采取安全措施，方可登杆作业，如腐烂严重时不得上杆工作。

3）遇有六级以上强风和雷电等恶劣气候，不准在电杆上进行架空线路等工作。

4）杆上作业，杆下必须有专人监护，杆下不准无关人员行走和逗留。

5）登杆时不得携带笨重物件，随身带的工具及材料必须放置稳妥；杆上工作工具、材料等不得扔掷，必须用绳索吊运，以防伤人。

6）工作前必须将安全带系在牢固的构件上，扣好保安环，方可松手工作，不得使用绳子和皮带代替保安环。并认真检查木横担是否腐烂开裂，铁件有无松动，如不能确保安全不得在上面作业。

7）坐吊板时必须扣好安全带，并将安全带活钩卡在吊线上，吊板钩已磨损近1/3厚度时不准再用，也不准两人在同一挡距内同时做吊板工作。

8）立杆或放倒杆时，应划出危险禁界区域，有专人统一指挥，密切配合，步调一致。

9）利用杆钉上杆时，必须检查杆钉装设是否牢固可靠。

10）严禁人员在拉紧的导线、电缆和牵绳下面通过。

11）放线、拆线、紧线工作都应随时设专人统一指挥。紧线时应随时检查导线有无被障碍物挂碰。紧、拆线前应先检查拉线、拉桩及拉杆是否正常完好，如有不能适用的，应加设临时拉线加固。

12）使用吊车立、拆电杆时，应与吊车司机或起重指挥工密切配合，遵守起重挂钩作业安全操作规程。钢丝绳应挂吊在电杆的适当位置，防止电杆突然倾倒。

（4）喷灯操作：

1）使用喷灯时，油量不得超过容积的3/4，打气要适当，不得使用漏油、漏气的喷灯，不得在带电导线、带电设备、变压器、油开关及易燃易爆物附近点火使用；

2）使用携带式火炉喷灯时，火焰与带电部分的距离：电压在10kV以下者，不得小于1.5m；电压在10kV以上者，不得小于3m；

3）加热用的喷灯、液化气瓶应妥善保管，禁止不熟悉喷灯、液化气瓶安全使用方法的人员使用。

（5）挖坑开沟要防止塌方，必须要在事前查清地下电缆及各种管道设施，防止损坏。当天未完工的坑洞要加遮盖或拉好危险区域的警告标志及警示灯，防止行人坠入。工程完毕后，应及时将坑、沟覆土平整。

（6）低压架空带电工作时，应有专人监护，使用有绝缘柄的工具和穿戴好绝缘鞋和绝缘手套，要站立在干燥的绝缘物上，人体不得同时接触两根线头和穿越未采取绝缘措施的导线之间。

(7) 电器设备安装和线路施工，必须严格按停送电和验电接地操作顺序进行，严禁强行和盲目送电。电力电缆停电工作应按《电业安全工作规程》填用第一种工作票，不需停电的工作应填用第二种工作票。工作前必须详细核对电缆名称、标示牌是否与工作票所写的内容符合，安全措施确认正确可靠后，方可开始工作。

(8) 使用台钻等机械转动设备加工物件，必须固定牢靠，并禁止戴手套。

(9) 使用榔头、凿子开挖墙洞打眼时，应先检查榔头柄，不得有松动现象。打凿时，严禁打锤的下方和对面有人，不准戴手套打锤。

(10) 使用36V以上的手持电动工具，应有良好的接地，并戴好绝缘手套和站在绝缘垫上工作，绝缘用具要定期做好耐压试验，确保安全可靠。

(11) 使用柴油、煤油清洗零件，附近不准吸烟和明火作业，用毕应将装油盘盖好、保管好；禁止用汽油清洗。

(12) 凡需进入机房电缆层进行动火作业的必须办理动火申请手续。

7.11.2.3 收工

(1) 每次检修工作结束后，要清理维修现场，做好检修记录，清点人数无误后，方可撤离。

(2) 工作完毕，收拾整理好携带的工、器具，查点数量无误后放入箱包或装车，及时放回指定位置。

7.11.3 交接班

当面交接班，记录、样品、工具要如数交接；填写交接记录，将本岗位存在的安全隐患如实地填写到交接班记录中（包括隐患部位、发现隐患的时间等）。

7.11.4 操作注意事项

操作注意事项如下：

(1) 在焊接电缆时，使用的汽油、酒精等易燃物品，不得乱扔，以防引起火灾。焊接时要指定安全防护措施，有人监护，防止引燃周围易燃物品。

(2) 严禁带电作业，必须有防止触电安全措施，履行工作票制度。

(3) 凡需进入机房电缆层进行动火作业的必须办理动火申请手续。

(4) 井下通讯线路严禁利用大地作回路。

(5) 遇有六级以上强风和雷电等恶劣气候，不准登高作业。

参考文献

[1] 全国人民代表大会常务委员会．中华人民共和国矿山安全法［Z］．1992－11－7.

[2] GB16423—2006：金属非金属矿山安全规程［S］.

[3] GB6067.1—2010：起重机械安全规程［S］.

[4] GB4387—2008：工业企业厂内铁路、道路运输安全规程［S］.

[5] GB9448—1999：焊接与切割安全［S］.

[6] GB5082—1985：起重吊运指挥信号［S］.

[7] AQ2005—2005：金属非金属矿山排土场安全生产规则［S］.

[8] AQ2006—2005：尾矿库安全技术规程［S］.

[9] DL408—2005：电业安全工作规程（发电厂和变电所电气部分）［S］.

[10] DL409—2005：电力安全工作规程（电力线路部分）［S］.

[11]《选矿手册》编辑委员会．选矿手册［M］．北京：冶金工业出版社，1999.

[12] 王青，史维祥．采矿学［M］．北京：冶金工业出版社，2001.

[13] 杜计平，孟宪锐．采矿学［M］．徐州：中国矿业大学出版社，2009.

[14] 杨殿．金属矿床地下开采［M］．长沙：中南工业大学出版社，1999.

[15] 胡力行，傅维义，黄淦祥．选矿工艺学［M］．北京：冶金工业出版社，1985.

[16] 谢广元．选矿学［M］．徐州：中国矿业大学出版社，2001.

[17] 王运敏．现代采矿手册［M］．北京：冶金工业出版社，2011.

[18] 谢兴华．起爆器材［M］．合肥：中国科学技术大学出版社，2009.

[19]《金属非金属矿山安全》编委会．金属非金属矿山安全［M］．武汉：湖北科学技术出版社，2003.

[20] 陈国山．现代矿山生产与安全管理［M］．北京：冶金工业出版社，2011.

[21] 北京达飞安全科技有限公司．非煤矿山矿长和管理人员［M］．北京：中国石化出版社，2008.

[22] 易安网．非煤矿山事故案例［EB/OL］．［2007－10－02/2012－03－18］．http：//www.esafety.cn/Category_110/Index.aspx.

[23] 安全信息网．操作规程［EB/OL］．［2010－10－08～2011－11－26/2012－03－26］．http：//www.aqxx.org/czgc/.

[24] 百度文库．矿山工程各工种安全技术操作规程［EB/OL］．［2012－02－09/2012－03－28］．http://wenku.baidu.com/view/fca217e8f8c75fbfc77db2c0.html.

[25] 百度文库．矿山生产安全警示案例［EB/OL］．［2010－09－22/2012－03－28］．http：//wenku.baidu.com/view/6f734c88d0d233d4b14e69e2.html.

[26] 道客巴巴．矿山各种工操作规程［EB/OL］．［2012－02－04/2012－03－29］．http：//www.doc88.com/p－057205917766.html.

[27] 安全管理网．操作规程［EB/OL］．［2008－03－15～2011－07－30/2012－03－30］．http：//www.safehoo.com/Rules.

[28] 安全管理网．矿山事故案例［EB/OL］．［2008－03－15～2011－07－30/2012－03－30］．http：//www.safehoo.com/Rules.

[29] 中国安全生产网．事故案例［EB/OL］．［2008－01－11～2008－06－17/2012－03－30］．http：//www.aqsc.cn/101814/101919/list.html.

[30] 中国煤矿安全网．岗位工种事故案例教育5——地面及其他岗位事故案例［EB/OL］．［2009－08－21/2012－03－31］．http：//www.mkaq.cn/sgal/sgal/qita/2009/0821/24809.html.

[31] 百度文库．岗位工种事故案例教育汇总［EB/OL］．［2011－03－15/2012－04－01］．http：//wenku.baidu.com/view/f5d85cd4b9f3f90f76c61bdc.html.

[32] 洛阳栾川钼业集团公司矿山公司安全操作规程［EB/OL］.［2011 - 12 - 19/2012 - 04 - 01］. http://wenku. baidu. com/view/4acfc8d676a20029bd642d57. html.

[33] 河北钢铁集团矿业有限公司. 职工基础培训教材棒磨山铁矿分册［EB/OL］.［2010 - 06 - 13/2012 - 04 - 01］. http：//www. hebmining. com/zgpx/login. asp.

[34] 梅州市安全生产监督管理局. 非煤矿山事故案例［EB/OL］.［2009 - 06 - 27 ~ 2010 - 08 - 12/2012 - 04 - 01］. http：//www. gdmzsafety. gov. cn/xjpx/alfx/fmks/index. html.

[35] 江西省安全生产监督管理局. 典型案例［EB/OL］.［2005 - 05 - 18 ~ 2011 - 08 - 31/2012 - 04 - 01］. http：//www. jxsafety. gov. cn/List. aspx? classid = 96&topage = 2.

[36] 湖北安全生产信息网. 非煤矿山［EB/OL］.［2006 - 09 - 21 ~ 2012 - 02 - 01/2012 - 04 - 02］. http://www. hbsafety. cn/article/58/.

[37] 道客巴巴. 机电专业操作要领及事故案例［EB/OL］.［2011 - 04 - 13/2012 - 04 - 01］. http：//www. doc88. com/p - 93077107217. html.

[38] 工业通信业安全生产管理工作专题报道. 事故警示. 山西省娄烦尖山铁矿“8. 1”特别重大排土场［EB/OL］.［2012 - 04 - 04］. http：//www. miit. gov. cn/n11293472/n11293877/n13129982/n13197464/13201173. html.

[39] 风险管理世界. 王台铺矿“1、31”补焊破碎机伤人事故案例分析［EB/OL］.［2010 - 08 - 15/2012 - 04 - 04］. http：//www. riskmw. com/case/2010/08 - 12/mw25273. html.

[40] 安全管理网. 皮带运转擦油事故案例［EB/OL］.［2011 - 08 - 18/2012 - 04 - 04］. http：//www. safehoo. com/Case/Case/Machine/201108/196727. shtml.

[41] 安全文化网. 衣服未扣好绞死背轮下［EB/OL］.［2011 - 09 - 28/2012 - 04 - 04］. http://www. anquan. com. cn/index. php? m = special&c = index&a = show&id = 4604.

[42] 安全文化网. 矿山安全. 事故案例［EB/OL］.［2011 - 09 - 28/2012 - 04 - 04］. http：//www. anquan. com. cn/index. php? m = content&c = index&a = lists&catid = 510.

[43] 中国选矿技术网. 陶瓷过滤机 CN^- 外溢事故的分析、处理［EB/OL］.［2009 - 10 - 09/2012 - 04 - 06］. http：//www. mining120. com/html/0910/20091009_16602. asp.

[44] 安全管理网. 尾矿库事故案例分析［EB/OL］.［2010 - 12 - 05/2012 - 04 - 06］. http：//www. safehoo. com/Case/Case/Mine/201012/160042. shtml.

[45] 风险管理世界. 事故案例. 螺帽装卸不当事故案例分析及防范措施［EB/OL］.［2010 - 07 - 01/2012 - 04 - 08］. http：//www. riskmw. com/case/2010/06 - 13/mw18646. html.

[46] 中国安全生产培训中心. 车工换卡盘夹伤大拇指［EB/OL］.［2011 - 09 - 28/2012 - 04 - 08］. http://www. cnsptc. org/anli/html/? 1093. html.

[47] 安全管理网. 王家口采石场起重机倒塌事故［EB/OL］.［2010 - 04 - 12/2012 - 04 - 09］. http：//www. safehoo. com/Case/Case/Crane/201004/41828. shtml.

[48] 考试吧. 2009 年安全工程师事故案例分析［EB/OL］.［2009 - 07 - 24/2012 - 04 - 10］. http：//www. exam8. com/gongcheng/anquan/moniti/anli/200907/393958. html.

[49] 安全管理网. 违规操作焊接油罐引起的爆炸事故［EB/OL］.［2011 - 09 - 28/2012 - 04 - 10］. http://www. safehoo. com/Case/Case/Container/201009/49413. shtml.

[50] 中国煤炭安全网. 事故案例. 其他案例［EB/OL］.［2009 - 04 - 25 ~ 2011 - 03 - 30/2012 - 04 - 14］. http：//www. mkaq. cn/html/sgal/sgal/qita/index. html.

[51] 安全管理网. 井下电钳工岗位事故案例分析［EB/OL］.［2010 - 02 - 20/2012 - 04 - 17］. http：//www. safehoo. com/Case/Case/Mine/201002/39799. shtml.

[52] 中国选矿技术网. 河北省某银矿空气压缩机油气分离储气箱爆炸［EB/OL］.［2008 - 10 - 29/2012 - 04 - 19］. http：//www. mining120. com/html/0810/20081029_13351. asp.

[53] 道客巴巴．机电专业操作要领及事故案例［EB/OL］．［2011 - 04 - 13/2012 - 04 - 22］．http：//www. doc88. com/p - 400265247987. html.

[54] 风险管理世界．天津第一棉纺厂锅炉爆炸事故概述及原因［EB/OL］．［2010 - 08 - 08/2012 - 04 - 26］．http：//www. riskmw. com/case/2010/07 - 06/mw19866. html.

[55] 风险管理世界．叉车作业货架倾倒压伤事故经验教训［EB/OL］．［2010 - 08 - 01/2012 - 04 - 26］．http：//www. riskmw. com/case/2010/07 - 26/mw23092. html.

[56] 百度文库．非煤露天矿山安全事故及预防［EB/OL］．［2011 - 05 - 11/2012 - 04 - 27］．http：//wenku. baidu. com/view/867f24fa941ea76e58fa048d. html.

[57] 张希海．自卸汽车侧翻事故分析实例［J/OL］．龙源期刊网《驾驶园》，［2002 - 10/2012 - 04 - 28］．http：//www. qikan. com. cn/Article/jsyu/jsyu200610/jsyu20061014. html.

[58] 廖树元．5L空压机Ⅱ段冷却器爆燃事故案例分析［J/OL］．中国知网．中国设备工程，［2003 - 06/2012 - 04 - 28］．http：//mall. cnki. net/magazine/Article/SBGL200306026. htm.